SGC Books – P3

新版 シュレーディンガー方程式
―量子力学のよりよい理解のために―

仲 滋文 著

サイエンス社

サイエンス社のホームページのご案内
http://www.saiensu.co.jp
ご意見・ご要望は　rikei@saiensu.co.jp　まで．

新版まえがき

　本書の初版（SGCライブラリ版）が発行されたのは1999年のことで，既に8年が経過しており，機会があればいくつかの項目で修正・加筆をしなくてはならないと感じていた．幸い，この度本書がSGC Booksに組み入れられることになり，これに合わせて若干の増補を行うこともできることとなった．

　新しく本文で加筆を行った項目は，経路積分との関連でファンブレック行列や多重連結空間の問題，また波動関数の位相と関連する磁気単極子の問題などである．これらの記述は，原論文の雰囲気が伝わることを心がけた．また，第9章の"シュレーディンガー方程式と認識"は，歴史性を追った記述と量子力学の本質に関わる現代的な内容が混在する部分で，初版では十分に整理しきれていない面もあった．新版では，基本構造は変えていないものの，一部に加筆と曖昧な表現の修正を行い，量子力学のより多様な考え方を紹介することを試みた．さらに新たな付録として，波と粒子の2重性を数学的に表現するものとしての，"シュレーディンガー場の（第2）量子化"を付け加えておいた．内容の増補に伴い，演習問題も増やすことになったが，これらは加筆された項目に関係するものだけではなく，初版の各章の補強になるものも含めた．量子力学のよりよい理解のために，歴史的な発展の過程にも目を向けることと，演習問題をたくさん解くべきであるという精神は，新版においても変わってはいない．

　最後に，本書をSGC Booksに取り上げて戴いた，「数理科学」編集部の平勢耕介，伊崎修通の両氏には，心から感謝をしたい．

2007年7月

仲　滋文

初版まえがき

　量子力学の歴史は，ハイゼンベルク／シュレーディンガー方程式の登場から数えて3/4世紀，発端となったプランクの輻射理論の登場から数えると，すでに一世紀になろうとしている．この間の発展は飛躍的なものがあり，現在では，量子力学はミクロの世界の根幹にある物理学の体系として，日常的な世界におけるニュートンの力学以上の現実感をもって，受け入れられている．実際には，その構造に日常的な感覚では捉えきれないものもあるが，ニュートンの力学が繰り返し学ぶことにより自明になったように，量子力学もまた繰り返し使うことにより，さほど不思議ではない体系として感じられるようになっている．そこで，現代的な量子力学のテキストでは，ミクロの世界の非日常性も，古典物理のアナロジーにより乗り越えられるとする立場から出発し，なるべく早い段階でシュレーディンガー方程式を宣言して，応用に向かう構成をとるものが多い．にもかかわらず，ある種の問題で量子力学を適用しようとすると，その原理的なところで気になる部分が残ることがあり，現在もなお，その原理的な部分が研究の対象となっていることも事実である．この意味で，量子力学のテキストには実用的な部分と，歴史的な展開も含めた原理的な部分へのバランスを考えた解説が必要とされる．

　本書は，量子力学の初学者から，大学院初年次までの学生を対象として，"シュレーディンガー方程式"というキーワードの下に，限られた頁数の範囲で実用性と原理的な部分へのバランスを考えながら，量子力学の題材をまとめたものである．実用性をもたせるための工夫として，各章の最後には解答付きの練習問題を載せた．演習は理論分野の実験であり，量子力学のよりよい理解のためには，できるだけ多くの練習問題を解いてみることが大切だからである．練習問題には，本文を読みやすくするために，そこに現れる一部の計算の詳細も含めている．

　また，原理的な部分では，未だに不定な要素のある観測理論等を正面から取り上げるのではなく，量子力学が物理学の総合理解の上に成り立つという観点

の下に，解析力学や電磁気学，歴史的展開に関する若干の解説を含めることにより，古典的な世界との関連と飛躍が認識されるように試みた．とくに，解析力学は最近の量子力学のテキストでは省略されることも多いが，正準力学の構造や，シュレーディンガー方程式を拡張された作用原理から導こうとするシュウィンガーの試みなどを理解する上で重要と考えて，一章を設けた．量子力学を通して，背景となる古典物理学の面白さを伝えることも，本書の狙いの一つである．

さて，本書の第1章の表題「$\hbar$の世界」は，著者の恩師であり，"南部–後藤の弦模型"で世に知られた後藤鉄男先生が，1981～1982年の間に「数理科学」に連載された量子力学の解説の表題を使わせて頂いた．この連載が完成していれば，個性的な量子力学のテキストが誕生していたと思われるが，残念なことに後藤先生が早世された為に，未完となった．本書を通して，後藤先生の遺風が伝われば幸いである．

最後に，本書を完成する過程で適切な助言を頂いた編集部の平勢耕介氏，伊崎修通氏に，感謝の詞を述べたい．両氏の助言により，本書が初学者にとって，一歩も二歩も読みやすいものとなった．

1999年盛夏

仲　滋文

目次

第 1 章 $\hbar$ の世界   1
  1.1 新しい自然定数   1
  1.2 自然界のスケール   2

第 2 章 正準力学と幾何光学   11
  2.1 最小作用の原理   11
  2.2 正準形式   13
  2.3 幾何光学   17

第 3 章 シュレーディンガー方程式   25
  3.1 物質波の理論   25
  3.2 波動方程式   26
  3.3 確率密度   29

第 4 章 ディラックの記号法   39
  4.1 ブラ & ケット・ベクトル   39
  4.2 不確定性関係   43
  4.3 状態の表示   46

第 5 章 量子力学の形式と経路積分   60
  5.1 量子力学の"形式"   60
  5.2 ハミルトニアンの対称性   64
  5.3 経路積分   69
  5.4 ファンブレック行列   74
  5.5 規格化可能な状態による経路積分表示   75

目次　v

　5.6　多重連結空間における経路積分 77
　5.7　シュレーディンガー方程式再考 78

第 6 章　基本的諸問題 I –定常状態　88
　6.1　ポテンシャルと粒子のエネルギー状態 88
　6.2　波動関数の接続 89
　6.3　トンネル効果 94
　6.4　調和振動子 97
　6.5　水素型原子 104
　6.6　角運動量の固有状態 108

第 7 章　基本的諸問題 II –荷電粒子〜粒子統計　122
　7.1　荷電粒子のシュレーディンガー方程式 122
　7.2　アハラノフ–ボーム効果 124
　7.3　磁気単極子 130
　7.4　外部電磁場の中の原子と電子のスピン 131
　7.5　多粒子系と粒子の統計 136
　7.6　超対称量子力学 139

第 8 章　近似法の諸問題　150
　8.1　時間に依存しない摂動 150
　8.2　時間に依存する摂動 155
　8.3　断熱近似とベリーの位相 157
　8.4　準古典近似 164

第 9 章　シュレーディンガー方程式と認識　175

付録 A　183
　A.1　基礎物理定数 183
　A.2　電磁気学の単位系 184

付録 B 186

B.1 相対論的粒子の力学 186

付録 C 190

C.1 ベルの不等式 190

付録 D 192

D.1 シュレーディンガー場の（第2）量子化 192

参考文献 195

索引 198

第 1 章
$\hbar$ の世界

本章では，物理学にプランク定数 $\hbar$ が現れた経緯をたずね，自然定数がもつ次元の観点から，このような自然定数が有効に働く世界について考える．

1.1 新しい自然定数

自然界に現れる特徴的なスケールや物理系の特性は，そのような系で有効に働く，次元（＝単位）をもった自然定数に依存して決まることが多い．重力場の中で小さく振れる振り子の周期が，振り子の長さを l，重力加速度を g として，$\sqrt{l/g}$ に比例する形で求まることは，よく知られた次元解析の例である．また，光速 c に近い速さをもつ物体の理論が特殊相対性理論を考慮する必要のあることも，このような運動では c が有効な自然定数として意味をもつからである．

1900 年，プランク (Planck) は，小さな穴をあけた温度 T の空洞からもれる熱輻射（＝黒体輻射，光）の単位体積，振動数 $\omega \sim \omega + d\omega$ でのエネルギーに対し，実験結果を正しく再現する次の公式を導いた：

$$u(\omega, T)d\omega = \frac{\hbar\omega}{\exp(\frac{\hbar\omega}{kT}) - 1}\frac{\omega^2}{\pi^2 c^3}d\omega. \qquad (1.1)$$

ここで k は，温度をエネルギーに換算するボルツマン (Boltzmann) 定数であり，ω は輻射の（角）振動数である．

歴史的には，ウィーン (Wien, 1896) が熱力学や気体運動論をもとに高振動

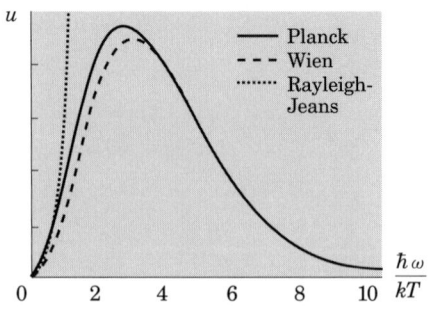

図 1.1 黒体輻射のエネルギー密度.

数の領域で実験結果を再現できる公式 $u(\omega, T) = \frac{\hbar\omega^3}{\pi^2 c^3} e^{-\hbar\omega/kT}$ を導き，一方レイリー–ジーンズ (Rayleigh–Jeans, 1900～1905) は，輻射の電磁波理論をもとに低振動数の領域で実験とよく合う公式 $u(\omega, T) = kT \cdot \frac{\omega^2}{\pi^2 c^3}$ を導いた．プランクの公式は，自然定数 $\hbar$ [*1)] の働きでこれらの二つの公式を漸近形として含むことができ，すべての振動数の領域で実験と一致する (図 1.1)．

また，プランクの公式には，古典的なレイリー–ジーンズの公式にはない，輻射のエネルギー密度に対する極大値 $\omega_{\max}$ が現れる．温度 T の輻射では，この極大値は $\hbar\omega/kT \simeq 2.82$ の位置にある．例えば $T = 6000 \mathrm{K}$ であれば，対応する波長は $\lambda \simeq 8.50 \times 10^{-8} \mathrm{m}$ となり，極大値は赤外線の領域にある．極大値は $\hbar \to 0$ で消えるから，$\hbar \neq 0$ の導入は，古典的なレイリー–ジーンズの輻射の理論にはなかった，それぞれの温度に特徴的な輻射の波長のスケールを引き出したことになる．

1.2 自然界のスケール

プランクの公式でその重要性を明らかにされた自然定数 $\hbar$ は，その大きさから"原子"，"分子"の世界で支配的な役割を果たす自然定数と考えられる．この意味を確かめるために，色々な物理定数の次元と，これに結び付いた系の特

[*1)] $\hbar \simeq 1.05 \times 10^{-34} \mathrm{J \cdot s}$. プランクの公式の本来の形は，定数 $h = 2\pi\hbar \simeq 6.62 \times 10^{-34} \mathrm{J \cdot s}$ と振動数 $\nu = \omega/2\pi$ で表されている．現在では，h, $\hbar$ の何れもプランク定数と呼ばれている．

性を整理しよう．

いま，物理量 Q の**次元**を，記号 $[Q]$ で表すことにする．とくに，[長さ] $= L$，[時間] $= T$, [質量] $= M$ のように書くことにすれば，

$$
\begin{aligned}
\text{[速度]} &= LT^{-1} \\
\text{[加速度]} &= LT^{-2}, \ (\text{[力]} = \text{[質量} \times \text{加速度]} = MLT^{-2}) \\
\text{[運動量]} &= \text{[質量} \times \text{速度]} = MLT^{-1} \\
\text{[エネルギー]} &= \text{[仕事]} = \text{[力} \times \text{距離]} = ML^2T^{-2} \\
\text{[角運動量]} &= \text{[長さ} \times \text{運動量]} = \text{[時間} \times \text{エネルギー]} = ML^2T^{-1}
\end{aligned}
$$

であり，最後の ML^2T^{-1} は作用の次元と呼ばれる．定数 $\hbar\omega/kT$ は，プランクの公式で指数関数の引数になることから $[\hbar\omega/kT] = [\hbar]/[\text{作用}] = 1$ であり，$\hbar$ は作用の次元をもつ定数であることがわかる．

$\hbar\omega$ はエネルギーの次元をもつ．アインシュタイン (Einstein, 1905) は，プランクの公式から（角）振動数 ω の光がエネルギー $\hbar\omega$ の粒子（＝光（量）子）のように理解できることを推論し，その例証の一つとして，光電効果 (図 1.2) を説明した．これによれば，定まった振動数の輻射のエネルギーは"光子"の数で決まることになり，前節の $\omega_{\max}$ はこの様な光子気体のエネルギー密度を最大にする振動数ということになる．

さて，$\hbar$ は質量 m，速度 v の自由粒子に対し，どのような長さのスケールを導くであろうか．すでに述べた v, $\hbar$ の次元から，$[m^a v^b \hbar^c] = L$ を満たす指数 a, b, c は一通りに決まり，$\lambda = \hbar/mv$ の組み合わせとなる．λ は**ド・ブロイ (de Broglie) 波長**と呼ばれるが，$m = 1\text{kg}$, $v = 100\text{km}\cdot\text{s}^{-1}$ のような巨視的な粒子に対しては 10^{-39}m 程度となり，意味のないスケールである．しかし，ブラウン管の中の電子ビームに対してはＸ線の波長程度のスケール 10^{-11}m となり，古典的な粒子像からは考えることのできなかった，波の干渉に対応する効果を引き起こす．

自然定数 $\hbar$ と原子世界のより直接的な関わりは，簡単な水素原子の場合を考えれば，より明らかになる．水素原子は，陽子とその周りに束縛された電子の 2 体系で，陽子は電子のほぼ 1800 倍の質量をもつので静止した力の中心と近似できる．そこで，このような系を特徴づける物理定数は，電子の質量 m_e,

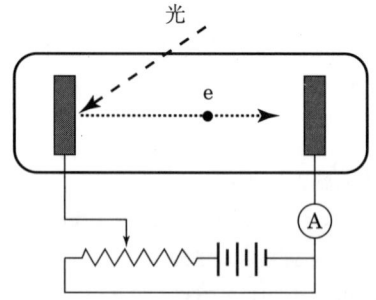

図 1.2　光電効果の実験．金属の表面に振動数 ω の光が当たると，金属内の電子は光子から $\hbar\omega$ のエネルギーをもらって，最大
$$K_{\max} = \hbar\omega - (\text{金属に固有の定数})$$
の運動エネルギーで，金属表面から飛び出す．極板間の V_ω を調節して，電子が負極の位置で運動エネルギーを使い切るようにすれば，電流は流れず，$K_{\max} = eV_\omega$ である．振動数を変えて，同様な電位差を測定すれば，$e(V_\omega\text{の差})/(\omega\text{の差}) = \hbar$ となる．

素電荷 e，およびプランクの定数 $\hbar$ であると考えてよい．水素原子に特徴的な長さのスケールがあるとすれば，その長さの次元はこれらの物理定数の次元を組み合わせて作られるはずである．さて，クーロン (Coulomb) の法則によれば，距離 r 離れた電荷 q, q' の間に働く力は $F = K\frac{qq'}{r^2}$ と書けるから，$[\sqrt{K}q] = [F^{1/2}r] = L^{3/2}M^{1/2}T^{-1}$ である．そこで $[(m_\mathrm{e})^a(\sqrt{K}e)^b\hbar^c] = L$ とおいて指数 a, b, c を決めると，簡単な計算から $a = -1, b = -2, c = 2$ となる．こうしてボーア (**Bohr**) 半径と呼ばれる現実的な原子のスケールが，例えば $K = 1/4\pi\epsilon_0$, (ϵ_0: 真空の誘電率) とする **SI 単位系**で

$$a_0 = \frac{4\pi\epsilon_0 \hbar^2}{m_\mathrm{e} e^2} \simeq 10^{-11}\mathrm{m}, \ (e \simeq 1.6 \times 10^{-19}\,\mathrm{C}) \tag{1.2}$$

の形に導かれる[*2]．上の模型の場合，$\hbar$ を用いなければこのような"長さ"の

[*2)] SI 単位系では，電荷に独立した単位 (C = A·s) を与えるが，(電荷)$_{\mathrm{SI}}/\sqrt{4\pi\epsilon_0}$ を改めて $q, e, \cdots$ 等と書くことにより，$K = 1$ の力学的な単位 $L^{3/2}M^{1/2}T^{-1}$ をもつ量に換算できる．本書では SI 単位系を用いているが，電荷はクーロンの法則の単純さの観点か

スケールを作ることはできず,安定な原子は $\hbar$ の世界で存在することになる.

角運動量や,長さ × 運動量,時間 × エネルギー などが,$\hbar$ の次元をもつことも注意すべきである.ミクロの世界では,$\hbar$ の効果として,角運動量は離散的となり,粒子の位置と運動量は同時に確定値をとることができない(ハイゼンベルク (Heisenberg) の不確定性原理).また,古典力学によれば,時間 $[t_a, t_b]$ の粒子の古典的な軌道は,系の**運動エネルギー** (K.E) と**位置エネルギー** (P.E) から定義される**作用**(積分)

$$S = \int_{t_a}^{t_b} dt (\mathrm{K.E} - \mathrm{P.E}) \tag{1.3}$$

を最小にする軌道として一通りに決まる(**最小作用の原理**).

"作用"の言葉の由来の通り,$[S] = [\hbar] = ML^2T^{-1}$ であり,$\hbar$ の世界では古典的な"最小作用の原理"も大きく修正を受ける.ある意味で,この修正を追及して行った先に,$\hbar$ の世界の自然法則が姿を見せるともいえる.

演習問題

1.1 プランクの公式から,以下の漸近形を導け:

$$u(\omega, T) \sim \begin{cases} \frac{\omega^2}{\pi^2 c^3} kT, & (\hbar\omega \ll kT;\ \text{レイリー–ジーンズ}) \\ \frac{\omega^2}{\pi^2 c^3} \hbar\omega e^{-\hbar\omega/kT}, & (\hbar\omega \gg kT;\ \text{ウィーン}) \end{cases}$$

解 それぞれの漸近的領域で,指数関数が

$$(e^{\hbar\omega/kT} - 1)^{-1} \simeq \left\{\left(1 + \frac{\hbar\omega}{kT}\right) - 1\right\}^{-1} = \frac{kT}{\hbar\omega}, \quad \left(\frac{\hbar\omega}{kT} \ll 1\right),$$

$$(e^{\hbar\omega/kT} - 1)^{-1} \simeq \left(e^{\hbar\omega/kT}\right)^{-1} = e^{-\hbar\omega/kT}, \quad \left(\frac{\hbar\omega}{kT} \gg 1\right)$$

と近似できることから明らか.

1.2 万有引力定数 G,プランク定数 $\hbar$,光速 c を組み合わせて長さの次元をもつ定数を作り,その大きさを評価せよ.

解 距離 r 離れた質量 m, m' の粒子間に働く万有引力は,$F = G\frac{mm'}{r^2}$ である.これから,$[G] = [Fr^2/mm'] = M^{-1}L^3T^{-2}$ に注意して,

---

ら,以下ではこの意味で見掛け上 CGS-Gauss 単位系の形に書き表す(付録 A.2 参照).

$$L = [\hbar^a c^b G^c] = (ML^2 T^{-1})^a (LT^{-1})^b (M^{-1} L^3 T^{-2})^c$$
$$= M^{a-c} L^{2a+b+3c} T^{-a-b-2c}$$
$$\to a = c = \frac{1}{2}, b = -\frac{3}{2}.$$

よって，長さの次元をもつ (プランク) 定数は $l_P = \sqrt{\frac{\hbar G}{c^3}}$. その大きさは,

$$l_P \simeq \sqrt{\frac{1.05 \times 10^{-34} \times 6.67 \times 10^{-10}}{2.69 \times 10^{25}}} \text{m} \simeq 1.61 \times 10^{-35} \text{m}.$$

1.3 アインシュタインの光量子説によれば，振動数 ω の光子が n 個存在する輻射のエネルギーは，$E = n\hbar\omega$ である．このエネルギーを，温度 T の状態確率 $P(E) \propto e^{-E/kT}$ で平均して,

$$\overline{E} = \sum_E EP(E) = \frac{\hbar\omega}{e^{\hbar\omega/kT} - 1}$$

を導け．

解 $\beta = 1/kT$ として

$$\overline{E} = \frac{\sum_{n=0}^{\infty} n\hbar\omega e^{-n\hbar\omega\beta}}{\sum_{n=0}^{\infty} e^{-n\hbar\omega\beta}}, \quad (\text{分母は，全確率} = 1 \text{の規格化因子})$$
$$= -\frac{\partial}{\partial\beta} \log\left\{ \sum_{n=0}^{\infty} e^{-n\hbar\omega\beta} \right\}$$
$$= -\frac{\partial}{\partial\beta} \log\left\{ \frac{1}{1 - e^{-\hbar\omega\beta}} \right\}$$
$$= \frac{\hbar\omega e^{-\hbar\omega\beta}}{1 - e^{-\hbar\omega\beta}} = \frac{\hbar\omega}{e^{\hbar\omega\beta} - 1}.$$

ただし，$\sum_{n=0}^{\infty} x^n = \frac{1}{1-x}$, ($|x| < 1$) を使った．

1.4 一辺の長さ L の立方体の空洞に閉じ込められた光を考える．空洞壁は光を完全に反射する導体であるとして，振動数 $\omega \sim \omega + d\omega$ の間にある独立な光の波の数が，$\frac{L^3 \omega^2}{\pi^2 c^3} d\omega$ となることを示せ．

解 仮定により，光 (例えば $\nabla \cdot \boldsymbol{E} = 0$ を満たす電場の波) は空洞壁を振動の節にする定常波

$$\left.\begin{array}{l} E_1(\boldsymbol{r}) = \epsilon_1 \cos(k_1 x_1) \sin(k_2 x_2) \sin(k_3 x_3) \\ E_2(\boldsymbol{r}) = \epsilon_2 \sin(k_1 x_1) \cos(k_2 x_2) \sin(k_3 x_3) \\ E_3(\boldsymbol{r}) = \epsilon_3 \sin(k_1 x_1) \sin(k_2 x_2) \cos(k_3 x_3) \end{array}\right\}, \quad \left(k_i = \frac{\pi n_i}{L}, n_i = 1, 2, 3, \cdots\right)$$

の重ね合わせで表される．ここで，$\boldsymbol{\epsilon}$ は偏光ベクトルで，$\nabla \cdot \boldsymbol{E} \propto \boldsymbol{\epsilon} \cdot \boldsymbol{k} = 0$ を満

たし，$\bm{k}$ と光の振動数 ω は波動方程式

$$\frac{1}{c^2}\frac{\partial^2 \bm{E}}{\partial t^2} - \triangle \bm{E} = 0$$

により，$\frac{\omega}{c} = k$ の関係で結ばれる．

さて，独立な定常波は (n_1, n_2, n_3) ごとに一つ決まり，n_i が $\Delta n_i = 1$ だけ変わると k_i は $\Delta k_i = \frac{\pi}{L}$ だけ変わるから，$\bm{k}$ 空間で独立な定常波が占める基本領域は $\left(\frac{\pi}{L}\right)^3$ になる．従って，$\bm{k}$ 空間の $k \sim k+dk$ の領域に対応する独立な定常波の数は $4\pi k^2 dk/(\frac{\pi}{L})^3$ となるが，実際には $k_i > 0$ の領域が意味があるからさらに（第 1 象限を選ぶ）$\frac{1}{8}$ の因子と，$\bm{\epsilon} \cdot \bm{k} = 0$ を満たす $\bm{\epsilon}$ の成分の数 2 を乗じる必要があり，結局

$$2 \times \frac{1}{8} \times \frac{4\pi k^2 dk}{\pi^3/L^3} = \frac{L^3 \omega^2}{\pi^2 c^3} d\omega$$

を得る．

これからプランクの公式に現れる $\frac{\omega^2}{\pi^2 c^3} d\omega$ の項は，単位体積，$\omega \sim \omega + d\omega$ の領域にある独立な電磁波の数の意味をもち，従ってレイリー–ジーンズの公式は，電磁波の独立な自由度ごとにエネルギー等分配の法則により kT のエネルギーを割り当てた結果であることがわかる．

結局前問と考え合わせると，プランクの輻射の公式は光の波動性と粒子（光子）性の特徴が次のように取り入れられた式と考えることもできる：

$$(輻射のエネルギー密度) = \underbrace{\frac{\omega^2}{\pi^2 c^3} d\omega}_{波動性} \times \underbrace{\frac{\hbar \omega}{e^{\hbar \omega/kT} - 1}}_{粒子性}.$$

1.5 $m_{\mathrm{ph}} c^2 = h\nu$, ($c$: 光速) により，振動数 ν の光子の有効質量 m_{ph} が定義できる．振動数 $\nu = 7.3 \times 10^{14}\,\mathrm{Hz}$ の光子を 22.5 m の高さから地表に向けて射出した場合の，地表での光子の振動数 ν' を求めよ（パウンド–レブカ (Pound–Rebka) の実験）．ただし，振動数の変化に伴う m_{ph} の変化は無視できるとせよ．

解 $\frac{h\nu}{c^2}$ を光子の重力質量と考えて，エネルギーの保存則を使うと，

$$h\nu' = h\nu + \frac{h\nu}{c^2} \times g \times 22.5.$$

これから，

$$\nu' - \nu \simeq 7.3 \times 10^{14}\,\mathrm{s}^{-1} \times \frac{9.8\,\mathrm{ms}^{-2} \times 22.5\,\mathrm{m}}{(3.0 \times 10^8)^2\,\mathrm{m}^2\mathrm{s}^{-2}} \simeq 1.8\,\mathrm{s}^{-1}(\mathrm{Hz}).$$

1.6 1965 年，ペンジアス (Penzias) とウィルソン (Wilson) は，宇宙初期のビッグバン (Big Bang) の名残である 2.7K の黒体輻射を発見した．プランクの公式から，$\int_0^\infty dx x^2 (e^x-1)^{-1} \simeq 2.4$ と近似して，この輻射の 1m³ に含まれる光子の数を評価せよ．

解 振動数 ω の光子の数密度は $u(\omega,T)/\hbar\omega$ であるから，

$$\begin{aligned}
N &= \int_0^\infty d\omega \frac{u(\omega,T)}{\hbar\omega} \\
&= \frac{1}{\pi^2 c^3}\left(\frac{kT}{\hbar}\right)^2 \int_0^\infty dx \frac{x^2}{e^x-1} \simeq \frac{2.4}{\pi^2 c^3}\left(\frac{kT}{\hbar}\right)^3 \\
&\simeq \frac{2.4 \times (1.4 \times 10^{-23} \mathrm{J/K} \times 2.7\mathrm{K})^3}{(3.1)^2 \times (3.0 \times 10^8 \mathrm{m/s})^3 \times (1.0 \times 10^{-34} \mathrm{J\cdot s})^3} \\
&\simeq 5.0 \times 10^8 \mathrm{m}^{-3}.
\end{aligned}$$

1.7 振動数 ω，波数 $\boldsymbol{k}$ の光が静止している電子に衝突し，入射方向から角度 θ で散乱され，振動数 ω'，波数 $\boldsymbol{k}'$ の光となった（図 1.3）．電子の得た運動量が $\boldsymbol{p}$ であるとして，散乱前後の光の波長の変化と散乱角 θ の関係を求めよ（コンプトン (A. Compton), 1922）．

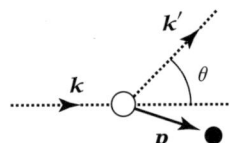

図 1.3 光による電子の散乱（コンプトン効果）．

解 光をエネルギー $\hbar\omega$，運動量 $\hbar\boldsymbol{k}$ の粒子と考え，電子の静止質量を m_e，散乱後の電子の運動量を $\boldsymbol{p}$ として運動量とエネルギーの保存則を書き下すと，

$$\hbar\boldsymbol{k} = \hbar\boldsymbol{k}' + \boldsymbol{p}, \quad \left(k=\frac{\omega}{c}, k'=\frac{\omega'}{c}\right),$$
$$\hbar\omega + m_\mathrm{e}c^2 = \hbar\omega' + c\sqrt{\boldsymbol{p}^2 + m_\mathrm{e}^2 c^2}.$$

これから，

$$\begin{aligned}
(\hbar\omega - \hbar\omega' + m_\mathrm{e}c^2)^2 &= c^2\{(\hbar\boldsymbol{k}-\hbar\boldsymbol{k}')^2 + m_\mathrm{e}^2 c^2\} \\
&= (\hbar\omega)^2 + (\hbar\omega')^2 - 2(\hbar\omega)(\hbar\omega')\cos\theta + m_\mathrm{e}^2 c^4.
\end{aligned}$$

ただし，$\boldsymbol{k}\cdot\boldsymbol{k}' = kk'\cos\theta$ とおいた．一方，左辺は

$$\text{左辺} = (\hbar\omega)^2 + (\hbar\omega')^2 + m_\mathrm{e}^2 c^4 - 2\hbar^2\omega\omega' + 2m_\mathrm{e}c^2(\hbar\omega - \hbar\omega').$$

となり，これから $m_e c^2(\omega - \omega') = \hbar\omega\omega'(1 - \cos\theta)$. あるいは，$\omega = 2\pi c/\lambda$ を使って波長の変化に書き直すと，

$$\Delta\lambda = \lambda' - \lambda = \frac{h}{m_e c}(1 - \cos\theta).$$

1.8 1885 年，バルマー (Balmer) は水素原子の可視部にある 4 本のスペクトル線の波長が $\lambda = 3645 \times 10^{-8}$ cm $\times \frac{n^2}{n^2 - n'^2}, (n' = 2, n = 3, 4, \cdots)$ の形（バルマー系列）に表せることを見いだした．このようなスペクトル線構造の意味を明らかにすることは，原子構造を研究する際の課題であったが，1913 年にボーアはこれを作用量子を用いて説明することを試みた．ボーアは，原子による振動数 ν の光（子）の吸収・放出が，光子のエネルギー $h\nu$ に相当するエネルギー差の電子状態の遷移により生じると考え，図 1.4 の振動数条件をおいた．

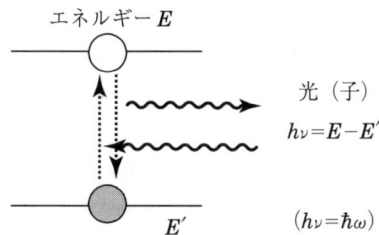

図 1.4 電子状態の遷移とボーアの振動数条件．

簡単のため，水素原子を構成する電子（質量 m_e，電荷 e）は，原点（力の中心＝陽子）の周りに半径 r の円運動をしているとする．この時，電子の力学的エネルギーが軌道角運動量 L を用いて $E = -\frac{m_e e^4}{2L^2}$ となることを示し，$L = n\hbar, (n:$ 整数$)$ とおいてバルマーの公式を導け．

解 電子の速さを v とすると，遠心力とクーロン力のつりあいから $\frac{m_e v^2}{r} = \frac{e^2}{r^2}$，あるいは $1 = \frac{e^2}{m_e r v^2}$ である．また，角運動量は $L = m_e r v$ であるから，電子の力学的エネルギーは

$$E = \frac{m_e v^2}{2} - \frac{e^2}{r} = -\frac{e^2}{2r} = -\frac{e^2}{2r} \times \frac{e^2}{m_e r v^2} = -\frac{m_e e^4}{2L^2}$$

の形になる．これから，ボーアの振動数条件は $h\nu = -\frac{m_e e^4}{2L^2} + \frac{m_e e^4}{2L'^2}$ と表され，これを波長 ($\lambda = \frac{c}{\nu}; c =$ 光速) で書き直して，$L = n\hbar$ とおくと

$$\frac{1}{\lambda} = \frac{m_e e^4}{2hc}\left(\frac{1}{L'^2} - \frac{1}{L^2}\right) = R\left(\frac{1}{n'^2} - \frac{1}{n^2}\right)$$

を得る．ここで，$R = \frac{2\pi^2 m_e e^4}{ch^3}$ はリュードベリ定数であり，$n' = 2, n = 3, 4, \cdots$ と選んだものが，バルマーの公式を波長の逆数の形に書いたものに他ならない（水素原子のエネルギーに関する議論は，次章の演習問題において，もう一度一般的な形で取り上げる）．

1.9 1917 年，アインシュタインはプランクの公式の簡単で原子物理学の本質をついた導出法を発見した．黒体輻射のエネルギー密度 $u(\omega, T)$ は，空洞壁を構成する原子と相互作用をし，温度 T で熱平衡状態にある振動数 ω の光のエネルギー密度である．アインシュタインは，原子が光を吸収して単位時間にエネルギー E_2 の状態から $E_1 (> E_2)$ の状態に遷移する率は，原子と光の相互作用を通した誘導吸収であるため $B_{21} u(\omega, T)$ の形となり，一方，光を放出して E_1 から E_2 の状態に遷移する際は，エネルギー落差による自然放出の率 A_{12} と，原子と光の相互作用から生じて $B_{12} u(\omega, T)$ の形に書ける誘導放出の率があると考えた（図 1.5）．

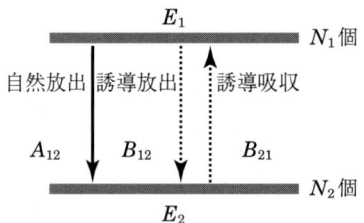

図 1.5 アインシュタインの A 係数と B 係数．

熱平衡状態では，これらの遷移がつりあいの状態にあり，エネルギー $E_i, (i = 1, 2)$ の状態にある原子の数がボルツマン分布 $N_i = Ce^{-E_i/kT}$ で表されるとして，$u(\omega, T)$ がプランクの公式を与えるように係数 A, B を調節せよ．

解 遷移の釣り合いの条件は次のように書ける．

$$N_1 A_{12} + N_1 B_{12} u(\omega, T) = N_2 B_{21} u(\omega, T).$$

これを $u(\omega, T)$ に関して解き，ボーアの振動数条件 $E_1 - E_2 = \hbar\omega$ を考慮して $N_1/N_2 = e^{\hbar\omega/kT}$ と書くと，

$$u(\omega, T) = \frac{A_{12}}{e^{\hbar\omega/kT} B_{21} - B_{12}} = \frac{\frac{A_{12}}{B_{12}}}{e^{\hbar\omega/kT} \frac{B_{21}}{B_{12}} - 1}$$

を得る．従って，$B_{21} = B_{12}$ とおき，さらに $\frac{A_{12}}{B_{12}} = \frac{\hbar\omega^3}{\pi^2 c^3}$ と選べば，$u(\omega, T)$ はプランクの輻射の公式になる．

第 2 章
正準力学と幾何光学

古典力学の基本原理である最小作用の原理をもとに，力学の正準形式の構造を整理し，あわせて幾何光学との関係を調べる．

2.1 最小作用の原理

前章の終わりで，古典力学が**最小作用の原理**を基軸にして構築できることを述べた．この作用の表式で，被積分関数として現れた $L \equiv (\text{K.E}) - (\text{P.E})$ は力学系の**ラグランジアン**と呼ばれ，例えばポテンシャル場 V の中での N 粒子系に対しては，

$$L(\bm{r}_a, \dot{\bm{r}}_a, t) = \frac{1}{2}\sum_{a=1}^{N} m_a \dot{\bm{r}}_a^2 - V(\bm{r}_1, \cdots, \bm{r}_N, t) \tag{2.1}$$

と表されるものである．ただし，一般には粒子の座標変数 $\bm{r}_a, (a=1,\cdots,N)$ の間に拘束条件が存在することもあり，すべての変数が独立とは限らない．そこで通常は，$\bm{r}_a$ を**一般座標**と呼ばれる独立な力学変数 $q_i(t), (i=1,\cdots,n \leq 3N)$ の関数 $\bm{r}_a(q_i(t), t)$ と考え，$\dot{\bm{r}}_a = \sum_i \dot{q}_i \frac{\partial \bm{r}_a}{\partial q_i} + \frac{\partial \bm{r}_a}{\partial t}$ などに注意して，作用積分を

$$\mathcal{S}[q] = \int_{t_a}^{t_b} dt\, L(q_i, \dot{q}_i, t) \tag{2.2}$$

の形に表す．一般の力学系も，この形の作用を基に議論することができる．

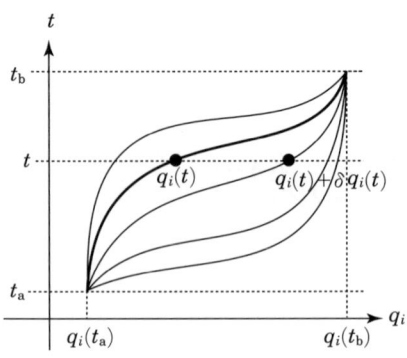

図 2.1 $q_i(t)$ の関数としての作用.

$\mathcal{S}$ の値は，$q_i(t)$ の関数形によって変化し，この意味で一般座標の**汎関数**である．最小作用の原理は，一般座標の始点 $q_i(t_\mathrm{a})$ と終点 $q_i(t_\mathrm{b})$ を固定した上で，$\{q_i\}$ 空間の途中の"経路"を変化させたとき，$\mathcal{S}[q]$ を最小にする $q_i(t)$ が，古典力学により許される一般座標であることを主張する．

さて，経路 $q_i(t)$ と，これとわずかに異なる経路 $q_i(t)+\delta q_i(t)$ を用いて求めた作用の差は，$\delta \dot{q}_i = \frac{d}{dt}\delta q_i$ に注意して，δq_i の 1 次近似の範囲で次の形にまとめられる：

$$\mathcal{S}[q+\delta q] - \mathcal{S}[q] = \int_{t_\mathrm{a}}^{t_\mathrm{b}} dt \sum_i \left(\delta q_i \frac{\partial L}{\partial q_i} + \delta \dot{q}_i \frac{\partial L}{\partial \dot{q}_i} \right)$$

$$= \left[\sum_i \delta q_i \frac{\partial L}{\partial \dot{q}_i} \right]_{t_\mathrm{a}}^{t_\mathrm{b}} - \int_{t_\mathrm{a}}^{t_\mathrm{b}} dt \sum_i \delta q_i \left(\frac{d}{dt} \frac{\partial L}{\partial \dot{q}_i} - \frac{\partial L}{\partial q_i} \right). \quad (2.3)$$

ここで，始点と終点を固定すれば $\delta q_i(t_\mathrm{a}) = \delta q_i(t_\mathrm{b}) = 0$ となる (図 2.1)．また，$q_i(t)$ が作用を最小にする一般座標であれば，$\delta \mathcal{S} \equiv \mathcal{S}[q+\delta q] - \mathcal{S}[q] = 0$ である．従って，δq_i の任意性を考慮して，作用を最小にする一般座標 $q_i(t)$ に対し**オイラー–ラグランジュ(Eular–Lagrange)の運動方程式** (以下，ラグランジュ方程式と略称)

$$\frac{d}{dt}\frac{\partial L}{\partial \dot{q}_i} - \frac{\partial L}{\partial q_i} = 0, \ (i=1,\cdots,n) \quad (2.4)$$

が導かれる．粒子の座標 $\boldsymbol{r}_a$ 自身が一般座標の場合，ラグランジアン (2.1) か

ら導かれるラグランジュ方程式は，通常のニュートン (Newton) の運動方程式 $m_a \dot{r}_a = -\nabla_a V$ に帰着する．ラグランジュ方程式は時間に関する 2 階微分方程式であり，二つの条件を与えれば解は一意に決まる．通常のニュートン力学は，初期条件 $q_i(t_a), \dot{q}_i(t_a)$ から解を決める局所的な原理に立っているが，最小作用の原理は，始点 $q_i(t_a)$ と終点 $q_i(t_b)$ を与えて許される解を探す，大域的な原理といえる．ただし，始点と終点を固定することは，最小作用の原理から運動方程式 (2.4) を導く上で本質的なことではない．最小作用のより一般的な形は，(2.3) の左辺を δS と書いて，

$$\delta S = G_b - G_a \tag{2.5}$$

である．ここで G_a, G_b は，途中の経路には依存せず，始点と終点にのみ依存する変化量である．(2.5) で $G = \sum_i \delta q_i \frac{\partial L}{\partial \dot{q}_i}$ と考えれば，(2.3) からラグランジュ方程式 (2.4) が導かれることは，明らかであろう．

2.2　正準形式

ラグランジュの運動方程式は，これと同等な時間に関する 1 階の連立方程式の形に表すことができる．このために，q_i に**正準共役な運動量**

$$p_i = \frac{\partial L}{\partial \dot{q}_i}, \ (i = 1, \cdots, n) \tag{2.6}$$

を導入し，さらに**ルジャンドル (Legendre) 変換**

$$H(q_i, p_i, t) = \sum_i \dot{q}_i p_i - L(q_i, \dot{q}_i, t) \tag{2.7}$$

により，ハミルトニアン $H(q_i, p_i, t)$ を定義する．(2.6) から $\frac{\partial}{\partial \dot{q}_i} H = p_i - \frac{\partial L}{\partial \dot{q}_i} = 0$ であり，L から H への変換は，力学変数 $(q_i, \dot{q}_i)$ の関数から**正準変数** (q_i, p_i) の関数への変換となっている．

ラグランジアンが (2.1) の場合，粒子の座標 r_a に正準共役な運動量 $p_a = \frac{\partial L}{\partial \dot{r}_a}$ は粒子の運動量 $m_a \dot{r}_a$ に一致し[*1)]，ハミルトニアンは

[*1)]　一般的には，r_a に正準共役な運動量と粒子の運動量は，異なる物理量になる．

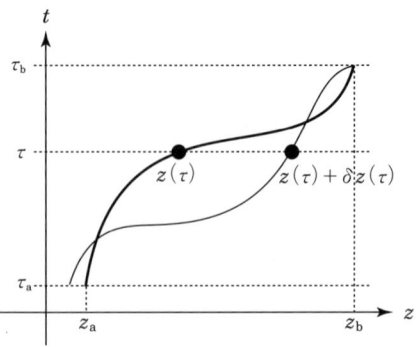

図 2.2　始点, 終点ともに変化させた $z = (q_i, p_i, t)$ 空間の経路.

$$H = \sum_a \frac{\bm{p}_a^2}{2m_a} + V(\bm{r}_1, \cdots, \bm{r}_N, t) \tag{2.8}$$

となり, 系の力学的エネルギーに対応する.

さて, 正準変数に対する最小作用の原理を, 最も一般的な形で定式化しておこう. (2.7) および $dq_i = dt\dot{q}_i$ に注意すると, 作用積分 (2.2) は,

$$\mathcal{S} = \int_{t_a}^{t_b} \left(\sum_i dq_i p_i - dt H(q_i, p_i, t) \right) \tag{2.9}$$

と書ける. この形は dq_i, dt ともに 1 次の式であるため, 時間 t を特別視せず, (2.9) を仮のパラメーター $\tau_a \leq \tau \leq \tau_b$ の関数として表される (q_i, p_i, t) 空間の経路に沿った積分と見なしてよい (図 2.2). この上で $(\delta dq_i)p_i = d(\delta q_i p_i) - \delta q_i dp_i$ などに注意して変分を実行すると,

$$\begin{aligned}
\delta\mathcal{S} &= \left[\sum_i p_i \delta q_i - H \delta t \right]_{\tau_a}^{\tau_b} \\
&\quad - \int_{t_a}^{t_b} dt \sum_i \left[\delta q_i \left(\dot{p}_i - \frac{\partial H}{\partial q_i} \right) - \delta p_i \left(\dot{q}_i - \frac{\partial H}{\partial p_i} \right) - \delta t \left(\frac{dH}{dt} - \frac{\partial H}{\partial t} \right) \right]
\end{aligned} \tag{2.10}$$

を得る. ただし右辺の第 2 項では, ふたたび積分を t をパラメーターとする形式に戻した. この上で (2.5) に従って, 作用の変分が始点と終点の関数の差に

2.2 正準形式

なること, すなわち

$$\delta\mathcal{S} = \left[\sum_i p_i \delta q_i - H\delta t \right]_{\tau_a}^{\tau_b} \quad (2.11)$$

を要請すれば, $\tau_a < \tau < \tau_b$ でのラグランジュ方程式にかわるべき正準変数に対する運動方程式

$$\dot{p}_i = -\frac{\partial H}{\partial q_i}, \quad \dot{q}_i = \frac{\partial H}{\partial p_i} \quad (2.12)$$

が導かれる. (2.12) を使うと, (2.10) の積分の中で δt に比例する項は恒等的に 0 になり, 運動方程式はこれで尽きる.

正準方程式 (2.12) は, q_i, p_i 対称な形ではないが, **ポアソン (Poisson) 括弧**

$$\{A, B\} \equiv \sum_i \left(\frac{\partial A}{\partial q_i} \frac{\partial B}{\partial p_i} - \frac{\partial A}{\partial p_i} \frac{\partial B}{\partial q_i} \right) \quad (2.13)$$

を用いると, 任意関数 $A(q_i(t), p_i(t), t)$ の時間変化が

$$\begin{aligned}
\frac{dA}{dt} &= \sum_i \left(\frac{\partial A}{\partial q_i} \dot{q}_i + \frac{\partial A}{\partial p_i} \dot{p}_i \right) + \frac{\partial A}{\partial t} \\
&= \sum_i \left(\frac{\partial A}{\partial q_i} \frac{\partial H}{\partial p_i} - \frac{\partial A}{\partial p_i} \frac{\partial H}{\partial q_i} \right) + \frac{\partial A}{\partial t} \\
&= \{A, H\} + \frac{\partial A}{\partial t}
\end{aligned} \quad (2.14)$$

となり, 運動方程式は (2.12) も含めてすべて同一の形に表せる.

ポアソン括弧は, 自明の関係 $\{A, B\} = -\{B, A\}$ の他に

$$\{A, B+C\} = \{A, B\} + \{A, C\}, \quad (2.15)$$

$$\{A, BC\} = \{A, B\}C + B\{A, C\}, \quad (2.16)$$

$$\{A, \{B, C\}\} + \{B, \{C, A\}\} + \{C, \{A, B\}\} = 0 \quad (2.17)$$

などの代数的性質があり, とくに

$$\{q_i, p_j\} = \delta_{ij}, \quad \{q_i, q_j\} = \{p_i, p_j\} = 0 \quad (2.18)$$

が得られることは，注意すべきである．後に，(2.15)〜(2.18) は，古典的世界と $\hbar$ の世界の接点ともなるべき関係であることが，明らかになる．

さて，運動方程式を満たす経路に添った積分で定義された作用は，始点と終点のみの関数となり，ハミルトン (Hamilton) の主関数と呼ばれる．とくに，始点を固定した場合，ハミルトンの主関数を終点 $q_i = q_i(\tau_{\rm b}), t = t(\tau_{\rm b})$ の関数として $S(q_i, t)$ と書き，(2.11) で $\delta q_i(\tau_{\rm a}) = \delta t(\tau_{\rm a}) = 0$ とおくと

$$p_i = \frac{\partial S}{\partial q_i}, \quad H(q, p, t) = -\frac{\partial S}{\partial t} \tag{2.19}$$

が導かれる．(2.19) の第 1 式を第 2 式に代入すると，q_i の関数として S が満たすべき偏微分方程式

$$H\left(q, \frac{\partial S}{\partial q}, t\right) + \frac{\partial S}{\partial t} = 0 \tag{2.20}$$

が得られる．(2.20) はハミルトン–ヤコビ (Jacobi) の方程式と呼ばれ，とくにハミルトニアンがあらわに時間に依存しない保存系の場合，$\bar{S}$ の変数を分離して

$$\bar{S}(q, t) = W(q) - E(t - t_0), \ (E = const.)$$

とおくと，

$$H\left(q, \frac{\partial W}{\partial q}\right) = E, \quad \left(t - t_0 = \frac{\partial W}{\partial E}\right) \tag{2.21}$$

の形となり[*2]，E は保存量としての系のエネルギーの意味をもつ．(2.21) は，シュレーディンガー (Schrödinger) が $\hbar$ の世界の基礎方程式を見出した際の，手掛かりとなった関係の一つである．

さて，(2.20) は $\{q_1, \cdots, q_n, t\}$ に関する偏微分方程式であり，S を $n+1$ 個の積分定数を含む（完全解の）形に解くことができる．とくに運動が 1 次元の周期運動を行う保存系の場合，積分定数の一つを E と考えて (2.21) より $W = W(q, E)$ と解けるが，これから定義される $p(q, E) = \frac{\partial}{\partial q} W(q, E)$ を周回軌道の一つにわたって積分し，作用の次元を持つ定数

[*2] t_0 は，時間の起点の選び方の任意性による定数である．関係 $t - t_0 = \frac{\partial W}{\partial E}$ については，問題 2.1 を参照せよ．

$$J = \oint p(q,E)dq \tag{2.22}$$

が定義できる．明らかに $E = E(J)$ となり，$\nu_c = dE/dJ$ とおいて

$$w = \frac{\partial W(q,E(J))}{\partial J} = \frac{dE}{dJ}\frac{\partial W}{\partial E} = \nu_c t + const. \tag{2.23}$$

を得る．w は**角変数**と呼ばれ，その運動の周期 T にわたる変化 $\Delta w = \nu_c T$ は，

$$\Delta w = \oint dq \frac{\partial w}{\partial q} = \oint dq \frac{\partial}{\partial J}\frac{\partial W}{\partial q} = \frac{\partial}{\partial J}J = 1. \tag{2.24}$$

従って，$\nu_c = T^{-1}$ は周期運動の振動数となる．

さて，振動数 $\omega = 2\pi\nu$ の黒体輻射は，古典的には周期運動を行う力学系であるが，そのエネルギーは (光子数) × $h\nu$ の形に量子化された．そこで，周期運動を行う他の力学系のエネルギーも，$\hbar$ の世界では $E_n, (n = 0, 1, \cdots)$ のように量子化されると考え，このような系が状態の遷移 $E_n \to E_{n-1}$ を行って，エネルギーの差に見合った振動数 $\hbar\omega = h\nu = E_n - E_{n-1}$ の光子を放出したとする．さらに，このような系は量子数が大きくなるに従い古典的系に近づく**対応原理**を考えて

$$h\nu = E_n - E_{n-1} \simeq \frac{dE}{dn} = \frac{dE}{dJ}\frac{dJ}{dn} = \nu_c \frac{dJ}{dn} \tag{2.25}$$

とおき，$\nu = \nu_c$ を仮定すれば[*3)]，$\hbar$ の世界の "量子力学" が見いだされる以前の過渡的な段階で用いられた，

$$J = nh + const. , (n = 0, 1, 2, \cdots) \tag{2.26}$$

が導かれる．(2.26) は，1 次元の周期系に対する量子化条件であるが，これを多自由度の多重周期系に拡張することも可能である (ボーア–ゾンマーフェルト (Sommerfeld))．

2.3 幾何光学

ハミルトンの正準力学は，**幾何光学**と粒子の軌跡の類似性の上に立った力学

[*3)] この仮定は，この段階で，特別の根拠があるわけではない．

であり，量子力学の建設を含めて物理学の様々な局面で論じられた．

真空中を伝播する単色光の**平面波**は，指数関数 $e^{i(\boldsymbol{k}\cdot\boldsymbol{r}-\omega t)}$ で表される．この関数値が時間的変位 $\Delta t = \frac{2\pi}{\omega}$，および空間的変位 $\Delta \boldsymbol{r} = \hat{\boldsymbol{k}}\frac{2\pi}{k}$，$(\hat{\boldsymbol{k}} = \boldsymbol{k}/k)$ の下で不変であることから，$T = \nu^{-1} = \frac{2\pi}{\omega}, \lambda = \frac{2\pi}{k}$ がそれぞれ光の振動の周期と波長に，また $c = \lambda/T = \lambda\nu = \omega/k$ が**位相速度**に対応する．

さて，媒質の中では光速は場所によって変化し，平面波に対応する表式も一般的に

$$e^{i(\Phi(\boldsymbol{r})-\omega t)} \tag{2.27}$$

の形になる．この場合，位置 $\boldsymbol{r}$ が $\Phi = const.$ の曲面に直交する経路に添って移動するとき Φ の値は最も大きく変化し，2π 変化する距離がその経路に添っての1波長に対応する．そこでこのような経路に添って，(2.27) の位相の極値が時間 Δt に $\Delta \boldsymbol{r}$ 移動したなら，$\nabla \Phi(\boldsymbol{r}) \propto \Delta \boldsymbol{r}$ に注意して[*4]，

$$\Delta(\Phi(\boldsymbol{r}) - \omega t) = |\Delta \boldsymbol{r}||\nabla \Phi(\boldsymbol{r})| - \Delta t \omega = 0 \tag{2.28}$$

から，媒質中の位相速度が $c' = \frac{|\Delta \boldsymbol{r}|}{\Delta t} = \frac{\omega}{|\nabla \Phi|}$ となり，従って各点での**屈折率**が $n(\boldsymbol{r}) = \frac{c}{c'} = \frac{c}{\omega}|\nabla \Phi(\boldsymbol{r})|$ の形に求められる．

このような媒質中の2点 A, B を結ぶ経路に添って光が伝播するとき要する時間は，

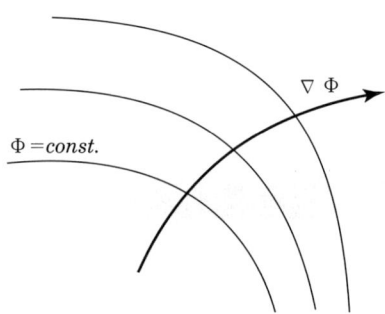

図 2.3　$\Phi = const.$ 面に垂直な光路．

[*4]　$\delta \boldsymbol{r}$ を $\Phi = const.$ の面に沿った微小変位とするとき，$\Phi(\boldsymbol{r}+\delta\boldsymbol{r}) - \Phi(\boldsymbol{r}) \simeq \delta\boldsymbol{r}\cdot\nabla\Phi(\boldsymbol{r}) = 0$ から，$\nabla\Phi$ は $\Phi = const.$ の面に直交するベクトルである (図 2.3)．

$$\int_A^B \frac{dl}{c'} = \frac{1}{c}\int_A^B n\,dl \tag{2.29}$$

であり，幾何光学のフェルマー (Fermat) の原理は，光は (2.29) を最小にするように伝わることを主張する．最小作用の原理の場合と同様に，フェルマーの原理を満たす経路はただ一つに決まり，回折現象により光路が分かれる場合に適用することができない．すなわち，幾何光学は単波長 $\lambda \simeq 0$ の領域において有効な近似理論である．

一方，ポテンシャル $V(\boldsymbol{r})$ の中の，エネルギー E が一定の粒子の軌跡に沿って，最小作用の原理 $\delta \mathcal{S} = 0$ は以下のように書き換えられる．まず，$E = \frac{m}{2}\dot{\boldsymbol{r}}^2 + V(\boldsymbol{r})$ を用いてラグランジアンからポテンシャルを消去して $L = m\dot{\boldsymbol{r}}^2 - E$ と書き，さらに $dl = dt|\dot{\boldsymbol{r}}|, p = m|\dot{\boldsymbol{r}}|$ 等と考えると，**モーペルテュイ (Maupertuis) の最小作用の原理**

$$\delta \int_A^B dt\, L = \delta \int_A^B dt(m\dot{\boldsymbol{r}}^2) = \delta \int_A^B p\,dl = 0, \tag{2.30}$$

$$(\quad p(\boldsymbol{r}) = \sqrt{2m(E - V(\boldsymbol{r}))} \quad)$$

が導かれる．エネルギー保存系の粒子の運動量が，ハミルトンの主関数 W を用いて $\boldsymbol{p} = \nabla W$ と書けたことに注意すると，$W \leftrightarrow \Phi$ の対応により，幾何光学のフェルマーの原理と力学のモーペルテュイの原理が同等になる．Φ は**アイコナール**と呼ばれ，$\boldsymbol{k}(\boldsymbol{r}) = \nabla \Phi(\boldsymbol{r})$ は媒質中での**波数ベクトル**ともいうべき量である．上の対応は，$\boldsymbol{p} \propto \boldsymbol{k}$ とも表せるが，次節で明らかにされるように，この場合の作用の次元をもつ比例定数を $\hbar$ におくことが，古典論から量子論の世界を開く一つの鍵となる．

演習問題

2.1 (2.21) で用いた関係 $t - t_0 = \frac{\partial W}{\partial E}$ を確かめよ．

解 $\bar{S}(q,t) = W(q) - E(t - t_0)$ の q, t に関する変分から，

$$\delta \bar{S} = \sum_i p_i \delta q_i - E\delta t = \delta W - \delta E(t - t_0) - E\delta t.$$

従って，

$$\delta W = \sum_i p_i \delta q_i + (t - t_0)\delta E$$

を得て，$t - t_0 = \frac{\partial W}{\partial E}$ が導かれる．

2.2 質量 m の 1 次元自由粒子の軌跡を，ハミルトン–ヤコビの方程式から解け．

解 粒子の空間座標を x，正準運動量を p とする．系はハミルトニアン $H = \frac{1}{2m}p^2$ の保存系であるから，粒子の運動エネルギーを E，$p = \frac{dW}{dx}$ とおいて

$$\frac{1}{2m}\left(\frac{dW}{dx}\right)^2 = E \quad \text{より} \quad W(x,E) = \pm\sqrt{2mE}(x - x_0).$$

ここで，x_0 は積分定数である．従って，前問より

$$t - t_0 = \frac{dW}{dx} = \pm\sqrt{\frac{m}{2E}}(x - x_0) \quad \text{より} \quad x = x_0 \pm \sqrt{\frac{m}{2E}}(t - t_0).$$

2.3 ポアソン括弧の性質 (2.15)〜(2.17) を確かめよ．

解 (2.15) は，定義から明らか．(2.16) も，直接の計算

$$\begin{aligned}
\{A, BC\} &= \sum_{i=1}^{n}\left[\frac{\partial A}{\partial q_i}\frac{\partial(BC)}{\partial p_i} - (q \leftrightarrow p)\right] \\
&= \sum_{i=1}^{n}\left[\left(\frac{\partial A}{\partial q_i}\frac{\partial B}{\partial p_i}\right)C + B\left(\frac{\partial A}{\partial q_i}\frac{\partial C}{\partial p_i}\right) - (q \leftrightarrow p)\right]
\end{aligned}$$

から確かめられる．次に，$A(q,p)$ をフーリエ (Fourier) 積分

$$A(q,p) = \int d^n\alpha\, d^n\beta\, \tilde{A}(\alpha, \beta)e^{i(\alpha\cdot q + \beta\cdot p)}$$

($\alpha \cdot q = \sum_i \alpha_i q_i$ etc.) で表す．このとき，

$$\{e^{i(\alpha\cdot q + \beta\cdot p)}, f\} = ie^{i(\alpha\cdot q + \beta\cdot p)}D_{\alpha,\beta}f,$$

ただし，$D_{\alpha,\beta} = \sum_{i=1}^{n}(\alpha_i\frac{\partial}{\partial p_i} - \beta_i\frac{\partial}{\partial q_i})$ に注意すると，

$$\begin{aligned}
\{e^{i(\alpha\cdot q + \beta\cdot p)}, \{B, C\}\} &= ie^{i(\alpha\cdot q + \beta\cdot p)}D_{\alpha,\beta}\{B, C\} \\
&= ie^{i(\alpha\cdot q + \beta\cdot p)}[\{D_{\alpha,\beta}B, C\} + \{B, D_{\alpha,\beta}C\}].
\end{aligned}$$

さらに (2.16) を用いると，上式の右辺が，

$$= \{ie^{i(\alpha\cdot q + \beta\cdot p)}D_{\alpha,\beta}B, C\} + \{B, ie^{i(\alpha\cdot q + \beta\cdot p)}D_{\alpha,\beta}C\}$$

$$= \{\{e^{i(\alpha \cdot q + \beta \cdot p)}, B\}, C\} + \{B, \{e^{i(\alpha \cdot q + \beta \cdot p)}, C\}\}$$

と変形される．この式の両辺に $\tilde{A}(\alpha, \beta)$ をかけて $d^n\alpha d^n\beta$ の積分を行えば，(2.17) となる．

2.4 1次元調和振動子に (2.26) を適用して，系の量子化されたエネルギーを求めよ．

解 系のハミルトニアンは，次式で与えられる．

$$H = \frac{p^2}{2m} + \frac{m\omega^2}{2} q^2.$$

従って，条件 $H = E$ から，(q, p) 空間の楕円の方程式

$$(p/\sqrt{2mE})^2 + (q/\sqrt{2E/m\omega^2})^2 = 1$$

が得られ，J はその楕円の面積

$$J = \pi\sqrt{2mE}\sqrt{2E/m\omega^2} = 2\pi E/\omega$$

であるから，(2.26) より $E_n = n\hbar\omega + const.$,$(n = 0, 1, \cdots)$ となる．

2.5 水素原子は，電荷 e の陽子と電荷 $-e$ の電子の 2 体系である．陽子の質量 $m_p (\simeq 1838 m_e)$ は電子質量 m_e に比べて十分重く，力の中心として原点におくことができる．このとき，系のラグランジアンは $L = \frac{m_e}{2}\dot{\boldsymbol{r}}^2 + \frac{e^2}{r}$ であり，従ってハミルトニアンは次のように表される．

$$H = \frac{\boldsymbol{p}^2}{2m_e} - \frac{e^2}{r}, \quad \left(\boldsymbol{p} = \frac{\partial L}{\partial \dot{\boldsymbol{r}}} = m_e \dot{\boldsymbol{r}}\right)$$

a) 電子の位置を**極座標** (r, θ, ϕ) で表し (図 2.4)，それぞれの座標に正準共役な運動量を (p_r, p_θ, p_ϕ) とする．これらの正準変数を用いて，角運動量 $\boldsymbol{l} = \boldsymbol{r} \times \boldsymbol{p}$ の z 成分と 2 乗を表せ．

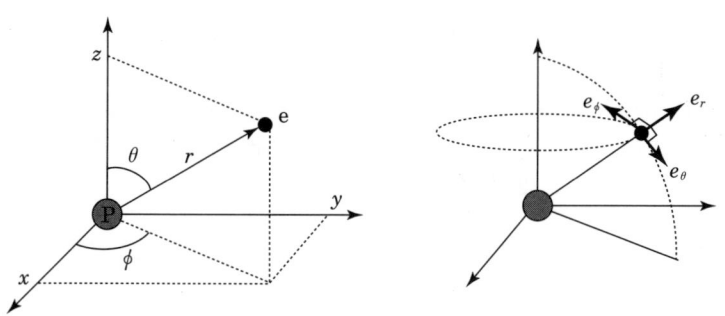

図 2.4 陽子を原点とする極座標．

解 r, θ, ϕ が増加する方向の単位ベクトルを，それぞれ $\bm{e}_r, \bm{e}_\theta, \bm{e}_\phi$ とする．このとき，位置の微小変位が

$$d\bm{r} = dr\bm{e}_r + rd\theta\bm{e}_\theta + r\sin\theta d\phi\bm{e}_\phi$$

と書けることから，$\dot{\bm{r}} = \frac{d\bm{r}}{dt} = \dot{r}\bm{e}_r + r\dot\theta\bm{e}_\theta + r\sin\theta\dot\phi\bm{e}_\phi$ となり

$$L = \frac{m_\mathrm{e}}{2}\left(\dot r^2 + r^2\dot\theta^2 + r^2\sin^2\theta\dot\phi^2\right) + \frac{e^2}{r}.$$

これから $p_r = m_\mathrm{e}\dot r$, $p_\theta = m_\mathrm{e} r^2\dot\theta$, $p_\phi = m_\mathrm{e} r^2\sin^2\theta\dot\phi$ を得て，

$$\bm{p} = p_r\bm{e}_r + \frac{p_\theta}{r}\bm{e}_\theta + \frac{p_\phi}{r\sin\theta}\bm{e}_\phi,$$

$$\bm{l} = \bm{r}\times\bm{p} = p_\theta\bm{e}_\phi - \frac{p_\phi}{\sin\theta}\bm{e}_\theta.$$

よって，

$$l_z = -\frac{p_\phi}{\sin\theta}\bm{e}_\theta\cdot\bm{e}_z = p_\phi, \quad \bm{l}^2 = p_\theta^2 + \frac{p_\phi^2}{\sin^2\theta}.$$

b) a) の p_r, p_θ, p_ϕ の形から，極座標でのハミルトニアンが

$$H = \frac{1}{2m_\mathrm{e}}\left(p_r^2 + \frac{p_\theta^2}{r^2} + \frac{p_\phi^2}{r^2\sin^2\theta}\right) - \frac{e^2}{r} = \frac{1}{2m_\mathrm{e}}\left(p_r^2 + \frac{\bm{l}^2}{r^2}\right) - \frac{e^2}{r}$$

となる．このとき，$l_z, \bm{l}^2$ が保存量であることを確かめよ．

解 正準運動方程式から，$\dot l_z = \dot p_\phi = -\frac{\partial H}{\partial \phi} = 0$ は明らか．また，

$$\{\bm{l}^2, p_r\} = \{\bm{l}^2, r\} = 0$$

に注意すると

$$\frac{d}{dt}\bm{l}^2 = \{\bm{l}^2, H\} = \frac{1}{2m_\mathrm{e} r^2}\{\bm{l}^2, \bm{l}^2\} = 0.$$

c) 系は多重周期運動を行うが，$l_z = p_\phi$ に量子化条件 (2.26) を適用できるとして，l_z の許される値を調べよ．

解 p_ϕ は運動の定数であるから，これをハミルトン主関数の積分定数の一つとなるように，$W(r,\theta,\phi) = W'(r,\theta) + \alpha_\phi\phi$ と変数を分離する．このとき，$p_\phi = \frac{\partial W}{\partial \phi} = \alpha_\phi = const.$ から，(2.26) を適用して

$$\oint p_\phi d\phi = 2\pi\alpha_\phi = nh \text{ より } l_z = \alpha_\phi = n\frac{h}{2\pi} = n\hbar,$$
$(n = 0, 1, 2, \cdots).$

d) 電子の軌道として，xy 平面上の円軌道が許されることを確かめ，その場合の対応

する系のエネルギーを求めよ．

解 初期条件として $p_\theta = 0, \theta = \frac{\pi}{2}$ とおくと，a) の結果から $l^2 = l_z^2 = const.$ となり，任意の時刻で $l^2 - l_z^2 = p_\theta^2 + l_z^2(\frac{1}{\sin^2\theta} - 1) = 0$ から上の条件が保たれる．一方，b) のハミルトニアンから

$$\dot{p}_r = -\frac{\partial H}{\partial r} = \frac{l^2}{m_e r^3} - \frac{e^2}{r^2}, \quad \dot{r} = \frac{\partial H}{\partial p_r} = \frac{p_r}{m_e}$$

を得て，初期時刻に $r = a = \frac{l^2}{m_e e^2}$，$p_r = 0$ を選べば $\dot{p}_r = \dot{r} = 0$ となり，同じ条件が任意の時刻で満たされる．こうして，最終的に系のエネルギーは c) の量子化条件を考慮して

$$E = \left[\frac{l^2}{2m_e r^2} - \frac{e^2}{r}\right]_{r=a} = -\frac{m_e e^4}{2}\frac{1}{l^2} = -\frac{m_e e^4}{2\hbar^2}\frac{1}{n^2},$$
$$(n = 1, 2, \cdots)$$

となる (ボーア, 1913)．

2.6 電場 $\boldsymbol{E}$ と磁束密度 $\boldsymbol{B}$ は，スカラーポテンシャル ϕ とベクトルポテンシャル $\boldsymbol{A}$ を用いて，それぞれ $\boldsymbol{E} = -\nabla\phi - \frac{1}{c}\frac{\partial \boldsymbol{A}}{\partial t}$ および $\boldsymbol{B} = \nabla \times \boldsymbol{A}$ と表される．これらの形は，(第 2 種の) **ゲージ変換** $\phi \to \phi - \frac{1}{c}\frac{\partial \Lambda}{\partial t}, \boldsymbol{A} \to \boldsymbol{A} + \nabla\Lambda$ の下で不変であり，電磁場と相互作用を行う荷電粒子の作用積分を $(\phi, \boldsymbol{A})$ で書く場合，このゲージ不変性と矛盾のない形にしなくてはならない．粒子の電荷を q として，ラグランジアン

$$L = \frac{m}{2}\dot{\boldsymbol{r}}^2 - q\phi(t, \boldsymbol{r}) + \frac{q}{c}\dot{\boldsymbol{r}} \cdot \boldsymbol{A}(t, \boldsymbol{r})$$

で定義される作用積分が，ゲージ不変な相互作用の要請を満たすことを確かめ，その際の正準形式のハミルトニアンを求めよ．

解 上のゲージ変換の下で，ラグランジアンは

$$L \to L + \frac{q}{c}\left(\frac{\partial}{\partial t}\Lambda(t, \boldsymbol{r}(t)) + \frac{d\boldsymbol{r}(t)}{dt} \cdot \frac{\partial}{\partial \boldsymbol{r}(t)}\Lambda(t, \boldsymbol{r}(t))\right)$$

と変化する．変化分は，明らかに時間の完全微分 $\frac{d}{dt}(\frac{q}{c}\Lambda)$ にまとめられるため，始点と終点を固定した作用積分の変分から落ちて，粒子の運動方程式に寄与しない．この意味で，上のラグランジアンはゲージ不変性と矛盾のない粒子の運動方程式を導く．また，$\boldsymbol{p} = \frac{\partial}{\partial \dot{\boldsymbol{r}}}L = m\dot{\boldsymbol{r}} + \frac{q}{c}\boldsymbol{A}$ であるから，系のハミルトニアンは

$$\boxed{H = \boldsymbol{p} \cdot \dot{\boldsymbol{r}} - L = \frac{1}{2m}\left(\boldsymbol{p} - \frac{q}{c}\boldsymbol{A}\right)^2 + q\phi}$$

となる．

2.7 前問のラグランジアンから導かれる，荷電粒子の運動方程式を調べよ．

解
$$\frac{d}{dt}\frac{\partial L}{\partial \dot{\boldsymbol{r}}} - \frac{\partial L}{\partial \boldsymbol{r}} = \frac{d}{dt}\left(m\dot{\boldsymbol{r}} + \frac{q}{c}\boldsymbol{A}\right) + q\nabla\phi - \frac{q}{c}\nabla(\dot{\boldsymbol{r}}\cdot\boldsymbol{A}) = 0.$$

従って，$\dot{\boldsymbol{r}}\times\boldsymbol{B} = \nabla(\dot{\boldsymbol{r}}\cdot\boldsymbol{A}) - (\dot{\boldsymbol{r}}\cdot\nabla)\boldsymbol{A}$ に注意して，

$$m\ddot{\boldsymbol{r}} = \underbrace{-q\nabla\phi}_{(1)} + \underbrace{\frac{q}{c}\nabla(\dot{\boldsymbol{r}}\cdot\boldsymbol{A})}_{(2)} - \frac{q}{c}\frac{d\boldsymbol{A}}{dt}$$

$$= \underbrace{q\left(\boldsymbol{E} + \frac{1}{c}\frac{\partial \boldsymbol{A}}{\partial t}\right)}_{(1)} + \underbrace{\frac{q}{c}\{\dot{\boldsymbol{r}}\times\boldsymbol{B} + (\dot{\boldsymbol{r}}\cdot\nabla)\boldsymbol{A}\}}_{(2)} - \frac{q}{c}\frac{d\boldsymbol{A}}{dt}$$

$$= q\left(\boldsymbol{E} + \frac{1}{c}\dot{\boldsymbol{r}}\times\boldsymbol{B}\right).$$

補足 荷電粒子のラグランジアンは，SI 単位系 (付録 A.2) の諸量で単純に

$$L = \frac{m}{2}\dot{\boldsymbol{r}}^2 - q\phi + \frac{q}{c}\dot{\boldsymbol{r}}\cdot\boldsymbol{A} = \frac{m}{2}\dot{\boldsymbol{r}}^2 - q_{\rm SI}\phi_{\rm SI} + q_{\rm SI}\dot{\boldsymbol{r}}\cdot\boldsymbol{A}_{\rm SI}$$

と書き換えられる．従って，これから導かれる運動方程式は以下のようになる．

$$m\ddot{\boldsymbol{r}} = q_{\rm SI}(\boldsymbol{E}_{\rm SI} + \dot{\boldsymbol{r}}\times\boldsymbol{B}_{\rm SI})$$

2.8 フェルマーの原理から幾何光学の光路の方程式を導き，アイコナールとハミルトンの主関数の類似性を確かめよ．

解 始点から終点に至る経路を，仮のパラメーター τ の関数として考え，$dl = d\tau\sqrt{\dot{\boldsymbol{r}}^2}, (\dot{\boldsymbol{r}} = \frac{d\boldsymbol{r}}{d\tau})$ とおいて $\mathcal{I} \equiv \int_{\rm A}^{\rm B} n dl = \int_{\tau_{\rm A}}^{\tau_{\rm B}} d\tau n(\boldsymbol{r})\sqrt{\dot{\boldsymbol{r}}^2}$ の変分を実行すると

$$\delta\mathcal{I} = \int_{\tau_{\rm A}}^{\tau_{\rm B}} d\tau\left(\delta n\sqrt{\dot{\boldsymbol{r}}^2} + n\frac{\dot{\boldsymbol{r}}\cdot\delta\dot{\boldsymbol{r}}}{\sqrt{\dot{\boldsymbol{r}}^2}}\right)$$
$$= \left[\delta\boldsymbol{r}\cdot\left(n\frac{d\boldsymbol{r}}{dl}\right)\right]_{\tau_{\rm A}}^{\tau_{\rm B}} - \int_{\tau_{\rm A}}^{\tau_{\rm B}} dl\left[\nabla n - \frac{d}{dl}\left(n\frac{d\boldsymbol{r}}{dl}\right)\right]\cdot\delta\boldsymbol{r}.$$

従って，両端を固定したフェルマーの原理 $\delta\mathcal{I} = 0$ から光路の方程式 $\nabla n - \frac{d}{dl}\left(n\frac{d\boldsymbol{r}}{dl}\right) = 0$ が導かれ，これを満たす経路に沿って定義された $\mathcal{I}$（ハミルトンの主関数に対応する）を改めて I と書くと，$\delta I = \left[\delta\boldsymbol{r}\cdot\left(n\frac{d\boldsymbol{r}}{dl}\right)\right]_{\tau_{\rm A}}^{\tau_{\rm B}}$ となる．これから，$(\nabla I)_{\rm B} = \left(n\frac{d\boldsymbol{r}}{dl}\right)_{\rm B}$ を得て，$|\nabla I| = n = \frac{c}{\omega}|\nabla\Phi|$，すなわち Φ はハミルトンの主関数に類似する物理量であることがわかる．

第 3 章
シュレーディンガー方程式

　本章では，波動力学として量子力学の基礎を確立するに至ったシュレーディンガーの理論をまとめ，そこに現れる問題点を整理する．また，その方程式に至る道筋を色々な観点から検討する．

3.1　物質波の理論

　前章で，幾何光学の光路を決めるフェルマーの原理と，粒子の軌跡を決める力学のモーペルテュイの原理の類似性が示された．この場合，フェルマーの原理は短波長極限の光に適用できる近似理論であり，一般の波長の光は，フェルマーの原理からは外れた波としての特徴を示す．ド・ブロイ (1923) は，このような**幾何光学**から**波動光学**への移行に類似するものが粒子の力学にもあるとし，波としての性質をもつ粒子の状態を考えた．

　相対論によれば，静止質量 m，運動量 $\boldsymbol{p}$ の自由粒子のエネルギーは，c を光速として $E = c\sqrt{\boldsymbol{p}^2 + (mc)^2}$ と書ける．この形に力学の正準理論を適用すると，粒子の速度は $\boldsymbol{v} = \frac{\partial E}{\partial \boldsymbol{p}} = c\boldsymbol{p}/\sqrt{\boldsymbol{p}^2 + (mc)^2}$ となり，$m \to 0$ の極限で $v = c$ が実現される．従って，光子を光速度の粒子に見るならその質量は 0 であり，エネルギーと運動量は $E = cp$ の関係にある．一方，振動数 ω の光子のエネルギーは，$E = \hbar\omega$ であった．こうして振動数 ω の光子の運動量は，$p = \frac{\hbar\omega}{c} = \hbar k$, $(k = \frac{\omega}{c})$ と考えることができる．ド・ブロイ (1923) は，この

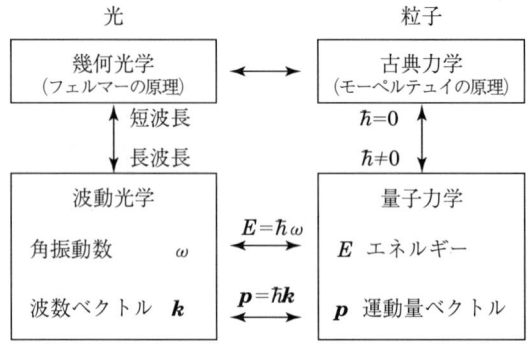

図 3.1 波（振動数 ω）と粒子（エネルギー E）の対応.

関係がそのまま粒子に適用できるとし，運動量 p の粒子は波数 $k = p/\hbar$，従って波長 $\lambda = 2\pi/k = h/p$ の波[*1]であると考えた．このとき，水素原子の軌道電子に対する**ボーアの量子化条件** $J/h = 2\pi rp/h = 2\pi r/\lambda = $ (整数) は，波が円軌道の中で安定な閉じた定常波を作るための条件として，理解できる．ただし，波の**位相速度**は $u = \frac{\omega}{k} = \frac{E}{p} = c\sqrt{1 + (mc/p)^2} > c$ のように光速度を超え，粒子の速度と解釈することはできない．実際の粒子の速度は $\boldsymbol{v} = \frac{\partial E}{\partial \boldsymbol{p}} = \frac{\partial \omega}{\partial \boldsymbol{k}}$ であり，波の言葉では，色々な波長の波を重ね合わせてできる**波束**の移動速度（**群速度**）[*2]に対応する．

こうしてド・ブロイの物質波の理論は，"波" が意味するものは明らかではないものの，$\hbar$ の世界の新力学（"量子力学"）を構築する上で手掛かりとなるべき，図 3.1 の対応関係を提示することになった．

3.2 波動方程式

図 3.1 の対応をもとに，質量 m の粒子を表す物質場の波動方程式の形を推測

[*1] ド・ブロイ自身は，質量 m の粒子には静止系で角振動数 $\omega_0 = mc^2/\hbar$ の振動が "付随" し，粒子が速度 v で運動するとき，ω_0 は右辺に合わせて $\omega = \omega_0/\sqrt{1-(v/c)^2}$ に変化すると考えた．この形は ω の意味からは無理があるが，これを調整するために波の "速度" を $u = c^2/v$ と仮定し，$k = \frac{v}{c^2}\omega = \frac{p}{\hbar}$ を導いた．

[*2] この場合，波数の重ね合わせが狭い範囲 $\boldsymbol{k}_0 + \Delta\boldsymbol{k}, (|\Delta\boldsymbol{k}| \ll |\boldsymbol{k}_0|)$ に限られるとしても，対応 $\boldsymbol{p} \leftrightarrow \hbar\boldsymbol{k}$ のもつ意味は単純ではなくなる．

3.2 波動方程式

することができる．まず，自由粒子のエネルギー E と運動量 $\boldsymbol{p}$ は保存し，それぞれ波の振動数 $\omega = E/\hbar$ と**波数ベクトル** $\boldsymbol{k} = \boldsymbol{p}/\hbar$ に読みかえられるから，その物質場を ω と $\boldsymbol{k}$ の定まった単色平面波

$$\psi_{\boldsymbol{p}}(t,\boldsymbol{r}) = e^{-i(\omega t - \boldsymbol{k}\cdot\boldsymbol{r})} = e^{-\frac{i}{\hbar}(Et-\boldsymbol{p}\cdot\boldsymbol{r})} \tag{3.1}$$

に対応させるのは自然である．

$\psi_{\boldsymbol{p}}$ を解として許す方程式の形は，$i\hbar\frac{\partial}{\partial t}\psi_{\boldsymbol{p}} = E\psi_{\boldsymbol{p}}$ および $\frac{\hbar}{i}\nabla\psi_{\boldsymbol{p}} = \boldsymbol{p}\psi_{\boldsymbol{p}}$ などに注意すれば，E と $\boldsymbol{p}$ の関係を与えることにより決まる．ド・ブロイの理論が特殊相対性理論を基礎にしていることから，相対論的な関係 $(\frac{E}{c})^2 = \boldsymbol{p}^2 + (mc)^2$ を用いた

$$\left[\frac{1}{c^2}\left(i\hbar\frac{\partial}{\partial t}\right)^2 - \left(\frac{\hbar}{i}\nabla\right)^2 - (mc)^2\right]\psi_{\boldsymbol{p}}(t,\boldsymbol{r}) = 0 \tag{3.2}$$

は，考えられる可能な形の一つである．一方，非相対論的な $E = \frac{\boldsymbol{p}^2}{2m}$ を用いると

$$i\hbar\frac{\partial}{\partial t}\psi_{\boldsymbol{p}}(t,\boldsymbol{r}) = \frac{1}{2m}\left(\frac{\hbar}{i}\nabla\right)^2\psi_{\boldsymbol{p}} \tag{3.3}$$

と設定することも可能である．(3.2) は，シュレーディンガー (1925) が物質場の波動方程式を導く過程で最初に試みた形であり，後に**クライン–ゴルドン** (**Klein–Gordon**, 1926) によりスカラー場の相対論的波動方程式として定式化されたものである．シュレーディンガーは，当初この形を拡張して水素原子のエネルギースペクトルを導こうと試みたが，電子のスピン（自転の角運動量）の自由度が取り入れられていないため成功しなかった．その後，シュレーディンガー (1926) は (3.3) をポテンシャル $V(\boldsymbol{r})$ の中の粒子の場合に拡張した

$$i\hbar\frac{\partial}{\partial t}\psi(t,\boldsymbol{r}) = \left[\frac{1}{2m}\left(\frac{\hbar}{i}\nabla\right)^2 + V(\boldsymbol{r})\right]\psi(t,\boldsymbol{r}) \tag{3.4}$$

から，非相対論的な近似の下での，望ましい水素原子のエネルギースペクトルを導いた．(3.4) は，ポテンシャル V が定数であれば $E = \frac{1}{2m}\boldsymbol{p}^2 + V$ とおいて (3.1) により満たされるが，ポテンシャルが $\boldsymbol{r}$ に依存する場合は，最早 (3.1) か

ら独立した意味をもつ．従って，(3.3) からシュレーディンガー方程式と呼ばれる (3.4) への移行は，実験によってその可否を確かめるべき物理的飛躍である．

さて，(3.4) の右辺に現れた演算子は，古典力学の1粒子のハミルトニアンで運動量 $\bm{p}$ を微分演算子 $-i\hbar\nabla$ で置き換えた形に一致する．この意味で，通常は (3.4) を

$$i\hbar\frac{\partial}{\partial t}\psi(t,\bm{r}) = \hat{H}\psi(t,\bm{r}),$$
$$\hat{H} = \frac{1}{2m}\hat{\bm{p}}^2 + V(\bm{r}), \quad (\hat{\bm{p}} = -i\hbar\nabla) \tag{3.5}$$

と書き，$\hat{H}$ をハミルトニアン演算子，ψ を波動関数あるいは状態（ベクトル）と呼ぶ．

さて，波動方程式 (3.2) と (3.4) の間には，以下のような構造的な違いがある．シュレーディンガー方程式 (3.4) は時間に関する1階の微分方程式であり，$\hat{H}$ があらわに時間に依存しない場合，その演算子的な解は明らかに

$$\psi(t,\bm{r}) = e^{-it\hat{H}/\hbar}\psi(0,\bm{r}) \tag{3.6}$$
$$= \left[1 - \frac{it}{\hbar}\hat{H} + \frac{1}{2!}\left(\frac{it}{\hbar}\right)^2\hat{H}^2 + \cdots\right]\psi(0,\bm{r})$$

である．右辺は $\psi(0,\bm{r})$ の空間微分のみを含み，初期条件から一意に決まる．この意味で，シュレーディンガー方程式は事象の推移を因果的に記述している．一方，(3.2) は時間に関する2階の微分方程式であるため，初期時刻の波動関数とその時間微分（あるいは終時刻の波動関数）は独立となり，任意時刻の波動関数はこの両者を与えなくては決まらない．

この差はまた，以下に定義される波の"密度"ρ と波の"流れの密度"$\bm{J}$ の構造の差に現れる．シュレーディンガー方程式の場合，(3.4) およびその複素共役より

$$i\hbar\frac{\partial}{\partial t}(\psi^*\psi) = -\left[\left(-\frac{\hbar^2}{2m}\nabla^2 + V\right)\psi^*\right]\psi + \psi^*\left[\left(-\frac{\hbar^2}{2m}\nabla^2 + V\right)\psi\right]$$
$$= \frac{\hbar^2}{2m}\left[(\nabla^2\psi^*)\psi - \psi^*(\nabla^2\psi)\right]$$
$$= \frac{\hbar^2}{2m}\nabla\cdot\left[(\nabla\psi^*)\psi - \psi^*(\nabla\psi)\right] \tag{3.7}$$

に注意して，

$$\rho = \psi^*\psi(=|\psi|^2), \quad \boldsymbol{J} = \frac{\hbar}{2mi}(\psi^*\nabla\psi - \psi\nabla\psi^*) \tag{3.8}$$

と定義すれば，**連続の方程式**

$$\frac{\partial \rho}{\partial t} + \nabla \cdot \boldsymbol{J} = 0 \tag{3.9}$$

が導かれる．これから，密度 ρ が遠方で十分速く 0 になり，全空間にわたる積分が有限であるなら，

$$\begin{aligned}
\frac{d}{dt}\int dV \rho &= -\lim_{R\to\infty}\int_{r\leq R} dV \nabla \cdot \boldsymbol{J} \\
&= -\lim_{R\to\infty}\int_{r=R} d\boldsymbol{S} \cdot \boldsymbol{J} = 0
\end{aligned} \tag{3.10}$$

を得て，$\int dV \rho$ は保存量になる．

一方，クライン–ゴルドン方程式に従う波でも，同じ $\boldsymbol{J}$ の下で $\rho = \frac{i\hbar}{2mc^2}(\psi^*\dot{\psi}-\dot{\psi}^*\psi)$ が連続の方程式 (3.9) を満たす．しかしこの場合は，ρ の符号は定まらず，シュレーディンガー波動関数の密度と物理的に異なるものに対応する．

もう一つの大きな違いは，波動関数の独立成分の数である．波動関数を $\psi = u+iv$ と実数部分と虚数部分に分離してクライン–ゴルドン方程式 (3.2) に代入すると，u, v が同じ形の波動方程式を満たし，何れか一方を 0 とおくことができる．一方，シュレーディンガー方程式 (3.5) の場合は $\hbar\dot{u} = \hat{H}v$, $\hbar\dot{v} = -\hat{H}u$ となり，u, v は互いに関連しあって何れか一方を恒等式的に 0 にすることができず，ψ は本質的に複素量となっている（パウリ (Pauli), 1933）．

3.3 確率密度

シュレーディンガーは，ρ が連続の方程式を満たすことから，波動関数が電子そのものの空間的広がりを表現し，$e\rho$ が電子の電荷密度に対応すると考えようとした．この解釈は，自由粒子の波束が時間とともに急速に広がるために，直ちに困難を引き起こす．簡単のために，空間が 1 次元の場合で考え，初期時刻 $t=0$ で $\int dx\rho = 1$ に規格化されたガウス (Gauss) 型の波束：

$$\psi(0, x) = N e^{-\frac{x^2}{4a^2}}, \quad \left(N = \frac{1}{\sqrt[4]{2\pi a^2}}\right) \tag{3.11}$$

の時間発展を調べてみよう．(3.11) が偶関数であることから，ρ を電荷密度と考えた場合の電荷の重心，すなわち広がりの平均位置は明らかに $\langle x \rangle = \int dx x |\psi(0,x)|^2 = 0$ である．時間が $t=0$ から微小時間 Δt 経過した後の波動関数は，(3.6) で $V=0$ とおいた形からテーラー (Taylor) 展開の意味で

$$\psi(\Delta t, x) \simeq \psi(0,x) + \frac{\Delta t}{i\hbar}\left(-\frac{\hbar^2}{2m}\frac{\partial^2}{\partial x^2}\right)\psi(0,x) \tag{3.12}$$

と表せる．偶関数の 2 階微分は再び偶関数であるため，平均位置 $\langle x \rangle = 0$ は時間的に不変である．

一方，x^2 の平均は常に正であり，$\langle x \rangle = 0$ を中心とする波束の (広がり)^2 を表すと考えられる．この "広がり" は，$(\Delta x)^2 = \langle (x - \langle x \rangle)^2 \rangle$ で定義される**分散**の特別な場合である．今の場合，部分積分により

$$\begin{aligned}(\Delta x)^2 &= \int dx x^2 |\psi(0,x)|^2 \\ &= N^2 \int dx x \left(-a^2 \frac{d}{dx} e^{-\frac{x^2}{2a^2}}\right) \\ &= a^2\end{aligned} \tag{3.13}$$

を得て，a が波動関数の広がりを表すパラメーターであることがわかる．

さて，直接の計算から

$$|\psi(t,x)|^2 \propto \exp\left[-\frac{x^2}{2a^2(1+(\frac{t\hbar}{2ma^2})^2)}\right] \tag{3.14}$$

を確かめることができる．これから，$\frac{t\hbar}{2ma^2} \gg 1$ が満たされる時刻 t での広がりのパラメーターは，

$$a(t) = a\sqrt{1 + \left(\frac{t\hbar}{2ma^2}\right)^2} \simeq a \times \frac{t\hbar}{2ma^2} \tag{3.15}$$

と評価される．初期時刻での波束の広がりが古典電子半径 $a \simeq 10^{-15}$m 程度であるとしても，$m = m_\mathrm{e}$(電子質量) として，1.2×10^{-2} 秒後に $a(t)$ は太陽半径 ($\simeq 6.96 \times 10^8$m) 程度に広がってしまうことになる．

3.3 確率密度

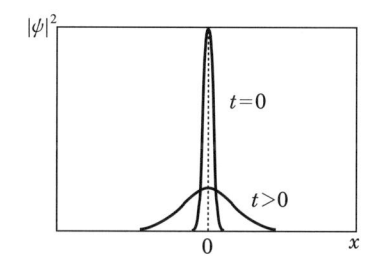

図 3.2 自由粒子の波束の広がり．規格化条件により，曲線と x 軸で囲まれる面積は一定であるが，時間とともに $x=0$ に集中していた密度が空間全体に分散して行く．

このように，ψ が本質的に複素数の波であり，かつ自由粒子の波束が時間とともに広がることから，$\rho = |\psi|^2$ を実在波の広がりの密度と考えることには無理がある．現在の標準的な考え方は，**ボルン (Born**, 1926) により提唱された**確率解釈**を基礎にしている．これは，

$$\begin{pmatrix} \text{粒子を 位置} \boldsymbol{r} \text{ の微小領域} \\ dV \text{ に見いだす確率} \end{pmatrix} \propto dV |\psi(t, \boldsymbol{r})|^2 \tag{3.16}$$

と考えるもので，$\int dV |\psi|^2 = 1$ と規格化できる場合は，ψ は全確率が 1 に規格化された確率波を表すと解釈される．確率解釈の下では，電子がつねに点状に見いだされることと，波束が広がり，電子の見いだされる領域が時間とともに拡大することとの間に，直接の矛盾は生じない (図 3.2)．

(3.1) の平面波 $\psi_{\boldsymbol{p}}(t, \boldsymbol{r})$ のように，"全確率 = 1" の規格化ができない場合でも，(3.16) から相対確率

$$\frac{\int_{V_1} dV |\psi_{\boldsymbol{p}}|^2}{\int_{V_2} dV |\psi_{\boldsymbol{p}}|^2} = \frac{V_1}{V_2} \tag{3.17}$$

を定義することはできる．自由粒子にとって，空間のどの点も特別の場所でないとすれば，それを見いだす確率が領域の体積に比例するという結果は，自然である．

ポテンシャル場中の粒子の場合，そのド・ブロイ波長は場所によって変化する．しかしその変化が 1 波長の領域で十分ゆるやかであるなら，後の章で議論されるように，波動関数を**準古典近似**と呼ばれる形に表すことができる．1 次

元の空間で, $x > 0$ 方向に運動するエネルギー $E(> V(x))$ の粒子の準古典近似に対応する波動関数は, $p(x) = \sqrt{2m(E - V(x))}$ として

$$\psi_E(x) \propto \frac{1}{\sqrt{p(x)}} e^{\frac{i}{\hbar} \int_{x_0}^{x} dx' p(x')} \tag{3.18}$$

である. この近似の下で (3.16) の右辺を計算すると, 粒子が領域 dx に滞在する時間に比例する

$$dx|\psi_E(x)|^2 \propto \frac{dx}{v}, \quad \left(v = \frac{p}{m}\right) \tag{3.19}$$

を得ることから, $dx|\psi_E(x)|^2 \propto$ (粒子を dx に見いだす確率) と考えることは自然である[*3].

このような確率解釈の下で, (3.8) の $\boldsymbol{J} = \frac{\hbar}{m} \mathrm{Im} \psi^* \nabla \psi$ は**確率の流れの密度**に対応する. 連続の方程式より, 閉曲面 S を領域 V の境界として $\int_S d\boldsymbol{S} \cdot \boldsymbol{J} = \frac{d}{dt} \int_V \rho =$ "単位時間に粒子を V に見いだす確率の変化"であり, $d\boldsymbol{S} \cdot \boldsymbol{J}$ は単位時間に $d\boldsymbol{S}$ を通して移動する粒子数に比例する. 単色の平面波 $\psi(t, \boldsymbol{r}) = Ce^{-i(\omega t - \boldsymbol{k} \cdot \boldsymbol{r})}$ の場合, 定義により

$$\rho = |C|^2, \ \boldsymbol{J} = |C|^2 \frac{\hbar \boldsymbol{k}}{m} = \rho \boldsymbol{v}, \quad \left(\boldsymbol{v} = \frac{\hbar \boldsymbol{k}}{m}\right) \tag{3.20}$$

となり, $\boldsymbol{k}$ に垂直な平面を通過して, 単位時間に一定数の粒子が移動する状態に対応する.

さて, 確率密度の定義 (3.16) から, 波動関数の位相は粒子の位置の観測結果に寄与しない. しかし, ψ がいくつかの波の重ね合わせ $\psi = \psi_1 + \psi_2 + \cdots$ で表される場合には $|\psi|^2 = |\psi_1|^2 + |\psi_2|^2 + \cdots + 2\mathrm{Re}(\psi_1^* \psi_2 + \cdots)$ となり, $\psi_1, \psi_2, \cdots$ に共通する位相は位置の観測結果に影響をおよぼさないが, それらの相対的な位相は観測結果に反映する.

粒子が自分自身の異なる状態と干渉することは, 古典的粒子像の予測を超えたものといえる. この点を明確にするために, 粒子が2ヵ所にスリットのある障壁を通過してスクリーンに到達する, 図 3.3 の実験を考える.

粒子はスクリーンに"粒子"として到着するが, スリット A,B で何の"測定"も行わなければ, その到着頻度は A,B を同時に通過した波の重ね合わせに特徴

[*3] この説明は, 文献 [12] に従った.

3.3 確率密度

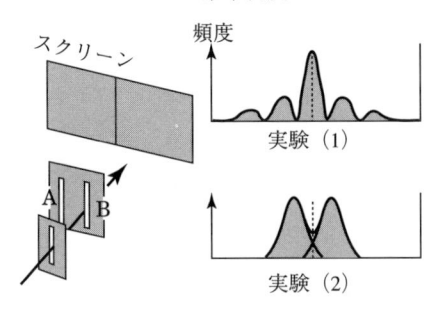

図 3.3 波と粒子の二重性. (1) A, B で粒子の位置の通過の確認を行わない場合. (2) A, B で粒子の通過の確認を行う場合.

的な, (1) の干渉パターンに従う. 一方, 何等かの方法で粒子が A,B を通過したことを測定すると, スクリーンへの到着頻度は古典的粒子像から予想される (2) のパターンとなる. 古典的粒子像によれば, A,B で検証を行わなくても, 粒子は A か B の何れかを通過しているはずであり, (1) の結果は $\hbar$ の世界の新しい認識である.

(1) から (2) への変化は, マクロな"測定"が何等かの意味で干渉項 $2\mathrm{Re}(\psi_1^*\psi_2 + \cdots)$ の効果をかき消し, 量子論的な確率密度 $|\psi_1 + \psi_2 + \cdots|^2$ から古典確率の密度 $|\psi_1|^2 + |\psi_2|^2 + \cdots$ に移行したことに対応する[*4)].

図 3.4 は, 中性子干渉計を用いた実際の実験の一つで, シリコン単結晶のブラッグ面による散乱で二つに分かれた中性子線が, 二つのスリットを通過した粒子に対応する. 中性子線は散乱を繰り返して最終的に自分自身と干渉させられるが, 一方の通路 (=スリット) に中性子を吸収する箔を置いた場合と, 流れを止める歯車を置いた場合が図 3.3 の (1), (2) の別に対応し, 実験値はそれぞれの確率から計算される曲線上にある.

以上の議論では, ψ は粒子の位置の確率密度に結び付けて説明されたが, 任意の物理量の確率密度もすべて ψ から計算できる. これを明らかにするために, (3.4), (3.16) を基礎とする量子力学の数学的形式を, 整備しなくてはならない.

[*4)] このような"測定"の過程は, 一般にはシュレーディンガー方程式で記述される量子力学の形式の枠外 (?) の操作であり, この意味で測定を含めた量子力学の体系は, 今なお発展の過程にあるといえる.

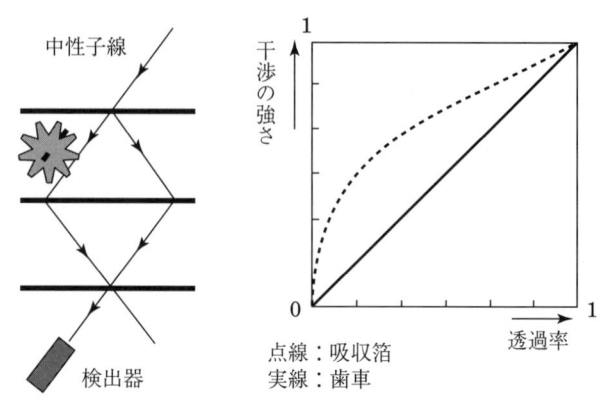

図 3.4 中性子の干渉実験．歯車の位置に透過率 a の中性子吸収箔を置いた場合，干渉の強さは $\sqrt{a}$ に比例する．中性子を 100%近く吸収する歯車を回転させ，効果的に透過率 a の中性子吸収器を作った場合，干渉の強さは a に比例する．実験結果はこれらを確認している．

演習問題

3.1 距離 d だけ離れて規則正しく並ぶニッケル原子の格子面 (ブラッグ面) に，角度 θ で電子線を当てた場合の，回折パターンを調べよ．

解 図 3.5 から，上のブラッグ面で反射された電子と下のブラッグ面で反射された電子の行程差は，明らかに $\overline{\mathrm{AB}} + \overline{\mathrm{BC}} = 2\overline{\mathrm{AB}} = 2d\sin\theta$ である．これがド・ブロイ波長の整数倍：$2d\sin\theta = n\lambda, (n = 1, 2, \cdots)$ のとき強め合う干渉が起こる．とく

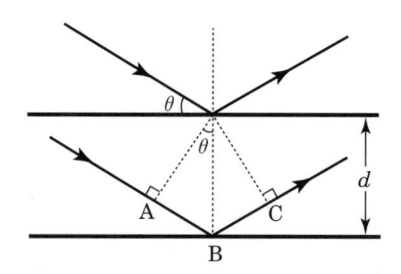

図 3.5 電子線の回折．

に，電子の運動量が，
$$p = \frac{h}{\lambda} = \frac{h}{2d\sin\theta}$$
のとき，最も強め合う干渉となる．

3.2 平面波 $e^{-i(\omega(\boldsymbol{k})t - \boldsymbol{k}\cdot\boldsymbol{r})}$ の重ね合わせで表される，波束：
$$u(t, \boldsymbol{r}) = \int d^3\boldsymbol{k}\, A(\boldsymbol{k}) e^{-i(\omega(\boldsymbol{k})t - \boldsymbol{k}\cdot\boldsymbol{r})}$$
の伝播速度が，**群速度**となることを調べよ．ただし，$A(\boldsymbol{k})$ が $\boldsymbol{k}_0$ の近傍でのみ 0 と異なる値をもち，積分の中で
$$\omega(\boldsymbol{k}) \simeq \omega_0 + (\boldsymbol{k} - \boldsymbol{k}_0) \cdot \left(\frac{\partial\omega}{\partial\boldsymbol{k}}\right)_0$$
と近似できるものとせよ．

[解] 上の近似形を $u(t, \boldsymbol{r})$ の定義に代入して，
$$u(t, \boldsymbol{r}) \simeq e^{-i(\omega_0 t - \boldsymbol{k}_0 \cdot \boldsymbol{r})} \int d^3\boldsymbol{k}\, A(\boldsymbol{k}) e^{-i(\boldsymbol{k} - \boldsymbol{k}_0)\cdot\left\{\left(\frac{\partial\omega}{\partial\boldsymbol{k}}\right)_0 t - \boldsymbol{r}\right\}}$$
$$= e^{-i(\omega_0 t - \boldsymbol{k}_0 \cdot \boldsymbol{r})} U(\boldsymbol{r} - \boldsymbol{V}t).$$

ここで，
$$U(\boldsymbol{r}) = \int d^3\boldsymbol{k}'\, A(\boldsymbol{k}_0 + \boldsymbol{k}') e^{i\boldsymbol{k}'\cdot\boldsymbol{r}}, \quad \boldsymbol{V} = \left(\frac{\partial\omega}{\partial\boldsymbol{k}}\right)_0.$$

この形から $|u(0, \boldsymbol{0})| = |u(t, \boldsymbol{V}t)|$ を得て，群速度 $\boldsymbol{V} = \left(\frac{\partial\omega}{\partial\boldsymbol{k}}\right)_0$ が，波束の伝播速度になることがわかる．

3.3 波動関数が $e^{-iEt/\hbar}$ の形で時間に依存し，決まった振動数をもつ状態を**定常状態**と呼ぶ．このような状態を，変数分離 $T(t)\phi(\boldsymbol{r})$ を満たす波動関数の考え方で導け．

[解] 変数分離形 $T(t)\phi(\boldsymbol{r})$ を (3.5) に代入し，両辺を $T(t)\phi(\boldsymbol{r})$ で割ると
$$\frac{1}{T(t)} i\hbar \frac{dT(t)}{dt} = \frac{1}{\phi(\boldsymbol{r})} \hat{H} \phi(\boldsymbol{r}).$$

上式の左辺と右辺は，それぞれ独立な変数 $t, \boldsymbol{r}$ の関数であり，これが $t, \boldsymbol{r}$ の任意の値に対してバランスをとることができるのは，両辺が同じ定数になる場合である．この定数を E として対応する ϕ を改めて ϕ_E と書くと，上の方程式は $i\hbar \dot{T} = ET$，$\hat{H}\phi_E = E\phi_E$ と分解され，これを解いて $T(t) = e^{-iEt/\hbar}$ を得る．

定常状態の波動関数

$$\psi_E(t, \boldsymbol{r}) = e^{-iEt/\hbar} \phi_E(\boldsymbol{r}),$$
$$\hat{H}\phi_E(\boldsymbol{r}) = \left(-\frac{\hbar^2}{2m}\triangle + V(\boldsymbol{r})\right)\phi_E(\boldsymbol{r}) = E\phi_E(\boldsymbol{r}). \tag{3.21}$$

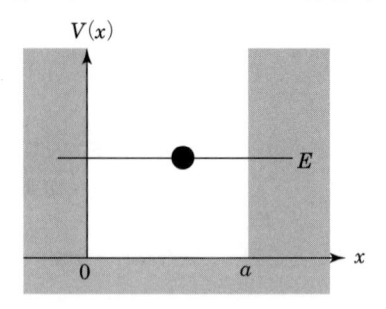

図 3.6 井戸型ポテンシャル.

3.4 1次元の無限に高い井戸型ポテンシャル (図 3.6) にとじ込められた質量 m の粒子の (規格化された) 定常状態を求め, この状態の下で粒子を $0 < x < a/2$ に見いだす確率を計算せよ.

解 $0 < x < a$ では $V = 0$ であるから, エネルギー E の粒子に対するシュレーディンガー方程式は

$$\hat{H}\phi_E(x) = -\frac{\hbar^2}{2m}\frac{d^2\phi_E(x)}{dx^2} = E\phi_E(x) \tag{3.22}$$

となり, $\sin(kx), \cos(kx), (k = \sqrt{2mE}/\hbar)$ が基本解となる. 粒子は, 無限に高いポテンシャルにより $x < 0, x > a$ の領域に進入できないため, 境界条件 $\phi_E(0) = \phi_E(a) = 0$ を満たす. $x = 0$ での境界条件により定常状態は sin 型の関数になり, $x = a$ での境界条件から許される k, E の値が

$$k_n = \frac{n\pi}{a}, \quad E_n = \frac{\hbar^2}{2m}\left(\frac{n\pi}{a}\right)^2, \quad (n = 1, 2, \cdots) \tag{3.23}$$

と決まる. エネルギー E_n の状態を改めて ϕ_n と書き, $\int_0^a dx |\phi_n(x)|^2 = 1$ で規格化すると, 最終的な定常状態の波動関数が,

$$\phi_n(x) = \sqrt{\frac{2}{a}}\sin\left(\frac{n\pi}{a}x\right), \quad (n = 1, 2, \cdots) \tag{3.24}$$

となる. これから, エネルギー E_n の状態の下で, 粒子の位置を $0 < x < a/2$ に見いだす確率は,

$$\int_0^{a/2} dx \left[\sqrt{\frac{2}{a}}\sin\left(\frac{n\pi}{a}x\right)\right]^2 = \frac{1}{2}. \tag{3.25}$$

3.5 (3.14) を確かめよ.

解 本質的には，次章で述べられるフーリエ変換の応用であるが，この問題の範囲では，ガウス積分の公式

$$e^{-Ax^2} = \frac{1}{\sqrt{4\pi A}}\int_{-\infty}^{\infty} dk\, e^{ikx - \frac{1}{4A}k^2}$$

を使えば確かめられる．まず，自由粒子のシュレーディンガー方程式

$$i\hbar\frac{\partial}{\partial t}\psi(t,x) = \left(-\frac{\hbar^2}{2m}\frac{\partial^2}{\partial x^2}\right)\psi(t,x)$$

を，初期条件 (3.11) の下で演算子的に解き，

$$\psi(t,x) = e^{\frac{t}{i\hbar}\left(-\frac{\hbar^2}{2m}\frac{\partial^2}{\partial x^2}\right)} N e^{-\frac{x^2}{4a^2}}$$

$$= N\sqrt{\frac{a^2}{\pi}}\int_{-\infty}^{\infty} dk\, e^{\frac{t}{i\hbar}\frac{\hbar^2 k^2}{2m}} e^{ikx - a^2 k^2}$$

$$= \frac{N}{\sqrt{1 + i\frac{t\hbar}{2ma^2}}} \exp\left[-\frac{x^2}{4a^2\left(1 + i\frac{t\hbar}{2ma^2}\right)}\right]$$

と求まる．これから，$\left|e^{-\frac{\alpha}{x+iy}}\right| = \left|e^{-\alpha\frac{x-iy}{x^2+y^2}}\right| = e^{-\frac{\alpha x}{x^2+y^2}}$，($\alpha$ = 実数) などに注意すれば，(3.14) は明らかである．

3.6 原点から離れるに従って十分速く消失するポテンシャルの下で求めた粒子の状態 $\psi^{(+)}(\boldsymbol{r})$ が，遠方で (r,θ,ϕ) を極座標として**漸近形**

$$\psi^{(+)}(\boldsymbol{r}) \sim C\left[e^{i\boldsymbol{k}\cdot\boldsymbol{r}} + f(\theta,\phi)\frac{e^{ikr}}{r}\right],\ (r \to \infty)$$

をもつとき，状態はポテンシャルによる"散乱の境界条件"を満たすと考える．漸近形の第 2 項 $\psi_{\mathrm{scatt}}(\boldsymbol{r}) = Cf(\theta,\phi)\frac{e^{ikr}}{r}$ に対応する，確率の流れの密度を計算せよ．

解 極座標で，$\nabla = \boldsymbol{e}_r\frac{\partial}{\partial r} + \boldsymbol{e}_\theta\frac{1}{r}\frac{\partial}{\partial\theta} + \boldsymbol{e}_\phi\frac{1}{r\sin\theta}\frac{\partial}{\partial\phi}$ と書けることに注意して，

$$\nabla\psi_{\mathrm{scatt}}(\boldsymbol{r}) = \left[\boldsymbol{e}_r\left(ik - \frac{1}{r}\right)f(\theta,\phi)\right.$$
$$\left. + \boldsymbol{e}_\theta\frac{1}{r}\frac{\partial f(\theta,\phi)}{\partial\theta} + \boldsymbol{e}_\phi\frac{1}{r\sin\theta}\frac{\partial f(\theta,\phi)}{\partial\phi}\right]C\frac{e^{ikr}}{r}.$$

従って，求める確率の流れの密度は，

$$\boldsymbol{J}_{\mathrm{scatt}}(\boldsymbol{r}) = \frac{\hbar}{m}\mathrm{Im}\left\{\psi_{\mathrm{scatt}}(\boldsymbol{r})^*\nabla\psi_{\mathrm{scatt}}(\boldsymbol{r})\right\} = |C|^2\frac{\hbar k}{m}\frac{|f(\theta,\phi)|^2}{r^2}\boldsymbol{e}_r.$$

3.7 前問の漸近形の第1項 $\psi_{\rm in}(\boldsymbol{r}) = Ce^{i\boldsymbol{k}\cdot\boldsymbol{r}}$ は，$\boldsymbol{k}$ 方向に進む平面波を表し，$\psi^{(+)}(\boldsymbol{r})$ は全体として，$\boldsymbol{k}$ 方向の入射平面波とポテンシャルにより原点から外向きに散乱された球面波の重ね合わせである．このとき，$|f(\theta,\phi)|^2$ の物理的意味を調べよ．

解 本文で述べたように，$\psi_{\rm in}$ の確率の流れの密度は $\boldsymbol{J}_{\rm in} = \frac{\hbar \boldsymbol{k}}{m}$ であり，$|\boldsymbol{J}_{\rm in}|$ は $\boldsymbol{k}$ に垂直な単位面積を通して，単位時間に移動する粒子数に比例する．一方，$d\boldsymbol{S}\cdot\boldsymbol{J}_{\rm scatt}$ は，ポテンシャルにより面要素 $d\boldsymbol{S}$ を通過して単位時間に散乱される粒子数に比例する．従ってこれらの比は，単位時間に $\boldsymbol{k}$ に垂直な単位面積を通して入射した粒子が，面要素 $d\boldsymbol{S}$ に散乱される確率を表す．$\frac{d\boldsymbol{S}\cdot\boldsymbol{e}_r}{r^2} = d\Omega$ が，面要素 $d\boldsymbol{S}$ の立体角であることに注意すると，考えている確率は

$$d\sigma(\theta,\phi) = \frac{d\boldsymbol{S}\cdot\boldsymbol{J}_{\rm scatt}}{|\boldsymbol{J}_{\rm in}|} = |f(\theta,\phi)|^2 d\Omega$$

となる．定義により，$d\sigma$ は面積の次元をもち，立体角 $d\Omega$ への散乱の**断面積**と呼ばれる．上式を $d\Omega$ で割った

$$\frac{d\sigma(\theta,\phi)}{d\Omega} = |f(\theta,\phi)|^2$$

は**微分断面積**と呼ばれ，単位立体角あたりの散乱の断面積に対応する．

第 4 章
ディラックの記号法

量子力学の数学的形式をディラック (Dirac) の記号法に従って整理し，これをもとに不確定性関係，固有状態，状態の表示等を議論する．

4.1　ブラ & ケット・ベクトル

シュレーディンガー方程式は線形方程式であるため，ψ_1, ψ_2 が解であればその**重ね合わせ** $\alpha\psi_1 + \beta\psi_2, (\alpha, \beta = 定数)$ もまた解となり，解は全体として，一般に無限次元のベクトル空間をつくる．この意味で，ψ は**状態（ベクトル）**と呼ばれ，波動関数の規格化や演算子の作用を，有限次元の複素数を成分とするベクトルの**内積**や**行列**に対応させて整理することができる．

表 4.1 は，シュレーディンガー方程式 (3.5) で記述される 3 次元空間の 1 粒子の波動関数と，n 次元ベクトルの対応であるが，内積の構造から関数値 $\psi(t, \boldsymbol{r})$ はベクトルの成分 a_i の意味をもち，ベクトル $|a\rangle$ 自体に対応するものは，それら関数値の全体（ψ の表すグラフ）であるといえる．ディラックは，ベクトルとしての ψ を曖昧さなく表すために，成分が $\psi(t, \boldsymbol{r})$ のベクトルを $|\psi\rangle$ と書いて**ケット・ベクトル**，また成分が $\psi(t, \boldsymbol{r})^*$ のベクトルを $\langle\psi|$ と書いて**ブラ・ベクトル**と呼んで，使い分けることを提唱した．

この記号法の下で，状態の内積を特徴づける**分配則**や複素共役の性質が，次のように整理される：

$$\langle\psi|(\alpha|\psi'\rangle + \beta|\psi''\rangle) = \alpha\langle\psi|\psi'\rangle + \beta\langle\psi|\psi''\rangle, \quad (4.1)$$

$$\langle\psi|\psi'\rangle^* = \langle\psi'|\psi\rangle. \quad (4.2)$$

とくに，ψ の自分自身との内積を $\|\psi\|^2 (= \langle\psi|\psi\rangle \geq 0)$ と書き，$\|\psi\|$ を状態の"大きさ (ノルム)" と考える．このようなブラ&ケット記号を用いると，前章の波束の例題で述べた，規格化された状態 ψ の下での演算子 $\hat{A}$ が表す物理量の期待値と分散は，

$$\begin{aligned}
\text{期待値:}\quad & \langle A\rangle = \langle\psi|\hat{A}|\psi\rangle, \\
\text{分 散:}\quad & (\Delta A)^2 = \langle\psi|(\hat{A} - \langle A\rangle)^2|\psi\rangle \\
& = \langle A^2\rangle - \langle A\rangle^2
\end{aligned} \quad (4.3)$$

と，波動関数の引数を意識せずに表すことができる．これまで，$\hat{p} = -i\hbar\nabla$ は，状態 $\psi(t, \boldsymbol{r})$ に作用する微分演算子の意味で，記号 ^ が付けられた．実際には，波動関数 $\psi(t, \boldsymbol{r})$ に引数の $\boldsymbol{r}$ をかけることも，$\hat{\boldsymbol{r}}\psi(t, \boldsymbol{r}) = \boldsymbol{r}\psi(t, \boldsymbol{r})$ で定義される演算子の作用と考えられるので，必要に応じてハミルトニアンを $\hat{H}(\hat{\boldsymbol{r}}, \hat{\boldsymbol{p}})$ と

表 4.1 有限次元ベクトル空間との対応．

	状態ベクトルの空間	n 次元複素ベクトル空間
ベクトル	$\psi_a, \psi_b, \cdots$	$\|\boldsymbol{a}\rangle = \begin{pmatrix} a_1 \\ \vdots \\ a_n \end{pmatrix}, \|\boldsymbol{b}\rangle = \begin{pmatrix} b_1 \\ \vdots \\ b_n \end{pmatrix}, \cdots$
共役	$\psi^* \leftarrow$ 複素共役 $\rightarrow \psi$	$\langle\boldsymbol{a}\| = [a_1^*, \cdots, a_n^*] \leftarrow$ エルミート共役 $\rightarrow \|\boldsymbol{a}\rangle$
内積	$\langle\psi_a\|\psi_b\rangle = \int d^3\boldsymbol{r}\, \psi_a^*(t, \boldsymbol{r})\psi_b(t, \boldsymbol{r})$	$\langle\boldsymbol{a}\|\boldsymbol{b}\rangle = \sum_{i=1}^n a_i^* b_i$
演算子	$\hat{A}(\boldsymbol{r}, \hat{\boldsymbol{p}}),\ (\hat{\boldsymbol{p}} = -i\hbar\nabla)$	$A = \begin{pmatrix} a_{11} & \cdots & a_{1n} \\ \vdots & & \vdots \\ a_{n1} & \cdots & a_{nn} \end{pmatrix}$
行列要素	$\langle\psi_a\|\hat{A}\|\psi_b\rangle = \langle\psi_a\|\hat{A}\psi_b\rangle = \int d^3\boldsymbol{r}\, \psi_a^*(\hat{A}\psi_b)$	$a_{ij} = \langle\boldsymbol{e}_i\|\hat{A}\|\boldsymbol{e}_j\rangle,\ ((\boldsymbol{e}_i)_j = \delta_{ij})$

書くのが理に適っている．

さて，この内積の下で演算子 $\hat{A}$ の行列要素と

$$\langle\psi_2|\hat{A}^\dagger|\psi_1\rangle = \langle\psi_1|\hat{A}|\psi_2\rangle^* \ (\ = \langle\hat{A}\psi_2|\psi_1\rangle \ ) \tag{4.4}$$

で結ばれる行列要素をもつ演算子 $\hat{A}^\dagger$ を，$\hat{A}$ に**エルミート (Hermite) 共役**な演算子と定義する．とくに，$\hat{A}^\dagger = \hat{A}$ を満たす演算子は**エルミート演算子**と呼ばれ，その期待値が実数：$\langle\psi|\hat{A}|\psi\rangle^* = \langle\psi|\hat{A}^\dagger|\psi\rangle = \langle\psi|\hat{A}|\psi\rangle$ になることから，実数の物理量に対応する．容易に確かめられるように，位置の演算子 $\hat{r}$，運動量演算子 $\hat{p}$ 等は，エルミート演算子である．また，定義からエルミート共役には

$$(\alpha\hat{A} + \beta\hat{B})^\dagger = \alpha^*\hat{A}^\dagger + \beta^*\hat{B}^\dagger, \tag{4.5}$$

$$(\hat{A}\hat{B})^\dagger = \hat{B}^\dagger\hat{A}^\dagger, \tag{4.6}$$

$$(\hat{A}^\dagger)^\dagger = \hat{A}$$

の性質があり，$\hat{p}^2$, $V(r)$, およびそれらを一次結合した (3.5) のハミルトニアンもまた，エルミート演算子となる．

さて，いま $\hat{A}|\psi\rangle = |\hat{A}\psi\rangle = |\phi\rangle$ であるとする．この両辺に $\langle\Phi|$ を内積した $\langle\Phi|\hat{A}|\psi\rangle = \langle\Phi|\phi\rangle$ の複素共役から $\langle\psi|\hat{A}^\dagger|\Phi\rangle = \langle\phi|\Phi\rangle$ となり，$|\Phi\rangle$ の任意性から，ベクトルとしての関係 $\langle\psi|\hat{A}^\dagger = \langle\phi|$ が導かれる．この結果は，ブラ＆ケット・ベクトルのエルミート共役を $|\psi\rangle^\dagger = \langle\psi|, \langle\psi|^\dagger = |\psi\rangle$ で定義することにより，$(\hat{A}|\psi\rangle)^\dagger = \langle\psi|\hat{A}^\dagger = \langle\phi|$ の共役操作と見なすことができる．この意味で，シュレーディンガー方程式 (3.5) は，

$$\begin{aligned}i\hbar\frac{\partial}{\partial t}|\psi\rangle &= \hat{H}|\psi\rangle, \\ -i\hbar\frac{\partial}{\partial t}\langle\psi| &= \langle\psi|\hat{H}\end{aligned} \tag{4.7}$$

の形式に書くことができる．(4.7) の二式の変換には，部分積分の計算が含まれているが，ブラ＆ケットを用いた形式では，それらの詳細を意識しなくてよい．これにより，前章で述べた規格化可能な状態の確率保存も，

$$\frac{\partial}{\partial t}\langle\psi|\psi\rangle = \frac{1}{i\hbar}\left\{-\left(\langle\psi|\hat{H}\right)|\psi\rangle + \langle\psi|\left(\hat{H}|\psi\rangle\right)\right\} = 0 \tag{4.8}$$

のような，自明な関係になる．

実数の正準変数 $(q_i, p_i; i = 1, \cdots, n)$ で記述される一般的な力学系の場合も，ハミルトニアンの引数を $q_i \to \hat{q}_i (= q_i), p_i \to \hat{p}_i = -i\hbar \frac{\partial}{\partial q_i}$ と置き換えることにより，状態 $\psi(t, q)$ に対するシュレーディンガー方程式 (4.7) を設定することができる．

このとき，**交換関係** $[\hat{A}, \hat{B}] = \hat{A}\hat{B} - \hat{B}\hat{A}$ の一般的な性質

$$[\hat{A}, \hat{B} + \hat{C}] = [\hat{A}, \hat{B}] + [\hat{A}, \hat{C}], \tag{4.9}$$

$$[\hat{A}, \hat{B}\hat{C}] = [\hat{A}, \hat{B}]\hat{C} + \hat{B}[\hat{A}, \hat{C}], \tag{4.10}$$

$$[\hat{A}, [\hat{B}, \hat{C}]] + [\hat{B}, [\hat{C}, \hat{A}]] + [\hat{C}, [\hat{A}, \hat{B}]] = 0, \tag{4.11}$$

および $\hat{p}_i$ の定義から導かれる**正準交換関係** (問題 4.2)

$$[\hat{q}_i, \hat{p}_j] = i\hbar \delta_{ij}, \ [\hat{q}_i, \hat{q}_j] = [\hat{p}_i, \hat{p}_j] = 0 \tag{4.12}$$

は，古典力学の (2.15)〜(2.18) に対応すべき関係である．

これらの演算子が作用するブラ&ケット・ベクトルの内積は，(q_i, p_i) の実数性から，$(\hat{q}_i, \hat{p}_i)$ がエルミート演算子になるように，定義されなくてはならない．ただしその上でなお，例えば古典的な pq^2 から $\frac{1}{2}\{\hat{p}, \hat{q}^2\}$ あるいは $\frac{1}{4}\{\{\hat{p}, \hat{q}\}, \hat{q}\}$ 等[*1]の異なるエルミート演算子が定義できるように，エルミートなハミルトニアン演算子を与える手順は，一通りではない．

最後に，(4.7) から物理量 A に対応する演算子の期待値の時間変化が

$$\frac{d}{dt}\langle\psi|\hat{A}|\psi\rangle = \frac{1}{i\hbar}\langle|\psi|[H, \hat{A}]|\psi\rangle$$

と書けることに注意する．これから，$\dot{\hat{A}} \equiv \frac{1}{i\hbar}[H, \hat{A}]$ が物理量 A の時間変化に対応する演算子であり，$[H, \hat{A}] = 0$ であれば，$\hat{A}$ が保存量に対応する演算子を表すことになる．

[*1] ポアソン括弧と同じ記号であるが，量子論的な演算子に対しては，中括弧は**反交換関係**

$$\{\hat{A}, \hat{B}\} = \hat{A}\hat{B} + \hat{B}\hat{A}$$

の意味で用いられる．

4.2 不確定性関係

規格化可能な状態 ψ の下での粒子の位置と運動量の期待値は，一般に状態を通して時間に依存する．ハミルトニアンが $\hat{H} = \frac{1}{2m}\hat{p}^2 + V(\hat{x})$ の 1 次元空間の粒子の場合，位置の期待値 $\langle x \rangle = \langle \psi | \hat{x} | \psi \rangle$ の時間変化は，(4.7) から

$$\frac{d}{dt}\langle x \rangle = \frac{1}{i\hbar}\langle \psi | [\hat{H}, \hat{x}] | \psi \rangle = \frac{i\hbar}{2m}\langle \psi | [\hat{p}^2, \hat{x}] | \psi \rangle \tag{4.13}$$

$$= \frac{1}{m}\langle \psi | \hat{p} | \psi \rangle = \frac{1}{m}\langle p \rangle \tag{4.14}$$

を満たす．同様に，

$$\frac{d}{dt}\langle p \rangle = -\left\langle \frac{dV(x)}{dx} \right\rangle \tag{4.15}$$

が得られ，古典力学の運動方程式が期待値の意味で成立していることになる（エーレンフェスト (Eherefest), 1927)．ただし，自由粒子に見られたように，位置の観測値のバラツキを表す分散は一般に時間とともに広がり，古典軌道の意味は失われている．

さて，自由粒子の波束 (3.11) の場合，粒子の位置と運動量の期待値および位置の分散は $\langle x \rangle = \langle p \rangle = 0, (\Delta x)^2 = a^2$ であった．一方，運動量の分散は $\hat{p}$ のエルミート性 $\langle \hat{p}\psi | = \{\hat{p}|\psi\rangle\}^\dagger = \langle \psi | \hat{p}$，および $\hat{p}\psi(0,x) = i\hbar\frac{x}{2a^2}\psi(0,x)$ に注意して，

$$(\Delta p)^2 = \langle \psi | \hat{p}^2 | \psi \rangle = \langle \hat{p}\psi | \hat{p}\psi \rangle \tag{4.16}$$

$$= \left(\frac{\hbar}{2a^2}\right)^2 \langle \psi | \hat{x}^2 | \psi \rangle = \frac{\hbar^2}{4a^2} \tag{4.17}$$

となる．この結果，位置と運動量の分散は独立ではなく，関係 $\Delta x \Delta p = \frac{\hbar}{2}$ で結ばれていることになる．

状態ベクトルが (3.24) で表される，無限に高いポテンシャルに閉じ込められた粒子の場合，$n(=1, 2, \cdots)$ 番目の定常状態の下で $\langle x \rangle = \frac{a}{2}, \langle p \rangle = 0$ および $(\Delta x)^2 = \left[\frac{1}{12} - \frac{1}{2(n\pi)^2}\right]a^2, (\Delta p)^2 = \hbar^2\left(\frac{n\pi}{a}\right)^2$ が確かめられる (問題 4.7)．従って，やはり同様な関係 $\Delta x \Delta p \geq \hbar/2$ が導かれる．

これらの関係は，粒子の位置を確定すると運動量の観測値が不確定になり，

運動量を確定すると位置の観測値が不確定になることを意味している．一般に，ψ で表される状態の下で，エルミート演算子 $\hat{A}, \hat{B}$ に対応する物理量を観測したときの分散は，

$$\Delta A \Delta B \geq \frac{1}{2}|\langle\psi|[\hat{A},\hat{B}]|\psi\rangle| \tag{4.18}$$

を満たすことが示される．とくに，交換関係 $[\hat{q}_i, \hat{p}_j] = i\hbar\delta_{ij}$ を満たす正準共役な変数の観測に際して，(4.18) は上の例を一般化した

不確定性関係

$$\Delta q_i \Delta p_j \geq \frac{\hbar}{2}\delta_{ij} \tag{4.19}$$

に帰着する．

"可換"でない演算子の表す物理量が同時に観測可能でないことは，量子力学の数学的形式が整備されてから直ちに認識されていたが，これを定量的に論じたのはハイゼンベルク (1927) であり，図 4.1, 4.2 のような，光の粒子性や電子の波動性を考慮した思考実験が提出された．

これらの思考実験に見られるように，特定の物理量の間の不確定性関係は $\hbar$

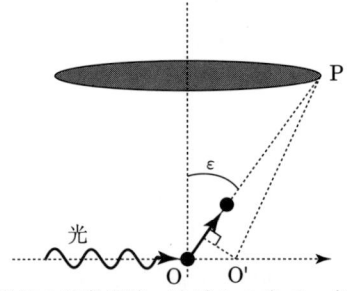

図 4.1　γ 線顕微鏡の思考実験．波長 λ の光で，点 O の電子を観測する．O と距離 Δx はなれた近接点 O′ が区別できる波長は，(OP, O′P の光路差) $\sim \Delta x \sin\epsilon$ より $\lambda \leq \Delta x \sin\epsilon$ を満たす．一方，運動量 $p = \frac{h}{\lambda}$ の光子の衝突により，電子は x 方向の運動量 $\Delta p_x = \frac{h}{\lambda}\sin\epsilon$ を得る．従って，

$$\Delta x \Delta p_x = h\frac{\Delta x \sin\epsilon}{\lambda} \geq h.$$

4.2 不確定性関係

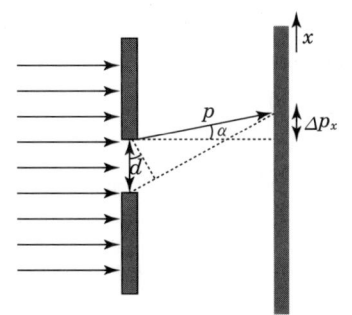

図 4.2 電子の波動性に基づく思考実験．運動量 $p = \frac{h}{\lambda}$ の電子を，幅 d のスリットを通してスクリーンに垂直に照射する．スリットを通過した電子は，その波動性により回折し，広がってスクリーンに達する．広がりの角度 α は，スリットの上下端からスクリーンまでの"行路差" ($\simeq d\sin\alpha$) が (整数)×λ のとき生じる干渉縞で観測されるから，$\Delta x \simeq d$, $\Delta p_x \simeq \frac{h}{\lambda}\sin\alpha$ と考えて，

$$\Delta x \Delta p_x \simeq d \times \frac{h\sin\alpha}{\lambda} \geq h.$$

の世界の本質であるが，その"不確定さ"を必ずしも分散に結び付ける必要はない．

最後に，粒子の位置と運動量の間の不確定性関係に類似した，時間とエネルギーの間の不確定性関係 $\Delta t \Delta E \sim h$ について考えよう．この場合，古典力学の場合と同様に，時間 t は量子力学の形式においてもパラメーターの扱いであり，ハミルトニアン演算子 $\hat{H}$ との交換関係が $[t, \hat{H}] = i\hbar$ を満たす"力学変数"にはなっていない．従って，(4.18) のように，形式的に分散の意味で不確定性関係を導くことはできないが，場合に応じて類似した関係は導かれる．

いま，2 点 $(x, x+\Delta x)$ を通過して x 軸方向に運動する，質量 m の粒子を考える．粒子が 2 点を通過する際，同時に粒子の運動量を測定しようとすると，(4.19) により観測値に $\Delta p_x \gtrsim \frac{h}{\Delta x}$ の不確定さが伴われる．粒子のエネルギー $E = \frac{p_x^2}{2m}$ は，粒子の運動量を通して測定されるから，その値にも $\Delta E = \frac{p_x}{m}\Delta p_x$ の不確定さが現れる．そこでこれらの測定は，粒子が 2 点間を通過する時間 $\Delta t = \Delta x / \frac{p_x}{m}$ になされると考えれば，不確定性関係 $\Delta t \Delta E \simeq \Delta x \Delta p_x \gtrsim h$ が導かれる．何等かの相互作用により，原子が一つのエネルギー準位から他のエ

ネルギー準位に崩壊するとき，崩壊に伴う原子の寿命と準位のエネルギー差の間にも，同様な不確定性関係が導かれる．

後にもう一度触れられるように，交換関係 $[\hat{T}, \hat{H}] = i\hbar$ を満たす"時間演算子"は，一般的には存在しない．従って，時間とエネルギーの不確定性関係については，考えている力学系の特性に応じて，個々に議論されなくてはならない．

4.3 状態の表示

ディラックのブラ&ケット記号法により，波動関数の引数を意識せずに色々な演算子的な計算が可能となったが，これまでのところ，個々の具体的な計算では $\psi(t,q)$ の形を利用した．通常この関数を q–表示の波動関数と呼び，これを更に，次式に従って平面波の重ね合わせ：

$$\psi(t,q) = \frac{1}{\sqrt{2\pi\hbar}} \int_{-\infty}^{\infty} dp\, \tilde{\psi}(t,p) e^{ipq/\hbar} \qquad (4.20)$$

で表す場合の"重ね合わせの係数" $\tilde{\psi}(t,p)$ を，p–表示の波動関数と呼ぶ．(4.20) は，$\psi(t,q) \leftrightarrow \tilde{\psi}(t,p)$ のフーリエ変換であり，この形から $\hat{p}\psi(t,q) \leftrightarrow p\tilde{\psi}(t,p)$ あるいは $q\psi(t,q) \leftrightarrow i\hbar\frac{\partial}{\partial p}\tilde{\psi}(t,p)$ などが，容易に確かめられる．結局，波動関数の表示に応じて $\hat{p}$ や $\hat{q}$ の演算子としての具体的な形が変わることになり，これを整理すると表 4.2 となる．

この表の形から，$\hat{q}, \hat{p}$ の交換関係は表示によらず (4.12) になることが確かめられるが，この事情をより一般的な観点から調べるために，演算子 $\hat{A}$ に対し次式を満たす状態を考える．

表 4.2　q–表示と p–表示．

	q–表示	p–表示
状態	$\psi(t,q)$	$\tilde{\psi}(t,p)$
$\hat{q}$	q	$i\hbar\dfrac{\partial}{\partial p}$
$\hat{p}$	$-i\hbar\dfrac{\partial}{\partial q}$	p

4.3 状態の表示

$$\hat{A}|\phi_a\rangle = a|\phi_a\rangle \tag{4.21}$$

ϕ_a は，演算子 $\hat{A}$ の**固有値** a に属する**固有状態**（ベクトル）と呼ばれる．この状態が $\|\phi_a\| = 1$ に規格化できるなら，a は $\hat{A}$ が表す物理量を状態 ϕ_a の下で観測したときの期待値 $\langle A \rangle$ に一致する．これからまた，状態 ϕ_a の下での A の観測値の分散は $\Delta A = 0$ となり，固有状態は観測値が確実に一つの値（＝固有値）に集まる，"分散のない状態"といえる．

固有値方程式 (4.21) は，どのような演算子に対しても意味をもつが，実数の物理量に対応するエルミート演算子 $\hat{A} = \hat{A}^\dagger$ の場合，明らかに固有値は実数になり，さらに異なる固有値に属する固有状態は**直交**する．例えば，無限に高いポテンシャルに閉じ込められた粒子の定常状態 (3.24) は，エルミート演算子 $\hat{H} = \frac{1}{2m}\hat{p}^2$ の固有値 $E_n = \frac{\hbar^2}{2m}\left(\frac{n\pi}{a}\right)^2, (n = 1, 2, \cdots)$ に属する固有状態で，規格化条件 $\langle \phi_n | \phi_m \rangle = \delta_{nm}$ を満たす．この例の場合，一次独立な状態は $\{\phi_n\}$ で尽きているので，任意の状態 ψ はこの一次結合

$$|\psi\rangle = \sum_n |\phi_n\rangle c_n = \sum_n |\phi_n\rangle\langle\phi_n|\psi\rangle, \ (c_n = \langle\phi_n|\psi\rangle) \tag{4.22}$$

で表される．ψ は任意であるから，結局ブラ&ケット記号法で

$$\begin{aligned} \langle\phi_n|\phi_m\rangle &= \delta_{nm}, \text{（正規直交系）} \\ 1 &= \sum_n |\phi_n\rangle\langle\phi_n|, \text{（完全系）} \end{aligned} \tag{4.23}$$

と書けることになる．一般の，離散的な固有値をもつエルミート演算子の固有状態が完全系をなす場合も，(4.23) の形式で演算子 "1" をつくることができる．もしエルミート演算子 $\hat{A}$ と可換な他のエルミート演算子 $\hat{B}$ があれば，(4.21) の固有状態は $\hat{A}(\hat{B}\phi_a) = \hat{B}(\hat{A}\phi_a) = a(\hat{B}\phi_a)$ を満たし，$\hat{B}\phi_a$ も (4.21) の解となる．結局，$\hat{A}$ の各固有値に属する固有状態は唯一つに決まらず，部分空間を作る（固有値は**縮退**する）．そこで，ϕ_a をその部分空間で $\hat{B}\phi_a = b\phi_a$ を満たす状態に選べば，状態は演算子 $\hat{A}, \hat{B}$ 共通の固有状態になり，それぞれの固有値を添字にして $\phi_{a,b}$ と書く必要がある．$\hat{A}, \hat{B}$ と可換なエルミート演算子が他にあれば，状態の添字にさらにその固有値も付け加える．こうして考えている

系において，演算子の可換な組が $\hat{A}, \hat{B}, \cdots, \hat{C}$ で尽きたとすれば，その固有値の組 $n = (a, b, \cdots, c)$ が一次独立な状態を識別する添字になり，" n "をこの意味に考えたとき，(4.23) は一般性のある式になる．

次に，エルミート演算子 $\hat{A}$ の固有値が，連続な実数値となる場合を考える．この場合の状態 (4.21) の規格化を，形式的に $\langle \phi_a | \phi_b \rangle = \delta(a-b)$ と書くことにすれば，(4.23) は

$$\langle \phi_a | \phi_b \rangle = \delta(a-b), \text{（正規直交系）}$$
$$1 = \int da |\phi_a\rangle \langle \phi_a|, \text{（完全系）} \tag{4.24}$$

の形となる．$\delta(a-b)$ は，ディラックにより導入された **δ–関数** であるが，この意味を明らかにするために，任意の状態 ψ と ϕ_a の内積を $\psi(a) = \langle \phi_a | \psi \rangle$ と書き，(4.24) の完全性を適用すると，δ–関数を特徴づける次式を得る．

$$\psi(a) = \langle \phi_a | \int db |\phi_b\rangle \langle \phi_b | \psi \rangle = \int db \, \delta(a-b) \psi(b). \tag{4.25}$$

従って，δ–関数は任意関数との合成積により元の関数を再現する積分核であり，同様の性質をもつ積分核は色々な例で知られている．例えば，複素関数としての $\psi(z)$ が実軸の遠方で十分速く 0 になり，かつ実軸近傍で特異点など含まぬ性質の良い関数であれば，コーシーの積分公式より ($\epsilon = +0$ として)

$$\psi(x) = \int_{-\infty}^{\infty} dy \frac{1}{2\pi i} \left[\frac{1}{x-y+i\epsilon} - \frac{1}{x-y-i\epsilon} \right] \psi(y) \tag{4.26}$$

と書ける．(4.25), (4.26) の比較から，δ–関数を

$$\delta(x) = \lim_{\epsilon \to +0} \frac{1}{2\pi i} \left[\frac{1}{x-i\epsilon} - \frac{1}{x+i\epsilon} \right] \tag{4.27}$$

$$= \lim_{\epsilon \to +0} \frac{1}{\pi} \frac{\epsilon}{x^2 + \epsilon^2} \tag{4.28}$$

$$= \lim_{\epsilon \to +0} \frac{1}{2\pi} \int_{-\infty}^{\infty} dk \, e^{ikx - \epsilon|k|} \tag{4.29}$$

などの意味で，"関数"の極限として定義することができる．何れの形からも，δ–関数が偶関数であり，$\int dx \, \delta(x) = 1$ を満たすことが確かめられる．とくに，

4.3 状態の表示

表式 (4.29) で $\epsilon = +0$ とおいた形は, δ–関数の積分表示として利用範囲の広い形である.

さて,正準変数のエルミート演算子 $(\hat{q}, \hat{p})$ は,その性質から連続な実数を固有値としてもつ.いま,それぞれの演算子の (4.24) の意味で規格化された固有状態を,

$$\hat{q}|q\rangle = q|q\rangle, \quad \langle q|q'\rangle = \delta(q-q'), \tag{4.30}$$

$$\hat{p}|p\rangle = p|p\rangle, \quad \langle p|p'\rangle = \delta(p-p') \tag{4.31}$$

と定義する.(4.24) の書き方からすれば,$\hat{q}$ の固有値 q に属する固有状態は $|\phi_q\rangle$ のように書くべきであるが,上のように省略して $|q\rangle$ と書く場合も多い.上の固有状態の定義式と,正準交換関係 $[\hat{q}, \hat{p}] = i\hbar$ から,λ を任意の実数として

$$e^{-\frac{i}{\hbar}\lambda\hat{p}}|q\rangle = |q+\lambda\rangle, \ e^{\frac{i}{\hbar}\lambda\hat{q}}|p\rangle = |p+\lambda\rangle \tag{4.32}$$

が成立する.これを確かめるために,任意の演算子 $\hat{A}, \hat{B}$ に対して成立する関係:

$$e^{\hat{A}}\hat{B}e^{-\hat{A}} = \sum_{n=0}^{\infty} \frac{1}{n!} \underbrace{[\hat{A},[\hat{A},\cdots,[\hat{A},\hat{B}]\cdots]]}_{n} \tag{4.33}$$

を利用する.これから,$e^{\frac{i}{\hbar}\lambda\hat{p}}\hat{q}e^{-\frac{i}{\hbar}\lambda\hat{p}} = \hat{q} + \lambda$ に注意して,

$$\begin{aligned}\hat{q}\left(e^{-\frac{i}{\hbar}\lambda\hat{p}}|q\rangle\right) &= e^{-\frac{i}{\hbar}\lambda\hat{p}}\left(e^{\frac{i}{\hbar}\lambda\hat{p}}\hat{q}e^{-\frac{i}{\hbar}\lambda\hat{p}}\right)|q\rangle \\ &= (q+\lambda)e^{-\frac{i}{\hbar}\lambda\hat{p}}|q\rangle\end{aligned} \tag{4.34}$$

を得て,(4.30) から $e^{-\frac{i}{\hbar}\lambda\hat{p}}|q\rangle \propto |q+\lambda\rangle$ となる.両者の比例係数は,$e^{-\frac{i}{\hbar}\lambda\hat{p}} \to 1, (\lambda \to 0)$ に注意すれば 1 であり,結局 (4.32) の第 1 式が導かれる.第 2 式についても同様である[*2].

以上の準備の下に,表 4.2 の q–表示,p–表示の状態は,それぞれ

[*2] この結果は,明らかに,正準交換関係を満たす任意のエルミート演算子の対に対して成り立つ.従って,もし $[\hat{T},\hat{H}] = i\hbar$ を満たすハミルトニアン $\hat{H}$ に正準共役な**時間演算子** $\hat{T}$ が存在すれば,$\hat{H}$ もまた $(-\infty,\infty)$ の連続固有値をもつことになり,エネルギーが下方に有界(力学系が安定)ではなくなる.言い換えれば,安定な系のハミルトニアンに正準共役な時間演算子は存在しない.

$$\psi(t,q) = \langle q|\psi(t)\rangle, \text{ および } \tilde{\psi}(t,p) = \langle p|\psi(t)\rangle \tag{4.35}$$

の意味で理解できる．実際，(4.32) から

$$\langle q|\hat{p} = \lim_{\lambda \to 0} \frac{\hbar}{i}\frac{\partial}{\partial \lambda}\langle q|e^{\frac{i}{\hbar}\lambda \hat{p}} = \lim_{\lambda \to 0} \frac{\hbar}{i}\frac{\partial}{\partial \lambda}\langle q+\lambda|$$
$$= -i\hbar\frac{\partial}{\partial q}\langle q| \tag{4.36}$$

であり，同様に，

$$\langle p|\hat{q} = i\hbar\frac{\partial}{\partial p}\langle p| \tag{4.37}$$

が得られて，表 4.2 の演算子形が，$\langle q|\hat{q}|\psi(t)\rangle = q\psi(t,q)$, $\langle p|\hat{p}|\psi\rangle = p\tilde{\psi}(t,p)$, および $\langle q|\hat{p}|\psi(t)\rangle = -i\hbar\frac{\partial}{\partial q}\psi(t,q)$, $\langle p|\hat{q}|\psi\rangle = i\hbar\frac{\partial}{\partial p}\tilde{\psi}(t,p)$ の意味で求まる．

また，$\langle q|p\rangle$ は，q-表示と p-表示の間の**変換関数**と呼ばれ，

$$\langle q|p\rangle = \frac{1}{\sqrt{2\pi\hbar}}e^{ipq/\hbar} \tag{4.38}$$

であることが確かめられる (問題 4.5)．このとき，フーリエ変換の表式 (4.20) は，(4.38) と $\{|p\rangle\}$ の完全性を組み合わせた，

$$\langle q|\psi(t)\rangle = \int_{-\infty}^{\infty} dp \langle q|p\rangle\langle p|\psi(t)\rangle$$
$$= \frac{1}{\sqrt{2\pi\hbar}}\int_{-\infty}^{\infty} dp\, e^{ipq/\hbar}\langle p|\psi(t)\rangle \tag{4.39}$$

として理解できる．同様に，

$$\langle p|\psi(t)\rangle = \int_{-\infty}^{\infty} dq \langle p|q\rangle\langle q|\psi(t)\rangle$$
$$= \frac{1}{\sqrt{2\pi\hbar}}\int_{-\infty}^{\infty} dq\, e^{-ipq/\hbar}\langle q|\psi(t)\rangle \tag{4.40}$$

であるが，これは (4.20) の逆変換に他ならない．

はじめに述べたように，$\psi(t,\boldsymbol{r})$ は n 次元ベクトルの座標成分に対応するので，表示の選択は状態（ベクトル）の座標成分の選択ということになる．また，完全系 $\{\phi_n\}$ による表示の下で，任意の演算子 $\hat{A}$ は $\langle \phi_n|\hat{A}|\psi\rangle = $

4.3 状態の表示

$\sum_m \langle\phi_n|\hat{A}|\phi_m\rangle\langle\phi_m|\psi\rangle$ のように，$\langle\phi_n|\hat{A}|\phi_m\rangle$ を成分としてもつ行列として作用する．このとき $\langle\phi_n|\hat{A}\hat{B}|\phi_m\rangle = \sum_l \langle\phi_n|\hat{A}|\phi_l\rangle\langle\phi_l|\hat{B}|\phi_m\rangle$ から，演算子の積の表示は，各表示の下での演算子（＝行列）の積になり，演算子の交換関係もまた表示によらぬ意味をもつ．

さて，ψ が有限なノルムをもつ状態で，$\{|q\rangle\}, \{|p\rangle\}$，エネルギーの固有値 E_n に属する固有状態 $\{|\phi_n\rangle\}$ などが規格化された完全系であるなら，(4.23), (4.24) から，

$$\langle\psi|\psi\rangle = \int dq |\langle q|\psi\rangle|^2 \tag{4.41}$$

$$= \int dp |\langle p|\psi\rangle|^2 \tag{4.42}$$

$$= \sum_n |\langle\phi_n|\psi\rangle|^2 \tag{4.43}$$

等の表式が導かれる．従って，確率を $\langle\psi|\psi\rangle = 1$ と規格化した場合，$dq|\langle q|\psi\rangle|^2, dp|\langle p|\psi\rangle|^2, |\langle\phi_n|\psi\rangle|^2$ 等は，それぞれ状態 ψ の下で変数 q を区間 dq に，変数 p を区間 dp に，またエネルギーを E_n に見いだす確率と考えることができる．この意味で，例えば $\langle\psi|\hat{H}|\psi\rangle = \sum_n E_n |\langle\phi_n|\psi\rangle|^2$ はどの表示でも系のエネルギーの期待値を表し，確率解釈は表示によらず適用できる．

ちなみに，上の $\{|\phi_n\rangle\}$ 表示でシュレーディンガー方程式の形式解 (3.7) を書き下すと，

$$\begin{aligned}|\psi(t)\rangle &= e^{-i\hat{H}t/\hbar}|\psi(0)\rangle \\ &= \sum_n e^{-iE_n t/\hbar}|\phi_n\rangle c_n, \quad (c_n = \langle\phi_n|\psi(0)\rangle)\end{aligned} \tag{4.44}$$

であり，エネルギーを E_n に見いだす確率 $|c_n|^2$ は初期状態 $\psi(0)$ のみで決まる．

観測により値 E_n が見いだされたとすれば，その直後の状態はエネルギーの固有状態 $\psi_n(t) = e^{-iE_n t/\hbar}\phi_n$ であり，観測は $\psi(t)$ から $\psi_n(t)$ への**状態の収縮**を引き起こす．量子力学はその確率を計算する手段を与えるが，その結果が実現される過程については，必ずしも明確な説明を与えていない[*3)]．

[*3)] 状態 $\Psi(x,y)$ が，変数 $\{x\}$ で記述される部分系とこれを取り巻く環境体の変数 $\{y\}$ の

さて，$|\phi_n\rangle$ の直交性から，ϕ_0 を基底状態として

$$\langle\psi|\hat{H}|\psi\rangle = \sum_n |c_n|^2 E_n \geq E_0 \sum_n |c_n|^2 = E_0 \tag{4.45}$$

となる．この不等式は，固有状態に対する別の見方を与えている．基底状態は，ノルムが 1 の状態の中で，ハミルトニアンの期待値を最小にする状態である．すなわち，λ をラグランジュの未定乗数として，汎関数

$$F[\psi] = \langle\psi|\hat{H}|\psi\rangle - \lambda(\langle\psi|\psi\rangle - 1) \tag{4.46}$$

の最小条件

$$\frac{\delta}{\delta\psi^*} F[\psi] = \hat{H}|\psi\rangle - \lambda|\psi\rangle = 0, \tag{4.47}$$

$$-\frac{\partial}{\partial\lambda} F[\psi] = \langle\psi|\psi\rangle - 1 = 0 \tag{4.48}$$

関数である場合，状態をそれぞれの系の（正規直交）完全系 $\{\phi_i(x)\}$ および $\{\Phi_n(y)\}$ で $\Psi(x,y) = \sum_{i,n} C_{in}\phi_i(x)\Phi_n(y)$ と展開すれば，部分系の物理量 $\hat{A}$ の期待値は

$$\langle A\rangle = \sum_{i,j} \rho_{ij}\langle\phi_i|\hat{A}|\phi_j\rangle, \ (\rho_{ij} = \sum_n C_{in}^* C_{jn})$$

と表現される．(ρ_{ij}) は密度行列と呼ばれるエルミート行列であり，適当な基底の変換 $\{\phi_i\} \to \{\psi_i\}$ の下で，$\rho_{ij} \to w_i\delta_{ij}$ となる．このとき，上の期待値は

$$\langle A\rangle = \sum_i w_i\langle\psi_i|\hat{A}|\psi_i\rangle = \text{Tr}(\hat{\rho}\hat{A}), \quad \text{ただし}, \ \hat{\rho} = \sum_i w_i|\psi_i\rangle\langle\psi_i|$$

と書け，w_i は部分系の統計集団を用意し，$\langle\psi_i|\hat{A}|\psi_i\rangle$ を集団に亘って平均する際の確率の性格をもつ．明らかに，密度演算子 $\hat{\rho}$ には波動関数がもつ任意位相の自由度は無く，

$$\text{Tr}(\hat{\rho}) = \sum_k \langle\psi_k|\hat{\rho}|\psi_k\rangle = \sum_k w_k = 1,$$

$$\hat{\rho}^2 = \sum_i w_i^2|\psi_i\rangle\langle\psi_i| \neq \hat{\rho}, \ \left(\text{Tr}(\hat{\rho}^2) = \sum_k w_k^2 < 1\right),$$

$$i\hbar\frac{\partial\hat{\rho}}{\partial t} = i\hbar\sum_i w_i(|\dot{\psi}_i\rangle\langle\psi_i| + |\psi_i\rangle\langle\dot{\psi}_i|) = [\hat{H}, \hat{\rho}]$$

等の性質が確かめられる（第 3 式は，次章で述べるハイゼンベルク運動方程式と逆符号である）．とくに，統計集団で w_i が特定の k に対してのみ 1，あるいは部分系が系全体であるなら，$\hat{\rho} = |\psi_k\rangle\langle\psi_k| = \hat{\rho}^2$ のように全系に共通する一つの状態が定まり，系は純粋状態にあるといわれる．ψ_i が i 方向に偏光した光子状態，$\hat{\rho}$ が i 偏光の光子を w_i の割合で含む光子束に対応するなら，偏光の測定は $\hat{\rho}^2 \neq \hat{\rho}$ の（混合）状態から $\hat{\rho}^2 = \hat{\rho}$ の（純粋）状態への変化を引き起こし，状態は環境体も含めた系全体で収縮する．

を満たす状態として決まり，このときの未定乗数が E_0 になる．次の第1励起状態は，上の手順で決まった基底状態 ϕ_0 に直交する状態 $\psi_1 (= \psi - \phi_0 \langle \phi_0 | \psi \rangle)$ を用意し，汎関数 $F[\psi_1]$ を最小にする状態 ϕ_1 として決める．同様に，第2励起は ϕ_0, ϕ_1 に直交する状態を用意し，汎関数の最小条件から決め，以下この手順を繰り返して，完全系 $\{\phi_n\}$ を求める．この方法は，リッツ (Rits) の**直接変分法**と呼ばれ，基底状態を評価する近似法としても有効である．

演習問題

4.1 規格化可能な状態ベクトルの下で，演算子 $\hat{\boldsymbol{r}}, \hat{\boldsymbol{p}}$ がエルミート演算子となることを確かめよ．

[解]
$$\langle \psi_a | \hat{\boldsymbol{r}} | \psi_b \rangle = \int dV \psi_a^*(t, \boldsymbol{r}) \boldsymbol{r} \psi_b(t, \boldsymbol{r})$$

については，$\langle \psi_a | \hat{\boldsymbol{r}} | \psi_b \rangle = \langle \psi_b | \hat{\boldsymbol{r}} | \psi_a \rangle^*$ は明らか．また，運動量演算子については，

$$i\hbar \nabla (\psi_a^* \psi_b) = (\hat{\boldsymbol{p}} \psi_a)^* \psi_b - \psi_a^* (\hat{\boldsymbol{p}} \psi)$$

の両辺を体積積分し，$|\psi_{a,b}| \to 0, (|\boldsymbol{r}| \to \infty)$ に注意して完全微分項の積分を落とすと，

$$0 = \langle \hat{\boldsymbol{p}} \psi_a | \psi_b \rangle - \langle \psi_a | \hat{\boldsymbol{p}} \psi_b \rangle = \langle \psi_a | \hat{\boldsymbol{p}}^\dagger | \phi_b \rangle - \langle \psi_a | \hat{\boldsymbol{p}} | \psi_b \rangle.$$

4.2 状態 $\psi(t, q)$ の上で，$\hat{q}_i \psi(t, q) = q_i \psi(t, q), \hat{p}_i \psi(t, q) = -i\hbar \frac{\partial}{\partial q_i} \psi(t, q)$ で定義される演算子に対し，交換関係 (4.12) を確かめよ．

[解] (4.12) の後の二つは明らか．第1式は，

$$[\hat{q}_i, \hat{p}_j] \psi(t, q) = -i\hbar \left[q_i \frac{\partial}{\partial q_j} \psi(t, q) - \frac{\partial}{\partial q_j} (q_i \psi(t, q)) \right]$$
$$= i\hbar \frac{\partial q_i}{\partial q_j} \psi(t, q) = i\hbar \delta_{ij} \psi(t, q).$$

4.3 (4.33) を確かめよ．

[解] λ を実数として，$U(\lambda) = e^{\lambda \hat{A}} \hat{B} e^{-\lambda \hat{A}}$ とおくと，

$$\frac{d}{d\lambda} U(\lambda) = [\hat{A}, U(\lambda)],$$
$$\frac{d^2}{d\lambda^2} U(\lambda) = [\hat{A}, [\hat{A}, U(\lambda)]],$$
$$\vdots$$

よって λ でテーラー展開すると,

$$U(\lambda) = U(0) + \lambda[\hat{A}, U(0)] + \frac{\lambda^2}{2}[\hat{A},[\hat{A}, U(0)]] + \cdots.$$

$U(0) = \hat{B}$ に注意して $\lambda = 1$ とおくと, 求める式になる.

4.4 フーリエ変換の形から, p–表示で $\hat{p}\tilde{\psi}(t,p) = p\tilde{\psi}(t,p), \hat{q}\tilde{\psi}(t,p) = i\hbar\frac{\partial}{\partial p}\tilde{\psi}(t,p)$ となることを確かめよ. また, p–表示の形で, $\hat{q}, \hat{p}$ の交換関係を確かめよ.

解 (4.20) の形から, 部分積分を考慮して

$$-i\hbar\frac{\partial}{\partial q}\psi(t,q) = \frac{1}{\sqrt{2\pi\hbar}}\int_{-\infty}^{\infty}dp\left(p\tilde{\psi}(t,p)\right)e^{ipq/\hbar},$$

$$q\psi(t,q) = \frac{1}{\sqrt{2\pi\hbar}}\int_{-\infty}^{\infty}dp\tilde{\psi}(t,p)\left(-i\hbar\frac{\partial}{\partial p}e^{ipq/\hbar}\right)$$

$$= \frac{1}{\sqrt{2\pi\hbar}}\int_{-\infty}^{\infty}dp\left(i\hbar\frac{\partial}{\partial p}\tilde{\psi}(t,p)\right)e^{ipq/\hbar}$$

を得て, $\tilde{\psi}(t,p)$ への作用が求める形となる. また,

$$[\hat{q},\hat{p}]\tilde{\psi} = i\hbar\left(\frac{\partial}{\partial p}\left(p\tilde{\psi}\right) - p\frac{\partial}{\partial p}\right)\tilde{\psi} = i\hbar\tilde{\psi}$$

より, 交換関係が確かめられる.

4.5 変換関数が (4.38) の形になることを確かめよ.

解 $\langle q|\hat{p}|p\rangle$ を, $\langle q|\hat{p}$ の表示と, $\hat{p}|p\rangle$ の固有値方程式の二通りで計算すると,

$$\langle q|\hat{p}|p\rangle = -i\hbar\frac{\partial}{\partial q}\langle q|p\rangle = p\langle q|p\rangle.$$

これを q に関する微分方程式として解くと, $\langle q|p\rangle = Ce^{ipq/\hbar}$ と求まる. 積分定数 C は, 規格化条件

$$\langle p|p'\rangle = \int_{-\infty}^{\infty}\langle p|q\rangle\langle q|p'\rangle dq = |C|^2\int_{-\infty}^{\infty}e^{i(p'-p)q/\hbar}dq = \delta(p-p')$$

と, δ–関数の積分表示 (4.29) から, $C = \frac{1}{\sqrt{2\pi\hbar}}$ と求まる.

4.6 不確定性関係 (4.18) を確かめよ.

解 確率 $\langle\psi|\psi\rangle = 1$ に規格化された状態 ψ と任意の実数 α から,

$$|\Phi\rangle = [(\hat{A} - \langle A\rangle) + i\alpha(\hat{B} - \langle B\rangle)]|\psi\rangle$$

を定義する. このとき, 内積の正定値性より

$$\langle\Phi|\Phi\rangle = (\Delta A)^2 + \alpha^2(\Delta B)^2 + \alpha\langle\psi|i[\hat{A},\hat{B}]|\psi\rangle \geq 0.$$

演習問題　　　　　　　　　　　　　　　　　　　55

この式を α の正定値な 2 次式と見ると，判別式 ≤ 0 から

$$\langle\psi|i[\hat{A},\hat{B}]|\psi\rangle^2 - 4(\Delta A)^2(\Delta B)^2 \leq 0$$

となり，示すべき関係が得られる．

4.7 問題 3.4 の無限に高い壁に閉じ込められた粒子に対し，位置と運動量の分散を計算し不確定性関係を確かめよ．

解 規格化された状態が $\phi_n(x) = \sqrt{\frac{2}{a}}\sin\left(\frac{n\pi}{a}x\right), (n = 1, 2, \cdots)$ であること，および部分積分から

$$\int_0^a dx\, x\cos\left(\frac{2n\pi}{a}x\right) = 0,$$

$$\int_0^a dx\, x^2\cos\left(\frac{2n\pi}{a}x\right) = 2a\left(\frac{a}{2n\pi}\right)^2$$

等に注意すると，

$$\langle x\rangle = \int_0^a dx\, x\phi_n^2(x) = \frac{1}{a}\int_0^a dx\, x\left(1 - \cos\left(\frac{2n\pi}{a}\right)\right) = \frac{a}{2},$$

$$\langle p\rangle = -i\hbar\int_0^a dx\,\phi_n(x)\phi_n'(x) = -i\hbar\frac{n\pi}{a^2}\int_0^a dx\sin\left(\frac{2n\pi}{a}x\right) = 0,$$

$$\langle x^2\rangle = \int_0^a dx\, x^2\phi_n(x)^2 = \frac{1}{a}\int_0^a dx\, x^2\left(1 - \cos\left(\frac{2n\pi}{a}\right)\right)$$

$$= \frac{a^2}{3} - 2\left(\frac{a}{2n\pi}\right)^2,$$

$$\langle p^2\rangle = -\hbar^2\int_0^a dx\,\phi_n(x)\phi_n''(x) = \hbar^2\left(\frac{n\pi}{a}\right)^2.$$

従って，分散 $(\Delta x)^2 = \langle x^2\rangle - \langle x\rangle^2 = a^2\left[\frac{1}{12} - \frac{1}{2(n\pi)^2}\right]$，および $(\Delta p)^2 = \langle p^2\rangle - \langle p\rangle^2 = \hbar^2\left(\frac{n\pi}{a}\right)^2$ を得て，本文で述べた不確定性関係 $\Delta x\Delta p \geq \hbar/2$ が確かめられる．

4.8 確率 1 に規格化された状態 $\phi(x) = \sqrt[4]{\frac{2a}{\pi}}e^{-ax^2}, (a = const.)$ の下で，一次元調和振動子のハミルトニアン $\hat{H} = \frac{1}{2m}\hat{p}^2 + \frac{1}{2}m\omega^2 x^2$ の期待値を計算し，$a = \frac{m\omega}{2\hbar}$ で最小値 $\frac{\hbar\omega}{2}$ になることを確かめよ．

解 $\langle\phi|\phi\rangle = 1$ および $\hat{p}\phi(x) = i\hbar 2ax\phi(x)$ から，

$$\langle x^2\rangle = \sqrt{\frac{2a}{\pi}}\int_{-\infty}^\infty dx\, x^2 e^{-2ax^2}$$

$$= \sqrt{\frac{2a}{\pi}}\int_{-\infty}^\infty dx\, x\left(\frac{-1}{4a}\frac{\partial}{\partial x}\right)e^{-2ax^2} = \frac{1}{4a}.$$

これからまた

$$\langle p^2 \rangle = 4a^2\hbar^2 \langle x^2 \rangle = a\hbar^2.$$

奇関数の積分の性質 $\langle x \rangle = \langle p \rangle = 0$ に注意すると，$(\Delta x)^2 = \langle x^2 \rangle, (\Delta p)^2 = \langle p^2 \rangle$ であり，上の結果は不確定性関係 $\Delta x \Delta p = \frac{\hbar}{2}$ を導く．このとき，

$$E(a) = \langle \phi | \hat{H} | \phi \rangle = \frac{1}{2m}(a\hbar^2) + \frac{m\omega^2}{2}\left(\frac{1}{4a}\right)$$

を得て，$\frac{\partial}{\partial a}E(a) = 0$ から $a = \frac{m\omega}{2\hbar}$ となる．これから，期待値の最小値が $E(\frac{m\omega}{2\hbar}) = \frac{\hbar\omega}{2}$ と求まる．

4.9 (4.26) を，コーシー (Cauchy) の積分公式から説明せよ．

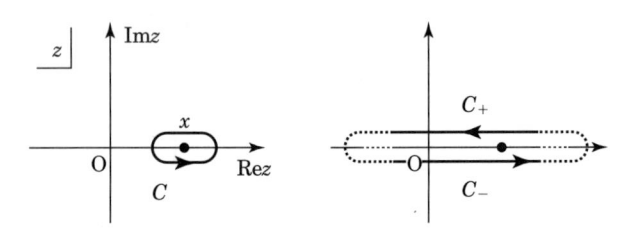

図 4.3 複素平面の積分路．

解 コーシーの積分公式は，図 4.3 の経路 C に対して

$$\psi(x) = \frac{1}{2\pi i}\int_C dz \frac{\psi(z)}{z-x}$$

と書ける．

積分の値は，$\psi(z)/(z-x)$ が正則な ($z \neq x$ の) 範囲で任意に変形しても変わらないから，実軸の正負の方向に無限に長く引き伸ばすことにより，経路 C_+, C_- に沿った積分の和に帰着する．その上で $C_\pm$ を実軸に近づけた極限が，(4.26) である．

4.10 (4.27)～(4.29) の関係を確かめよ．

解 (4.27), (4.28) が同等であることは明らか．また (4.29) は，

$$\lim_{\epsilon \to +0} \frac{1}{2\pi} \int_{-\infty}^{\infty} dk e^{ikx - \epsilon|k|}$$
$$= \lim_{\epsilon \to +0} \frac{1}{2\pi}\left[\int_{-\infty}^{0} dk e^{ikx + \epsilon k} + \int_{0}^{\infty} dk e^{ikx - \epsilon k}\right] = (4.27)$$

のように確かめられる．

補足 積分表示を他の方法で収束させ，δ-関数を次のような関数の極限として表現す

$$\lim_{\epsilon \to +0} \frac{1}{2\pi} \int_{-\infty}^{\infty} dk e^{ikx - \epsilon k^2} = \lim_{\epsilon \to +0} \frac{1}{\sqrt{4\pi\epsilon}} e^{-\frac{x^2}{4\epsilon}},$$

$$\lim_{L \to \infty} \frac{1}{2\pi} \int_{-L}^{L} dk e^{ikx} = \lim_{L \to \infty} \frac{\sin(Lx)}{\pi x}.$$

4.11 下図の階段 (θ–) 関数の " 微分 " が，δ–関数の意味をもつことを確かめよ．

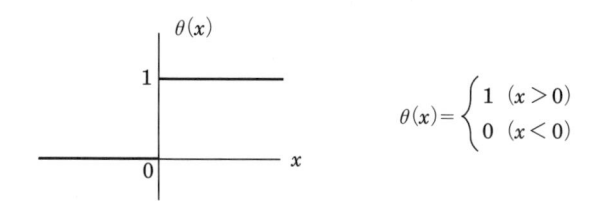

$$\theta(x) = \begin{cases} 1 & (x > 0) \\ 0 & (x < 0) \end{cases}$$

図 4.4　階段関数．

[解] $\theta(x)$ は，$x = 0$ で微係数が存在しない．しかし，任意の関数 $f(x)$ に対し，部分積分の意味で

$$\int_{-\infty}^{\infty} dx \left(\frac{d}{dx}\theta(x)\right) f(x) = [\theta(x)f(x)]_{-\infty}^{\infty} - \int_{-\infty}^{\infty} dx \theta(x) \left(\frac{d}{dx}f(x)\right)$$
$$= f(\infty) - \int_{0}^{\infty} dx \frac{df(x)}{dx} = f(0) = \int_{-\infty}^{\infty} dx \delta(x) f(x)$$

となり，$\frac{d}{dx}\theta(x) = \delta(x)$ が意味付けられる．

別の考え方としては，コーシーの積分公式より

$$\theta(x) = \frac{1}{2\pi i} \int_{-\infty}^{\infty} dk \frac{e^{ikx}}{k - i\epsilon}. \quad \text{(図 4.5)}$$

これを x で微分すると，直ちに δ– 関数の積分表示になる．

4.12 1次元の自由粒子において，$T = \frac{x}{\dot{x}} = m\frac{x}{p}$ は粒子が距離 x を移動する時間の意味をもつ．そこで，ハミルトニアンが $\hat{H} = \frac{1}{2m}\hat{p}^2$ の量子論においても，仮に " 時間 " の性格をもつ演算子を

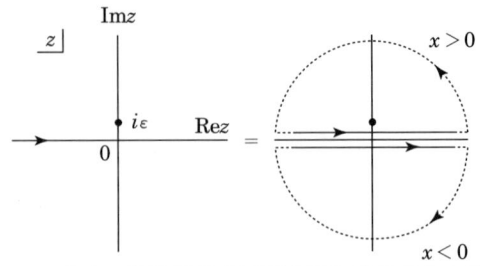

図 4.5 $x > 0$ なら，積分路は上半面を通り特異点を 1 周する閉路に変形でき，積分値が 1 になる．$x < 0$ なら，積分路は下半面の正則な領域を周る閉路に変形でき，積分値は 0 となる．

$$\hat{T} = \frac{m}{2}\left(\frac{1}{\hat{p}+i\epsilon}\hat{x} + \hat{x}\frac{1}{\hat{p}-i\epsilon}\right), (\epsilon = +0)$$

で定義したとき，$\hat{H}$ との交換関係はどうなるか調べよ．

解
$$[\hat{T}, \hat{H}] = \frac{m}{2}\frac{1}{\hat{p}+i\epsilon}[\hat{x},\hat{H}] + \frac{m}{2}[\hat{x},\hat{H}]\frac{1}{\hat{p}-i\epsilon}$$
$$= \frac{i\hbar}{2}\left(\frac{\hat{p}}{\hat{p}+i\epsilon} + \frac{\hat{p}}{\hat{p}-i\epsilon}\right) = i\hbar - i\hbar\frac{\epsilon^2}{\hat{p}^2+\epsilon^2}.$$

従って，$p \neq 0$ の状態に対して正準交換関係が成立しているように見えるが，$p = 0$ の 1 点でこれが満たされていない．一般に，無理に時間演算子をつくろうとすると，何等かの意味で，このような特異点を含んだものになる．

4.13 中性 K 中間子 K^0 とその反粒子 $\bar{K}^0$ は，ストレンジネスと呼ばれる量子数がそれぞれ $+1$ と -1 の異なる粒子であるが，ストレンジネスを保存しない"弱い力"により，崩壊，あるいは互いに移り変わることができる．一方，粒子と反粒子の状態を入れ替える操作を C，空間座標の符号を反転する操作を P，これらを組み合わせた操作を CP と表すとき，K^0 と $\bar{K}^0$ を表す量子力学的な状態 $|K^0\rangle$ と $|\bar{K}^0\rangle$ は，$CP = +1$ の状態 $|K_1\rangle$ と $CP = -1$ の状態 $|K_2\rangle$ の重ね合わせになり，$(CP)|K^0\rangle = |\bar{K}^0\rangle$, $(CP)|\bar{K}^0\rangle = |K^0\rangle$ の形で反転する[*4)]．状態 $|K_1\rangle, |K_2\rangle$ を，$|K^0\rangle, |\bar{K}^0\rangle$ の重ね合わせで表せ．

解 $|K_1\rangle = \frac{1}{\sqrt{2}}\left(|K^0\rangle + |\bar{K}^0\rangle\right), \quad |K_2\rangle = \frac{1}{\sqrt{2}}\left(|K^0\rangle - |\bar{K}^0\rangle\right).$

4.14 前問の $K^0, \bar{K}^0$ の状態ベクトルを，$|K^0\rangle = \begin{pmatrix}1\\0\end{pmatrix}, |\bar{K}^0\rangle = \begin{pmatrix}0\\1\end{pmatrix}$ に対応させた，

[*4)] C 演算子には $C|K^0\rangle = e^{i\delta}|\bar{K}^0\rangle$ のような任意位相が許されるが，ここでは $\delta = 0$ の便宜に従った．

2粒子で閉じた系の有効ハミルトニアンを $H = \begin{pmatrix} M & \Delta \\ \Delta' & M' \end{pmatrix}$ とする。この H の下で、(CP) が保存量となるための条件[*5)] を求めよ。

解 この表示の下で、CP 演算子は $(CP) = (CP)^{-1} = \begin{pmatrix} 0 & 1 \\ 1 & 0 \end{pmatrix}$ となり、$(CP)H(CP)^{-1} = \begin{pmatrix} M' & \Delta' \\ \Delta & M \end{pmatrix}$ が導かれる。従って、(CP) が保存量に対応して H と可換になるためには、$M = M', \Delta = \Delta'$ であればよい。

4.15 前問の CP が保存される場合のハミルトニアンを用いて、状態 $|\psi(t)\rangle = A(t)|K^0\rangle + B(t)|\bar{K}^0\rangle$ を初期条件 $A(0) = 1, B(0) = 0$ の下で解け。

解 $H|K_1\rangle = (M+\Delta)|K_1\rangle, H|K_2\rangle = (M-\Delta)|K_2\rangle$ に注意して $|\psi(t)\rangle = a(t)|K_1\rangle + b(t)|K_2\rangle$ ただし $a(t) = \frac{1}{\sqrt{2}}(A(t)+B(t)), b(t) = \frac{1}{\sqrt{2}}(A(t)-B(t))$ と展開してシュレーディンガー方程式に代入すると

$$i\hbar \frac{da(t)}{dt} = (M+\Delta)a(t), \quad i\hbar \frac{db(t)}{dt} = (M-\Delta)b(t).$$

これから、$a(0) = b(0) = \frac{1}{\sqrt{2}}$ の下で $a(t) = \frac{1}{\sqrt{2}}e^{-\frac{i}{\hbar}(M+\Delta)t}, b(t) = \frac{1}{\sqrt{2}}e^{-\frac{i}{\hbar}(M-\Delta)t}$ を得て、$A(t) = \frac{1}{2}(e^{-\frac{i}{\hbar}(M+\Delta)t} + e^{-\frac{i}{\hbar}(M-\Delta)t}), B(t) = \frac{1}{2}(e^{-\frac{i}{\hbar}(M+\Delta)t} - e^{-\frac{i}{\hbar}(M-\Delta)t})$ となる。

注 2 状態で崩壊まで含めた時間変化を表す場合は、系のハミルトニアンがエルミートではなく、全確率が保存しないと考える。このとき M, Δ は複素数になるが、$M+\Delta = \epsilon_1 - \frac{i}{2}\Gamma_1, M-\Delta = \epsilon_2 - \frac{i}{2}\Gamma_2, (\Gamma_i > 0)$ とおくと、時刻 $t=0$ に生成された K^0 が時刻 $t(>0)$ に K^0 に留まる確率は、

$$|\langle K^0|\psi(t)\rangle|^2 = |A(t)|^2$$
$$= \frac{1}{4}\left\{e^{-\frac{1}{2\hbar}\Gamma_1 t} + e^{-\frac{1}{2\hbar}\Gamma_2 t} + 2e^{-\frac{1}{2\hbar}(\Gamma_1+\Gamma_2)t}\cos(\Delta\epsilon t)\right\},$$
$(\Delta\epsilon = \epsilon_1 - \epsilon_2)$

となる。ここで、$\Delta\epsilon$ は K_1, K_2 の質量差に相当し、これにより崩壊確率に（ストレンジネス）振動項が現れる。また、現実には CP 対称性自身が僅かに破れており、問題 4.13 に与えた $K^0, \bar{K}^0$ と K_1, K_2 の関係が修正を受ける。

[*5)] このハミルトニアンは、K 粒子の質量行列と呼ばれるものに相当し、CP 演算子も本来は素粒子論的な視点から考えるべきものであるが、ここでは量子力学で扱える有効理論に単純化している。

第 5 章
量子力学の形式と経路積分

状態ベクトルの時間依存性の形に応じた，量子力学の形式の違いを明らかにし，古典力学との関係，量子力学における対称性の表現，経路積分の手法等を説明する．あわせて，シュレーディンガー方程式自体の再考を行う．

5.1 量子力学の"形式"

前章までの議論では，状態（ベクトル）はシュレーディンガー方程式により $|\psi(t)\rangle = e^{-i\hat{H}t/\hbar}|\psi(0)\rangle$ の形で時間に依存したが，物理量を表す演算子は時間に依存しなかった．状態は，それ自体は観測量ではなく，観測により物理量を見いだす確率や期待値を，演算子の期待値や行列要素の形で計算する手段を与えた．例えば，状態 ψ の下で正準変数 q を微小区間 Δq に見いだす確率や q の期待値は，それぞれ $\langle\psi|\hat{\Pi}_\Delta|\psi\rangle$, $(\hat{\Pi}_\Delta = \Delta q|q\rangle\langle q|)$ および $\langle\psi|\hat{q}|\psi\rangle$ である．これらの期待値は，H を用いた状態の時間依存性をあらわに書くと，

$$\langle\psi(t)|\hat{A}|\psi(t)\rangle = \langle\psi(0)|e^{i\hat{H}t/\hbar}\hat{A}e^{-i\hat{H}t/\hbar}|\psi(0)\rangle$$
$$= \langle\psi(0)|\hat{A}_H(t)|\psi(0)\rangle, \qquad (5.1)$$
$$\hat{A}_H(t) = e^{i\hat{H}t/\hbar}\hat{A}e^{-i\hat{H}t/\hbar} \qquad (5.2)$$

と表せる．従って，観測値に結び付く演算子の期待値は，状態ではなく演算子が時間に依存すると考えても計算できる．演算子の行列要素についても同様の

5.1 量子力学の"形式"

表 5.1 シュレーディンガー形式とハイゼンベルク形式.

	シュレーディンガー形式	ハイゼンベルク形式
状態	$\hbar\dfrac{\partial}{\partial t}\|\psi(t)\rangle = H\|\psi(t)\rangle$	$\dfrac{\partial}{\partial t}\|\psi(0)\rangle = 0$
演算子	$\dfrac{d}{dt}\hat{A}(t)\dfrac{\partial \hat{A}(t)}{\partial t}$ （演算子があらわに時間に依存する場合）	$\dfrac{d}{dt}\hat{A}_H(t) = \dfrac{1}{i\hbar}[\hat{A}_H(t), H] + \left(\dfrac{\partial \hat{A}(t)}{\partial t}\right)_H$

ことがいえる.

 通常，前章までの時間に依存する状態 $\psi(t)$ を用いた量子力学の形式を**シュレーディンガー形式**，また時間に依存しない状態 $\psi(0)$ と (5.2) の形で時間に依存する演算子を用いた量子力学の形式を**ハイゼンベルク形式**と呼ぶ．定義により，ハミルトニアン演算子は，何れの形式においても同じ形になる．

 また，シュレーディンガー形式で $[\hat{q}_i, \hat{p}_j] = i\hbar\delta_{ij}$ であれば，ハイゼンベルク形式で $[\hat{q}_{Hi}(t), \hat{p}_{Hj}(t)] = e^{i\hat{H}t/\hbar}[\hat{q}_i, \hat{p}_j]e^{-i\hat{H}t/\hbar} = i\hbar\delta_{ij}$ となるように，演算子の交換関係も形式によって変わることはない．

 さて，容易に確かめられるように，一般にあらわに時間に依存する演算子 $\hat{A}(t)$ をハイゼンベルク形式に移した $\hat{A}_H(t) = e^{i\hat{H}t/\hbar}\hat{A}(t)e^{-i\hat{H}t/\hbar}$ は，運動方程式

$$\frac{d\hat{A}_H(t)}{dt} = \frac{1}{i\hbar}[\hat{A}_H(t), \hat{H}] + \left(\frac{\partial \hat{A}(t)}{\partial t}\right)_H \tag{5.3}$$

を満たす (表 5.1)．(5.3) は，古典力学の (2.14) に対応する関係であり，ハイゼンベルク形式の量子力学と古典力学の正準形式に，構造的な類似性のあることがわかる[*1]．歴史的にハイゼンベルクが到達した最初の"量子力学"は，物理

[*1] ディラックは，ポアソン括弧と交換関係の代数的類似性こそが古典力学と量子力学を結びつける要と考え，(4.12),(5.3) を考慮した対応原理（**正準量子化**）

$$[\hat{A}, \hat{B}] = i\hbar\{A, B\}$$

を提案した (1925)．この対応の下で，(5.3) と正準運動方程式 (2.14) は同等になる．この着想を得たときの興奮を，ディラック自身は次のように書いている (文献 [28])：
 "日曜日のながい散歩の途中に，ふと，交換関係は古典力学のポアソン括弧に類似しているのでないかと言う着想が浮かびました．ただし，私のポアソン括弧に関する記憶

量をハイゼンベルク形式の演算子で表し，離散的なエネルギーの固有状態による行列表示をとった形式で，**行列力学**と呼ばれた．

上記のシュレーディンガー形式は，時刻 $t=0$ でハイゼンベルク形式に一致するように選ばれているが，有限の時間だけ作用するポテンシャルによる散乱問題などを扱う際には，$|t| \to \infty$ で漸近的にハイゼンベルク形式に移行する，ディラック形式が便利である．この場合，系のハミルトニアンを時間に依存しない自由部分 $\hat{H}_0$ と，時間に依存する相互作用の部分に分けて $\hat{H}(t) = \hat{H}_0 + \hat{V}(t)$ と書き，シュレーディンガー形式の状態を

$$|\psi(t)\rangle = e^{-i\hat{H}_0 t/\hbar}|\psi_D(t)\rangle \tag{5.4}$$

とおく．$|\psi_D(t)\rangle$ が，$t=0$ でシュレーディンガー形式の状態に一致するように定義された，**ディラック形式**の状態である．このとき，

$$\begin{aligned}i\hbar\frac{\partial}{\partial t}|\psi(t)\rangle &= e^{-i\hat{H}_0 t/\hbar}\left(\hat{H}_0 + i\hbar\frac{\partial}{\partial t}\right)|\psi_D(t)\rangle \\ &= (\hat{H}_0 + \hat{V}(t))e^{-i\hat{H}_0 t/\hbar}|\psi_D(t)\rangle\end{aligned} \tag{5.5}$$

より，ディラック形式を特徴づける方程式

$$i\hbar\frac{\partial}{\partial t}|\psi_D(t)\rangle = \hat{V}_D(t)|\psi_D(t)\rangle \tag{5.6}$$

および，

$$\hat{V}_D(t) = e^{i\hat{H}_0 t/\hbar}\hat{V}(t)e^{-i\hat{H}_0 t/\hbar} \tag{5.7}$$

が導かれる．ディラック形式では，演算子は自由ハミルトニアン $\hat{H}_0$ で時間発展し，状態は相互作用ハミルトニアン $\hat{V}_D(t)$ で時間発展することになる．従って，相互作用が有限の時間だけ働く場合，あるいはそうなるように相互作用ポテンシャルに"**断熱因子**"を付加して $e^{-\epsilon|t|/\hbar}\hat{V}(t), (\epsilon = +0)$ の形で扱った場

は曖昧で，自分の考えを確かめたいと思っても手元に適当な本は無く，どの図書館も休館日だったのです．結局私は，月曜の朝一番に図書館にとび込んでポアソン括弧のなんであるかを確かめるまで，まんじりともせず夜を明かすことになったのです．"

　p.61 の対応原理の右辺は，古典的にポアソン括弧を計算した後，物理量を演算子に置き換えたものを表すが，実際の計算では演算子の積の順序が問題になることもある．

5.1 量子力学の"形式"

合，$\frac{\partial}{\partial t}|\psi_D(t)\rangle \to 0, (|t| \to \infty)$ となり，ディラック形式は漸近的に状態が時間に依存しないハイゼンベルク形式に移行する．

さて，(5.6) を時間 $[t_0, t]$ にわたって積分すると，

$$
\begin{aligned}
|\psi_D(t)\rangle &= |\psi_D(t_0)\rangle + \frac{1}{i\hbar}\int_{t_0}^t dt' \hat{V}_D(t')|\psi_D(t')\rangle \\
&= |\psi_D(t_0)\rangle + \frac{1}{i\hbar}\int_{t_0}^t dt' \hat{V}_D(t')|\psi_D(t_0)\rangle \\
&\quad + \frac{1}{(i\hbar)^2}\int_{t_0}^t dt_1 \int_{t_0}^{t_1} dt_2 \hat{V}_D(t_1)\hat{V}_D(t_2)|\psi_D(t_0)\rangle + \cdots \\
&= \hat{U}(t, t_0)|\psi_D(t_0)\rangle \qquad (5.8)
\end{aligned}
$$

となる．ここで，$\hat{U}(t, t_0)$ は

$$
\begin{aligned}
\hat{U}(t, t_0) &= 1 + \frac{1}{i\hbar}\int_{t_0}^t dt_1 \hat{V}_D(t_1) + \frac{1}{(i\hbar)^2}\int_{t_0}^t dt_1 \int_{t_0}^{t_1} dt_2 \hat{V}_D(t_1)\hat{V}_D(t_2) \\
&\quad + \cdots \\
&= T\exp\left[-\frac{i}{\hbar}\int_{t_0}^t dt' \hat{V}_D(t')\right] \qquad (5.9)
\end{aligned}
$$

で定義される，"U–行列"である（ダイソン (Dyson), 1948）．(5.9) の記号"T"は，$\hat{V}_D(t)$ を t の大きな順に左から右に並べ変える"T–積"の演算子を表す．U–行列の展開形は，積分方程式

$$
\hat{U}(t, t_0) = 1 + \frac{1}{i\hbar}\int_{t_0}^t dt' \hat{V}_D(t')\hat{U}(t', t_0) \qquad (5.10)
$$

の逐次近似解の級数として理解できる．一方，本来の定義 (5.4) から，

$$
\begin{aligned}
|\psi_D(t)\rangle &= e^{i\hat{H}_0 t/\hbar}|\psi(t)\rangle = e^{i\hat{H}_0 t/\hbar}e^{-i\hat{H}(t-t_0)/\hbar}|\psi(t_0)\rangle \\
&= e^{i\hat{H}_0 t/\hbar}e^{-i\hat{H}(t-t_0)/\hbar}e^{-i\hat{H}_0 t_0/\hbar}|\psi_D(t_0)\rangle
\end{aligned}
$$

を得て，これと (5.8) が同一であるためには，

$$
\hat{U}(t, t_0) = e^{i\hat{H}_0 t/\hbar}e^{-i\hat{H}(t-t_0)/\hbar}e^{-i\hat{H}_0 t_0/\hbar} \qquad (5.11)
$$

でなくてはならない．これの形から，U–行列のもつ性質

$$
\hat{U}(t_2, t_1)\hat{U}(t_1, t_0) = \hat{U}(t_2, t_0), \ (\hat{U}(t, t) = 1) \qquad (5.12)
$$

$$\hat{U}(t,t_0)^\dagger = \hat{U}(t,t_0)^{-1} = \hat{U}(t_0,t) \tag{5.13}$$

等が，容易に確かめられる．U–行列の表式は，時間に依存する相互作用の下でシュレーディンガー方程式の解を相互作用の次数ごとに求める際の，有効な手段を与えている．

5.2 ハミルトニアンの対称性

以下では，ことわりがなければハミルトニアンは時間をあらわに含まないとし，ハイゼンベルク形式の添字 H も省略する．さて，保存量に対応するエルミート演算子 $\hat{G}(t)$ は，$\frac{d}{dt}\hat{G}(t) = \frac{1}{i\hbar}[\hat{G}(t),\hat{H}] = 0$，従って $[\hat{G},\hat{H}] = 0$ を満たし，任意の状態による期待値 $\langle\psi(0)|\hat{G}(t)|\psi(0)\rangle = \langle\psi(t)|\hat{G}|\psi(t)\rangle$ は定数になる．この場合，a を任意の実数パラメーターとして

$$\begin{aligned}\hat{U}(a) &= e^{ia\hat{G}} \\ &\hookrightarrow \quad \hat{U}(a)\hat{H}\hat{U}(a)^{-1} = \hat{H}\end{aligned} \tag{5.14}$$

が成立する．逆に任意の a に対して (5.14) が成立するなら，$i[\hat{G},\hat{H}] = \frac{d}{da}\{\hat{U}(a)^{-1}\hat{H}\hat{U}(a)\}|_{a=0} = 0$ を得て，$\hat{G}$ は保存量となる．$\hat{U}(a)$ はハミルトニアンを不変にする**ユニタリ演算子**であるから，このときシュレーディンガー方程式自身が状態の変換 $|\psi'\rangle = \hat{U}|\psi\rangle$ の下で不変になる．従って，系の対称変換と保存量を結ぶ (5.14) の関係は，古典力学のネーター (**Noether**) の定理に対応する関係といえる．なお，$\hat{G}$ は**ユニタリ変換** $\hat{U}(a)$ の**生成子**と呼ばれる．

例として，パラメーター $\boldsymbol{a}$ による平行移動を考えると，状態の変化は図 5.1 に従って $\langle\boldsymbol{r}'|\psi'\rangle = \langle\boldsymbol{r}|\hat{U}^{-1}\hat{U}|\psi\rangle = \langle\boldsymbol{r}|\psi\rangle$ で定義されるから，

$$\begin{aligned}\psi'(\boldsymbol{r}) &= \psi(\boldsymbol{r}+\boldsymbol{a}) = [1 + \boldsymbol{a}\cdot\nabla + \cdots]\psi(\boldsymbol{r}) \\ &= \left[1 + \frac{i}{\hbar}\boldsymbol{a}\cdot\hat{\boldsymbol{p}} + \cdots\right]\psi(\boldsymbol{r}) = e^{\frac{i}{\hbar}\boldsymbol{a}\cdot\hat{\boldsymbol{p}}}\psi(\boldsymbol{r})\end{aligned} \tag{5.15}$$

を得て，$\hat{G} = \hat{\boldsymbol{p}}$ となる．また，このときの位置演算子と運動量演算子の変化は，(4.33) を使って直接に

5.2 ハミルトニアンの対称性

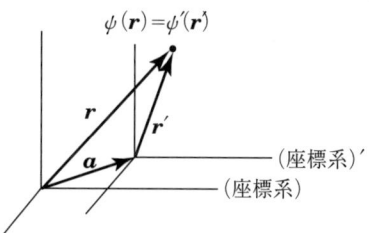

図 5.1 座標系の変換に基づく状態の変換. r と r' は異なる座標系の座標変数で表した同一点である. 従って, それぞれの座標系での状態は, ψ, ψ' とすれば, $\psi(r) = \psi(r'+a) = \psi'(r')$ が成り立つように定義されなくてはならない. あるいは r' を改めて r とかけば, $\psi'(r) = \psi(r+a)$ である.

$$e^{\frac{i}{\hbar}\boldsymbol{a}\cdot\hat{\boldsymbol{p}}}\left\{\begin{array}{c}\hat{\boldsymbol{r}}\\\hat{\boldsymbol{p}}\end{array}\right\}e^{-\frac{i}{\hbar}\boldsymbol{a}\cdot\hat{\boldsymbol{p}}}=\left\{\begin{array}{c}\hat{\boldsymbol{r}}+\boldsymbol{a}\\\hat{\boldsymbol{p}}\end{array}\right\} \tag{5.16}$$

となることが確かめられる.

同様に, 単位ベクトル n の周りの角度 $\delta\theta$ の無限小空間回転の下で, 状態の変化は

$$\begin{aligned}\psi'(\boldsymbol{r}) &= \psi(\boldsymbol{r}+\delta\theta\,\boldsymbol{n}\times\boldsymbol{r}) = [1+\delta\theta(\boldsymbol{n}\times\boldsymbol{r})\cdot\nabla+\cdots]\psi(\boldsymbol{r})\\ &= \left[1+\frac{i}{\hbar}\delta\theta\,\boldsymbol{n}\cdot(\boldsymbol{r}\times\hat{\boldsymbol{p}})+\cdots\right]\psi(\boldsymbol{r}) = e^{\frac{i}{\hbar}\delta\theta\boldsymbol{n}\cdot\hat{\boldsymbol{L}}}\psi(\boldsymbol{r})\end{aligned} \tag{5.17}$$

となる. ここで, $\hat{\boldsymbol{L}} = \hat{\boldsymbol{r}}\times\hat{\boldsymbol{p}}$ は古典力学の**角運動量**に対応する演算子であり, これが回転の生成子 $\hat{G}$ の意味をもつ.

こうして, ハミルトニアンが平行移動や回転の下で不変であれば, $\hat{\boldsymbol{p}}$ や $\hat{\boldsymbol{L}}$ が保存量となる. また, 時間にあらわに依存しない系ではハミルトニアン自身が保存量であり, 変換 (5.2) は (5.14) の意味でのユニタリ変換となっている. これらの変換の生成子と保存量の関係は, 表 5.2 の形にまとめられる.

一般に, 実数のパラメーター $a = (a_1, \cdots, a_n)$ と, エルミート演算子の生成子 $\hat{G} = (\hat{G}_1, \cdots, \hat{G}_n)$ で定義されるユニタリ演算子 $\hat{U}(a) = e^{ia\cdot\hat{G}}$ は, $\hat{U}(0) = 1, \hat{U}(-a) = \hat{U}(a)^{-1}$ を満たす. そこで, 任意の a, b に対し $\hat{U}(a)\hat{U}(b) = \hat{U}(c)$

表 5.2 対称性と保存量 ($|\boldsymbol{n}|=1, |\delta\theta| \ll 1$).

保存量	G	$\hat{U}$	変換
運動量	$\hat{\boldsymbol{p}}$	$\hat{U}(\boldsymbol{a}) = e^{\frac{i}{\hbar}\boldsymbol{a}\cdot\boldsymbol{p}}$	$\hat{\boldsymbol{r}} \to \hat{\boldsymbol{r}} + \boldsymbol{a}$
角運動量	$\hat{\boldsymbol{L}} = \hat{\boldsymbol{r}} \times \hat{\boldsymbol{p}}$	$\hat{U}(\boldsymbol{\delta\theta}) = e^{\frac{i}{\hbar}\delta\theta \boldsymbol{n}\cdot\boldsymbol{L}}$	$\hat{\boldsymbol{r}} \to \hat{\boldsymbol{r}} + \delta\theta \boldsymbol{n} \times \hat{\boldsymbol{r}}$
エネルギー	$\hat{H}$	$\hat{U}(t) = e^{it\hat{H}/\hbar}$	$\hat{A} \to \hat{A}(t)$

を満たす c が存在すれば，$\{\hat{U}(a)\}$ は全体として**連続群**を作る[*2]．このための条件は，生成子 $\{G_i\}$ の交換関係が以下の意味で閉じること：

$$[G_i, G_j] = i \sum_{k=1}^{n} f_{ijk} G_k \tag{5.18}$$

である．ここで f_{ijk} は群の**構造定数**と呼ばれるが，運動量演算子は $[\hat{p}_i, \hat{p}_j] = 0$ であるから，平行移動は $f_{ijk} = 0$ の（可換）連続群をつくる．一方，角運動量演算子は簡単な計算から

$$\begin{aligned}
[\boldsymbol{a}\cdot\hat{\boldsymbol{L}}, \hat{\boldsymbol{r}}] &= +\sum_{i=1}^{3}(\boldsymbol{a}\times\hat{\boldsymbol{r}})_i[\hat{p}_i, \hat{\boldsymbol{r}}] = -i\hbar \boldsymbol{a}\times\hat{\boldsymbol{r}} \\
[\boldsymbol{a}\cdot\hat{\boldsymbol{L}}, \hat{\boldsymbol{p}}] &= -\sum_{i=1}^{3}(\boldsymbol{a}\times\hat{\boldsymbol{p}})_i[\hat{x}_i, \hat{\boldsymbol{p}}] = -i\hbar \boldsymbol{a}\times\hat{\boldsymbol{p}}
\end{aligned} \tag{5.19}$$

を満たすことが確かめられるから，

$$\begin{aligned}
[\boldsymbol{a}\cdot\hat{\boldsymbol{L}}, \boldsymbol{b}\cdot\hat{\boldsymbol{L}}] &= -i\hbar\boldsymbol{b}\cdot((\boldsymbol{a}\times\hat{\boldsymbol{r}})\times\hat{\boldsymbol{p}} + \hat{\boldsymbol{r}}\times(\boldsymbol{a}\times\hat{\boldsymbol{p}})) \\
&= -i\hbar\boldsymbol{b}\cdot(\boldsymbol{a}\times(\boldsymbol{r}\times\boldsymbol{p}))
\end{aligned}$$

[*2] 集合 $\mathcal{G} = \{g_i\}$ は，要素間に "積" $g_i \cdot g_j$ が定義され，次の i 〜 iv

  i $g_i \cdot g_j \in \mathcal{G}$
  ii $(g_i \cdot g_j) \cdot g_k = g_i \cdot (g_j \cdot g_k)$
  iii $g_0 \cdot g_i = g_i$, (単位元 g_0 が存在)
  iv $g_i^{-1} \cdot g_i = g_0$, (逆元 g_i^{-1} が存在)

が満たされるとき，"**群**" を作るという．以下で述べる空間反転は，二つの要素 $\{1, \hat{\Pi}\}$ で構成される，Z_2 と呼ばれる**離散群**をなす．一方 $\hat{U}(a)$ は，連続無限の要素からなる連続群である．

5.2 ハミルトニアンの対称性

$$= i\hbar(\boldsymbol{a} \times \boldsymbol{b}) \cdot \hat{\boldsymbol{L}} \tag{5.20}$$

が成立する*3). そこで $\{\boldsymbol{e}_i\}$ を正規直交右手系とし, $\hat{L}_i = \boldsymbol{e}_i \cdot \hat{\boldsymbol{L}}$ とおけば

$$[\hat{L}_i, \hat{L}_j] = i\hbar \sum_{k=1}^{3} \epsilon_{ijk} \hat{L}_k,$$
$$(\epsilon_{ijk} = (\boldsymbol{e}_i \times \boldsymbol{e}_j) \cdot \boldsymbol{e}_k). \tag{5.21}$$

よって,回転は ϵ_{ijk} を構造定数とする, (非可換) 連続群を作る.

さて,運動量や角運動量は連続的な対称性に結び付いて保存量となるが,離散的な対称性に結び付いた保存量も考えることができる.自由粒子のハミルトニアン $\hat{H} = \hat{\boldsymbol{p}}^2/2m$ は,**空間反転**

$$\hat{\Pi} \left\{ \begin{array}{c} \hat{\boldsymbol{r}} \\ \hat{\boldsymbol{p}} \\ \hat{\boldsymbol{L}} \end{array} \right\} \hat{\Pi}^{-1} = \left\{ \begin{array}{c} -\hat{\boldsymbol{r}} \\ -\hat{\boldsymbol{p}} \\ \hat{\boldsymbol{L}} \end{array} \right\} \tag{5.22}$$

の下で不変である.演算子 $\hat{\Pi}$ の固有値方程式を $\boldsymbol{r}$-表示で書くと,

$$\hat{\Pi} \psi(t, \boldsymbol{r}) = \psi(t, -\boldsymbol{r}) = \eta_P \psi(t, \boldsymbol{r}) \tag{5.23}$$

である.この固有値は状態の**パリティ**と呼ばれるが, $\hat{\Pi}^2 = 1$ から $\hat{\Pi}^{-1} = \hat{\Pi}, \eta_P = \pm 1$ となり, $\hat{\Pi}$ はエルミート演算子であることがわかる.これから,空間反転の下で符号を変える任意の演算子 $\hat{\Pi} \hat{A} \hat{\Pi}^{-1} = -\hat{A}$ に対し,パリティの固有状態による期待値を二通りの方法で計算すると,しばしば用いられる関係

$$\langle \psi | \hat{\Pi} \hat{A} \hat{\Pi} | \psi \rangle = \eta_p^2 \langle \psi | \hat{A} | \psi \rangle = -\langle \psi | \hat{A} | \psi \rangle = 0 \tag{5.24}$$

が導かれる.

前章に述べた固有値と固有状態の一般的関係から, $[\hat{\Pi}, \hat{H}] = 0$ であれば,状態はエネルギーとパリティを同時に固有値としてもつことができる.エネルギー

---

*3) 恒等式 $\boldsymbol{A} \times (\boldsymbol{B} \times \boldsymbol{C}) + \boldsymbol{B} \times (\boldsymbol{C} \times \boldsymbol{A}) + \boldsymbol{C} \times (\boldsymbol{A} \times \boldsymbol{B}) = 0$ で $\boldsymbol{A} = \hat{\boldsymbol{r}}, \boldsymbol{B} = \boldsymbol{a}, \boldsymbol{C} = \hat{\boldsymbol{p}}$ とおき, $\hat{\boldsymbol{r}}$ と $\hat{\boldsymbol{p}}$ の順を変えずに変形すると,

$$\hat{\boldsymbol{r}} \times (\boldsymbol{a} \times \hat{\boldsymbol{p}}) = \boldsymbol{a} \times (\hat{\boldsymbol{r}} \times \hat{\boldsymbol{p}}) - (\boldsymbol{a} \times \hat{\boldsymbol{r}}) \times \hat{\boldsymbol{p}}.$$

固有値 E に属する自由粒子の基本解は，$e^{i \pm \bm{k} \cdot \bm{r}}, (E = \frac{1}{2m}\hbar^2 \bm{k}^2)$ であるが，この一次結合で作られる $\cos(\bm{k} \cdot \bm{r}), \sin(\bm{k} \cdot \bm{r})$ がそれぞれパリティ 1 および -1 に属する固有状態となり，エネルギー固有値は**縮退**する．一般に，エネルギー固有値 E が $\bm{n}$ **重に縮退**していれば，$\hat{H}|\psi_E^i\rangle = E|\psi_E^i\rangle, (i = 1, 2, \cdots, n)$ を満たす一次独立な固有状態が存在する．このとき，$\hat{G}_a, \hat{G}_b, \cdots$ が保存量であれば，$\hat{G}_a|\psi_E^i\rangle$ は同じエネルギー固有値 E に属し，$\{|\psi_E^i\rangle\}$ の一次結合で表される．すなわち，

$$\hat{G}_a|\psi_E^i\rangle = \sum_{j=1}^{n} |\psi_E^j\rangle M_{ji}(G_a),$$
$$M_{ji}(G_a) = \langle \psi_E^j | \hat{G}_a | \psi_E^i \rangle \tag{5.25}$$

となる．(5.25) より，$\langle \psi_E^i | \hat{G}_a \hat{G}_b | \psi_E^j \rangle = \sum_k \langle \psi_E^i | \hat{G}_a | \psi_E^k \rangle \langle \psi_E^k | \hat{G}_b | \psi_E^j \rangle$ が成立し，$M(G_a)_{ij}, M(G_b)_{ij}, \cdots$ が $\hat{G}_a, \hat{G}_b, \cdots$ の有限次元行列による**表現**になる．

最後に**時間反転**について述べておく．通常の力学系では古典系のポテンシャルは実数の量であり，対応する $\bm{r}$–表示のハミルトニアン演算子 $\hat{H} = -\frac{\hbar^2}{2m}\Delta + V(\bm{r})$ は複素共役の下で不変である．そこで状態の時間反転を $\hat{T}\psi(t,\bm{r}) = \psi^*(-t,\bm{r})$ で定義すれば (ウィグナー (Wigner),1932)，

$$i\hbar\dot{\psi}(t,\bm{r}) = \left[-\frac{\hbar^2}{2m}\Delta + V(\bm{r})\right]\psi(t,\bm{r})$$
$$\Downarrow \quad (\text{反転}: t \to -t)$$
$$-i\hbar\dot{\psi}(-t,\bm{r}) = \left[-\frac{\hbar^2}{2m}\Delta + V(\bm{r})\right]\psi(-t,\bm{r})$$
$$\Downarrow \quad (\text{複素共役}: \psi \to \psi^*)$$
$$i\hbar\hat{T}\psi(t,\bm{r}) = \left[-\frac{\hbar^2}{2m}\Delta + V(\bm{r})\right]\hat{T}\psi(t,\bm{r}) \tag{5.26}$$

となり，シュレーディンガー方程式は時間反転の下で不変になる．定義より，時間反転の下で

$$\hat{T}\left\{\begin{array}{c} \hat{\bm{r}} \\ \hat{\bm{p}} \\ \hat{\bm{L}} \end{array}\right\}\hat{T}^{-1} = \left\{\begin{array}{c} \hat{\bm{r}} \\ -\hat{\bm{p}} \\ -\hat{\bm{L}} \end{array}\right\} \tag{5.27}$$

は，明らかであろう．とくに，$\hat{T}\hat{H}\hat{T}^{-1} = \hat{H}$ となるから，系のエネルギー固有値は ψ と $\hat{T}\psi$ で縮退する (クラマース (Krameres),1930)．ψ が粒子の状態であるなら，$\hat{T}\psi$ は同じエネルギーで時間を遡る**反粒子**の状態を表すことになる．

このように定義された時間反転は，ユニタリな演算子とはなっていない．実際，$\hat{U}_T \psi(t,\boldsymbol{r}) = \psi(-t,\boldsymbol{r})$ および $\hat{K}\psi(t,\boldsymbol{r}) = \psi^*(t,\boldsymbol{r})$ により，複素共役を含まないユニタリな時間反転演算子 $\hat{U}_T$ と複素共役の演算子 $\hat{K}$ を定義すると[*4)]$\hat{T} = \hat{U}_T \hat{K}$ と書けて，

$$\langle \hat{T}\psi | \hat{T}\phi \rangle = \langle \psi^* | \phi^* \rangle = \langle \phi | \psi \rangle \tag{5.28}$$

が導かれる．このような性質をもつ演算子は，**反ユニタリ演算子**と呼ばれる．時間反転演算子は反ユニタリ演算子であり，$\hat{T}^2 = \pm 1$ を満たすことが確かめられる．とくに，$\hat{T}^2 = -1$ の場合には，$\langle \hat{T}^2 \psi | \hat{T}\psi \rangle = -\langle \psi | \hat{T}\psi \rangle = \langle \psi | \hat{T}\psi \rangle$ となり，ψ と $\hat{T}\psi$ は直交する独立な状態となる．

5.3 経路積分

量子力学の基本構造は，ハイゼンベルク (1925)，シュレーディンガー (1926) によりほぼ明らかにされ，両者の手法の差を "形式" や "表示" の**変換理論**で統合して現在の体系となったが，1948 年に至って，**ファインマン (Feynman)** による新しい展開がなされた．

簡単のため，ハミルトニアンが $\hat{H} = \frac{1}{2m}\hat{p}^2 + V(\hat{q})$ で与えられる 1 次元系を考え，シュレーディンガー形式で求めた "位置" の演算子 $\hat{q}$ の固有状態 (4.30) を $|q\rangle$ とする．明らかに，対応するハイゼンベルク形式の "位置" の演算子 $\hat{q}(t) = e^{i\hat{H}t/\hbar}\hat{q}e^{-i\hat{H}t/\hbar}$ の固有状態は，

$$\hat{q}(t)|t,q\rangle = q|t,q\rangle, \quad (\ |t,q\rangle = e^{i\hat{H}t/\hbar}|q\rangle\ ) \tag{5.29}$$

である．(5.29) を用いると，シュレーディンガー形式で q-表示の任意の状態

[*4)] $|\psi(t)\rangle = e^{-\frac{i}{\hbar}\hat{H}t}|\psi(0)\rangle$ であるから，$\hat{U}_T|\psi(t)\rangle = e^{+\frac{i}{\hbar}\hat{H}t}|\psi(0)\rangle$ となり，状態のノルムは，$\langle \psi(t)|\hat{U}_T^\dagger \hat{U}_T|\psi(t)\rangle = \langle \psi(0)|\psi(0)\rangle$ の意味で保存されて，$\hat{U}_T$ はユニタリ演算子となる．

一方，複素関数としての状態の形は表示の選び方に依存し，複素共役の演算子 $\hat{K}$ の作用は，表示を決めた上でなくては定義できない．

$\psi(t,q)$ が,

$$\psi(t_b, q_b) = \langle q_b | e^{-i\hat{H}(t_b - t_a)/\hbar} | \psi(t_a) \rangle, \ (t_b > t_a)$$
$$= \int_{-\infty}^{\infty} dq_a \langle q_b | e^{-i\hat{H}(t_b - t_a)/\hbar} | q_a \rangle \langle q_a | \psi(t_a) \rangle$$
$$= \int_{-\infty}^{\infty} dq_a \langle t_b, q_b | t_a, q_a \rangle \psi(t_a, q_a) \quad (5.30)$$

の形に表せる. (5.30) において, $\psi(t_a, q_a)$ は任意に与えることのできる初期値であり, 状態が従うシュレーディンガー方程式自体の情報は,

$$i\hbar \frac{\partial}{\partial t_b} \langle t_b, q_b | t_a, q_a \rangle = \langle q_b | \hat{H} e^{-i\hat{H}(t_b - t_a)/\hbar} | q_a \rangle$$
$$= \hat{H}_b \langle t_b, q_b | t_a, q_a \rangle, \ (t_b > t_a), \quad (5.31)$$

$$\lim_{t_b \to t_a} \langle t_b, q_b | t_a, q_a \rangle = \delta(q_b - q_a) \quad (5.32)$$

から, すべて $\langle t_b, q_b | t_a, q_a \rangle$ に含まれていることになる[*5].

さて, $t_a = t_0 < t_1 < \cdots < t_{N-1} < t_N = t_b$ として, 状態 (5.29) の完全性を考慮すると

$$\langle t_b, q_b | t_a, q_a \rangle = \int dq_1 \cdots \int dq_{N-1} \langle t_b, q_b | t_{N-1}, q_{N-1} \rangle \cdots \langle t_1, q_1 | t_a, q_a \rangle$$
$$(5.33)$$

が得られる. $\langle t_i, q_i | t_{i-1}, q_{i-1} \rangle$ は, 時刻 t_i に位置 q_i にある粒子が時刻 t_{i+1} に位置 q_{i+1} に見いだされる (遷移の) 確率振幅であるが, $\hbar \to 0$ の極限ではただ一つの古典軌道が実現されるはずであるから, 中継位置での積分はなくなり, $F(t_b, t_a) = F(t_b, t_{N-1}) \cdots F(t_1, t_a)$ のような積の関係に帰着すると考えられる. ディラックは, この場合の $F(t_i, t_{i-1})$ と $\exp(\frac{i}{\hbar} \int_{t_{i-1}}^{t_i} dt L(q, \dot{q}))$ の類似性を指摘したが, ファインマンはこの考えを次のようにおし進めた. いま, $\Delta t = \frac{t_b - t_a}{N} = t_i - t_{i-1}, (i = 1, 2, \cdots, N)$ として, N を十分大きくとると

[*5] $t_b > t_a$ の条件を $G(t_b, q_b; t_a, q_a) = \langle t_b, q_b | t_a, q_a \rangle \theta(t_b - t_a)$ で取り込むと, θ–関数の性質 (問題 4.11) $\frac{\partial}{\partial t_b} \theta(t_b - t_a) = \delta(t_b - t_a)$ に注意して, グリーン (Green) 関数の方程式

$$\left(i\hbar \frac{\partial}{\partial t_b} - \hat{H}_b \right) G(t_b, q_b; t_a, q_a) = i\hbar \delta(t_b - t_a)$$

が, 導かれる.

5.3 経路積分

$$
\begin{aligned}
\langle t_i, q_i | t_{i-1}, q_{i-1} \rangle &= \langle q_i | e^{-i\Delta t \hat{H}/\hbar} | q_{i-1} \rangle \\
&\simeq \langle q_i | \left[1 - \frac{i}{\hbar}\Delta t \left(\frac{\hat{p}^2}{2m} + V(\hat{q}) \right) \right] | q_{i-1} \rangle \\
&= \int dp_i \langle q_i | p_i \rangle \left[1 - \frac{i}{\hbar}\Delta t \left(\frac{p_i^2}{2m} + V(q_i) \right) \right] \langle p_i | q_{i-1} \rangle \\
&\simeq \int \frac{dp_i}{2\pi\hbar} e^{\frac{i}{\hbar}\Delta t [p_i \Delta q_i - H(q_i, p_i)]} \quad (5.34) \\
&= \sqrt{\frac{m}{2\pi i \hbar \Delta t}} e^{\frac{i}{\hbar}\Delta t [\frac{m}{2}(\frac{\Delta q_i}{\Delta t})^2 - V(q_i)]}. \quad (5.35)
\end{aligned}
$$

ここで Δq_i は，(4.38) より $\Delta q_i = q_i - q_{i-1}$ である．

(5.35) あるいは (5.34) を (5.33) に代入し，$N \to \infty$ の極限をとると，最終的に

$$
\begin{aligned}
\langle t_b, q_b | t_a, q_a \rangle &= \lim_{N \to \infty} \int \cdots \int \left(\prod_{i=1}^{N-1} \frac{dq_i}{\sqrt{2\pi i \hbar \Delta t/m}} \right) e^{\frac{i}{\hbar} \sum_i \Delta t [\frac{m}{2}(\frac{\Delta q_i}{\Delta t})^2 - V(q_i)]} \\
&= \int_a^b \mathcal{D}q \, e^{\frac{i}{\hbar} \int_{t_a}^{t_b} dt [\frac{m}{2}\dot{q}^2 - V(q)]}, \quad (5.36)
\end{aligned}
$$

あるいは，

$$
= \int_a^b \mathcal{D}q \int \mathcal{D}p \, e^{\frac{i}{\hbar} \int_{t_a}^{t_b} dt [p\dot{q} - H(q,p)]} \quad (5.37)
$$

が導かれる．これらの表式は形式的なものであり，積分の測度 $\mathcal{D}q = \prod_i \frac{dq_i}{\sqrt{2\pi i \hbar \Delta t/m}}$, $\mathcal{D}p = \prod_i \frac{\sqrt{2\pi i \hbar \Delta t/m}}{2\pi\hbar} dp_i$ も時間を分割した積分の中で意味をもち，単独で $N \to \infty$ とすることはできない．

上の計算では，(5.36) は特定のハミルトニアンをもとに導かれたが，ファインマンはむしろこの関係を古典力学と量子力学を結ぶ原理と考え，任意のラグランジアン $L(q, \dot{q})$ で記述される系の量子化を

$$
\begin{aligned}
\langle t_b, q_b | t_a, q_a \rangle &= \int_a^b \mathcal{D}q \, e^{\frac{i}{\hbar} S[q]}, \\
S[q] &= \int_{t_a}^{t_b} dt \, L(q, \dot{q})
\end{aligned} \quad (5.38)
$$

に基礎をおくことを提案した（図 5.2）．**経路積分** (5.38) は，古典力学の最小作

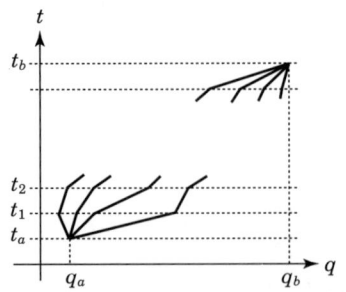

図 5.2 q-空間の経路積分．時間 (t_a, t_b) を N 分割し，時刻 t_i での粒子の位置 q_i を直線で結ぶと，図のような折れ線の経路になる．積分 $dq_i, (i = 1, \cdots, N-1)$ により折れ線の節点が動き，経路の始点と終点を結ぶ可能な折れ線が描き出される．経路積分は，それぞれの折れ線の経路で"作用" S を計算し，可能な折れ線にわたって $e^{\frac{i}{\hbar}S}$ を足し上げて，$N \to \infty$ の極限をとったものである．

用の原理を一般化した形とも，考えることができる．$\hbar$ を 0 に近づけると，$e^{\frac{i}{\hbar}S}$ の位相は S のわずかな変化に対しても大きく変化し，激しく符号を変える．従って可能な経路にわたる和の中で，S を停留値にする古典軌道の近傍が最も大きく寄与し，S の変化が $\hbar$ を超える領域においては，それぞれの経路の寄与が打ち消し合うことになる．しかし $\hbar$ が有限の大きさである限り，経路積分は古典軌道から外れた経路の寄与も，対応する確率で取り入れる．これが，古典力学にはない，$\hbar$ の世界の現象を引き起こす．

経路積分の表式は，量子力学に新しい観点をもたらすだけではなく，実際上の有効な計算の手法を与えている．とくにラグランジアンが $q, \dot{q}$ の高々 2 次式であれば，グリーン関数 (5.38) は，運動方程式の古典解から直接計算可能である．いま，経路 $q(t) = q_c(t) + \eta(t), (\eta(t_a) = \eta(t_b) = 0)$ に対して定義された作用 $S[q]$ を，経路 $q_c(t)$ のまわりで

$$\delta S[q_c + \eta] = S[q_c] + \int_{t_a}^{t_b} dt \eta(t) \left(\frac{\delta S[q]}{\delta q(t)}\right)_c +$$
$$+ \frac{1}{2} \int_{t_a}^{t_b} dt \eta(t) \int_{t_a}^{t_b} dt' \eta(t') \left(\frac{\delta^2 S[q]}{\delta q(t) \delta q(t')}\right)_c$$

5.3 経路積分

$$+\cdots \tag{5.39}$$

と展開して,$S[q]$ の汎関数微分 $\frac{\delta S[q]}{\delta q(t)}, \frac{\delta^2 S[q]}{\delta q(t)\delta q(t')}, \cdots$ を定義する.このとき,$S[q]$ が $q(t)$ の高々2次式であれば,(5.39) の展開は $\eta(t)$ の2次で切れる.また,$q(t)_c$ が古典軌道なら (2.3), (2.4) より $\left(\frac{\delta S[q]}{\delta q(t)}\right)_c = 0$ である.さらに,$q_c(t)$ が固定関数であるので $\mathcal{D}q = \mathcal{D}\eta$ と書けることに注意すると,(5.38) は

$$\begin{aligned}
\langle t_b, q_b | t_a, q_a \rangle &= \int_a^b \mathcal{D}(q_c + \eta) e^{\frac{i}{\hbar} S[q_c + \eta]} \\
&= e^{\frac{i}{\hbar} S[q_c]} \int_a^b \mathcal{D}\eta \, e^{\frac{i}{2\hbar} \int_{t_a}^{t_b} dt \int_{t_a}^{t_b} dt' \eta(t) \left(\frac{\delta^2 S[q]}{\delta q(t)\delta q(t')}\right)_c \eta(t')} \\
&= N e^{\frac{i}{\hbar} S[q_c]}
\end{aligned} \tag{5.40}$$

となる.ここで N は t_a, t_b の関数で,規格化条件 $\langle t, q_b | t, q_a \rangle = \delta(q_b - q_a)$,あるいは必要に応じて結合則

$$\langle t_c, q_c | t_a, q_a \rangle = \int dq_b \langle t_c, q_c | t_b, q_b \rangle \langle t_b, q_b | t_a, q_a \rangle \tag{5.41}$$

の要求から決められる.

例として,1次元の自由粒子を考える.この場合の古典解は等速直線運動であり,始点 (t_a, q_a) と終点 (t_b, q_b) を通る経路は $q_c(t) = \frac{q_b - q_a}{t_b - t_a}(t - t_a) + q_a$ と書ける.従って,古典解から決まる作用の形は,

$$S[q_c] = \int_{t_a}^{t_b} dt \frac{m}{2} \dot{q}_c(t)^2 = \frac{m}{2} \frac{(q_b - q_a)^2}{t_b - t_a} \tag{5.42}$$

となり,グリーン関数 (5.38) が

$$\langle t_b, q_b | t_a, q_a \rangle = \sqrt{\frac{m}{2\pi i \hbar (t_b - t_a)}} e^{\frac{i}{\hbar} \frac{m}{2} \frac{(q_b - q_a)^2}{t_b - t_a}} \tag{5.43}$$

と求まる.ここで規格化因子は,(5.43) が $t_b \to t_a$ で $\delta(q_b - q_a)$ に帰着することから,問題 4.10 補足の第2式で $4\epsilon = 2i\hbar(t_b - t_a)/m$ とおいた形との比較により決まる.

最後に,次の点を指摘しておく.演算子の対角要素の和 (**トレース**) は,基底の選び方によらない量である.そこで,ハミルトニアンが離散的な固有値をも

つとし，$\{|\phi_n\rangle\}$ をハミルトニアンの固有値 E_n に属する固有状態とすると，

$$\begin{aligned}
\sum_n \frac{1}{E_n - E - i\epsilon} &= \frac{i}{\hbar}\int_0^\infty dt \sum_n \langle \phi_n | e^{-i(\hat{H}-E-i\epsilon)t/\hbar} | \phi_n \rangle \\
&= \frac{i}{\hbar}\int_0^\infty dt\, e^{i(E+i\epsilon)t/\hbar} \int_{-\infty}^\infty dq \langle q | e^{-i\hat{H}t/\hbar} | q \rangle \\
&= \frac{i}{\hbar}\int_0^\infty dt\, e^{i(E+i\epsilon)t/\hbar} \int_{-\infty}^\infty dq \int_q^q \mathcal{D}q\, e^{\frac{i}{\hbar}S[q]} \quad (5.44)
\end{aligned}$$

の表式を得る．

従って，系のエネルギー固有値は，同一点に戻るグリーン関数を何等かの方法（今の場合は経路積分）で計算し，そのラプラス変換で定義した E の関数の，特異点の位置に現れることになる．これは，エネルギー固有値を評価する，実用的な方法の一つでもある．

5.4 ファンブレック行列

一般的なラグランジアンの場合，経路積分 (5.38) の結果を (5.40) のような簡単な形に表すことはできない．しかし，$(t_a, q_a), (t_b, q_b)$ が近接する2点であるなら，(5.40) は妥当な近似形になる．この場合の規格化因子 N のあらわな形はモレット (Morette, 1951) により与えられたが，より以前に，準古典近似の観点からファンブレック (Van Vleck, 1928) により見いだされていた．

いま，ラグランジアンが一般座標 $q = (q_i), (i = 1, 2, \cdots, n)$ とその時間微分で記述される力学系を考える．上記の2点間を結ぶ古典軌道 $\bar{q}$ に沿った積分で定義される作用積分（ハミルトンの主関数）を $\bar{S}_{ba} = \bar{S}(q_b, q_a)$ と書くと，(2.3) より

$$\frac{\partial \bar{S}_{ba}}{\partial q_b} = p_b \quad \text{および} \quad \frac{\partial \bar{S}_{ba}}{\partial q_a} = -p_a , \quad \left(p = \frac{\partial L}{\partial \dot{q}} \right) \quad (5.45)$$

である．$\bar{S}_{ba}$ の微分は，変分ではなく単なる偏微分であることに注意しよう．これから，q_a, q_a' が時刻 t_a の近接した2点であるなら

$$\bar{S}(q_b, q_a) - \bar{S}(q_b, q_a') \simeq (q_a' - q_a) \cdot p_a \quad (5.46)$$

と近似できる．次に，微小な時間間隔 $t_a < t_b$ において $\langle t_b, q_b | t_a, q_a \rangle =$

5.5 規格化可能な状態による経路積分表示

$N_{ba}e^{\frac{i}{\hbar}\bar{S}_{ba}}$ とおき，状態 $\{|t,q\rangle\}$ の直交性と完全性から

$$\delta(q'_a - q_a) = \int d^n q_b N^*_{ba'} N_{ba} e^{\frac{i}{\hbar}(\bar{S}(q_b,q_a)-\bar{S}(q_b,q'_a))}$$

$$\simeq \int d^n p_a \left|\frac{\partial q_b}{\partial p_a}\right| |N_{ba}|^2 e^{\frac{i}{\hbar}(q'_a - q_a)\cdot p_a} \qquad (5.47)$$

を要請する．ただし，積分の中で N_{ba} と $N_{ba'}$ の差は高次の微小数として無視した．これから，$\left|\frac{\partial p_a}{\partial q_b}\right| = \left|-\frac{\partial^2 \bar{S}_{ba}}{\partial q_b \partial q_a}\right|$ と書けることに注意して

$$N_{ba} = e^{i\delta}\left(\frac{-1}{2\pi\hbar}\right)^{n/2}\left|\frac{\partial^2 \bar{S}_{ba}}{\partial q_{bi}\partial q_{aj}}\right|^{1/2} \qquad (5.48)$$

を得る．ここで位相 δ は遷移の確率振幅に共通の定数であり，具体的な力学系を使って振幅の結合側から決定できる．例えば n 次元の質量 m の自由粒子の場合，微小時間間隔 $\Delta t = \epsilon$ でのハミルトンの主関数が $\bar{S}(q_b, q_a) = \frac{m}{2}\sum_i \frac{(q_b-q_a)_i^2}{\epsilon}$ であるから，$N_{ba} = e^{i\delta}\left(\frac{-1}{2\pi\hbar}\right)^{n/2}\left(-\frac{m}{\epsilon}\right)^{n/2}$ を得て，

$$N_{ca}e^{\frac{i}{\hbar}\bar{S}_{ca}} = \int dq_b N_{cb} e^{\frac{i}{\hbar}\bar{S}_{cb}} \times N_{ba}e^{\frac{i}{\hbar}\bar{S}_{ba}}$$

$$= e^{2i\delta}\left(\frac{m}{2\pi\hbar\epsilon}\right)^n \int dq_b e^{\frac{i}{\hbar}\frac{m}{2\epsilon}\sum_{i=1}^n\{(q_c-q_b)_i^2+(q_b-q_a)_i^2\}}$$

$$= e^{2i\delta}\left(\frac{m}{2\pi\hbar(2\epsilon)}\right)^{\frac{n}{2}}(i)^{\frac{n}{2}}e^{\frac{i}{\hbar}\bar{S}_{ca}} . \qquad (5.49)$$

従って，$e^{i\delta} = \left(\frac{1}{i}\right)^{n/2}$ が導かれ，微小時間間隔での遷移の確率振幅の最終的な形が

$$\langle t_b, q_b | t_a, q_a\rangle \simeq \left(\frac{i}{2\pi\hbar}\right)^{\frac{n}{2}}\left|-\frac{\partial^2 \bar{S}_{ba}}{\partial q_{bi}\partial q_{aj}}\right|^{\frac{1}{2}} e^{\frac{i}{\hbar}\bar{S}_{ba}}$$

と求まる．

5.5 規格化可能な状態による経路積分表示

遷移の確率振幅を q–表示の状態を用いて経路積分の形に表すと，被積分関数である指数関数の引数は i(系の古典的作用関数)$/\hbar$ となった．しかし経路積分

は，連続変数の積分で完全系を作る状態であればどのような表示でも構成することができる．とくに $d\mu(\phi)$ を積分の測度として

$$\langle\phi|\phi\rangle = 1 \quad \text{かつ} \quad \int d\mu(\phi)|\phi\rangle\langle\phi| = 1 \tag{5.50}$$

の形で完全系を作る状態[*6]に対しては，経路積分の被積分関数に現れる ϕ の作用関数が，以下に示す特定の形になる．いま，(5.33) と同様に時刻 $t_a(=t_0) < t_b(=t_N)$ の間を N 分割して $\phi_i = \phi(t_i), (i = 0, 1, \cdots, N)$，とくに $\phi_a = \phi_0, \phi_b = \phi_N$ と書くなら，

$$\langle\phi_b|e^{-iHT/\hbar}|\phi_a\rangle = \lim_{N\to\infty}\int_a^b\left[\prod_{i=1}^{N-1}d\mu(\phi_i)\right]\prod_{i=1}^N\langle\phi_i|e^{-iH\Delta t/\hbar}|\phi_{i-1}\rangle \tag{5.51}$$

となる．ここで，Δt が十分短い時間間隔であるなら，その 1 次近似の範囲で

$$\begin{aligned}\langle\phi_i|e^{-iH\Delta t/\hbar}|\phi_{i-1}\rangle &\simeq \langle\phi_i|\phi_{i-1}\rangle\left[1 - \frac{i\Delta t}{\hbar}\frac{\langle\phi_i|H|\phi_{i-1}\rangle}{\langle\phi_i|\phi_{i-1}\rangle}\right] \\ &\simeq e^{\log\langle\phi_i|\phi_{i-1}\rangle}e^{-\frac{i\Delta t}{\hbar}\langle\phi_i|H|\phi_i\rangle}\end{aligned} \tag{5.52}$$

である．ただし，Δt を乗じた項では $|\phi_i\rangle \simeq |\phi_{i-1}\rangle$ と考えた．さらに，$\phi_{i-1} = \phi_i - \Delta\phi_i, (\Delta\phi_i = \phi_i - \phi_{i-1})$ と書き，Δt と $\Delta\phi_i$ を同程度の微小量と考えるなら

$$\log\langle\phi_i|\phi_{i-1}\rangle \simeq \log\{1 - \langle\phi_i|\Delta\phi_i\rangle\} \simeq -\langle\phi_i|\Delta\phi_i\rangle \simeq \frac{i\Delta t}{\hbar}\langle\phi_i|i\hbar\frac{\partial}{\partial t}|\phi_i\rangle. \tag{5.53}$$

従って，(5.52), (5.53) を (5.51) に代入することにより，最終的に

$$\langle\phi_b|e^{-iHT/\hbar}|\phi_a\rangle = \int_a^b\mathcal{D}\mu(\phi)e^{\frac{i}{\hbar}S[\phi]} \tag{5.54}$$

ただし，

$$S[\phi] = \int_{t_a}^{t_b}dt\langle\phi|i\hbar\frac{\partial}{\partial t} - H|\phi\rangle \tag{5.55}$$

[*6] 6.4 節で述べられるコヒーレント状態 $|z\rangle$ は，このような状態の例である．

が得られる．(5.55) は，完全系 $\{|\phi\rangle\}$ が完全性の条件 (5.50) を満たすという条件のみから導かれる，経路積分の作用関数に特徴的な形である．

5.6　多重連結空間における経路積分

　力学系を記述する力学変数が周期的境界条件を満たす場合，この系を量子化する経路積分は，自明ではない重ね合わせの構造をもつ．簡単な例として，固定軸（3 軸）の周りに回転する剛体 (図 5.3) の作用関数は，φ，I をそれぞれ 3 軸の周りの回転角及び慣性能率として

$$S[\varphi] = \int_{t_a}^{t_b} dt \frac{I}{2} \left(\frac{d\varphi(t)}{dt} \right)^2 \tag{5.56}$$

で与えられる．角度の定義より，φ と $\varphi+2\pi$ は物理的に剛体の同じ状態に対応するが，φ 空間では異なる点である．従って，$\varphi_a = \varphi(t_a)$ から $\varphi_b = \varphi(t_b)$, $(|\varphi_b - \varphi_a| < 2\pi)$ への遷移確率密度は，φ_a から $\varphi_b^{(n)} = \varphi_b + 2\pi n$, $(n = 0, \pm 1, \pm 2, \cdots)$ へのすべての遷移確率密度の重ね合わせとなる．すなわち，

$$K(\varphi_b, t_b; \varphi_a, t_a) = \sum_{n=-\infty}^{\infty} a_n K(\varphi_b^{(n)}, t_b; \varphi_a, t_a) \tag{5.57}$$

である．ここで，重ね合わせの係数 a_n は任意ではなく，考えている物理的条件に応じて形が決まる．上の例では，$K(\varphi_b, t_b; \varphi_a, t_a)$ と $K(\varphi_b + 2\pi, t_b; \varphi_a, t_a)$ の許される差は位相因子のみであり，これを $K \overset{\varphi_b + 2\pi}{\to} e^{i\alpha} K$ と要求するなら $a_n = e^{-in\alpha}$ となり，この場合は

$$K(\varphi_b, t_b; \varphi_a, t_a) = \sum_{n=-\infty}^{\infty} e^{-in\alpha} K(\varphi_b^{(n)}, t_b; \varphi_a, t_a) \tag{5.58}$$

と定まる．図 5.3 の模型では α 自体を決める原理はないが，もし $\alpha = $ 奇数 $\times \pi$ であるなら，この位相は系の波動関数に回転の下での 2 価性とフェルミ統計的な性質を付加し，一方 $\alpha = $ 偶数 $\times \pi$ なら，波動関数にボース統計的な性質をもたらす[*7]．後の章で示されるように，磁束 Φ の通過する 3 軸方向に伸びた無限に

[*7]　α がこの何れでもない場合は，波動関数が 1 価でも 2 価でもない振る舞いをすることになり，この模型をもとにエニオンと呼ばれる任意スピン粒子を議論することがある．

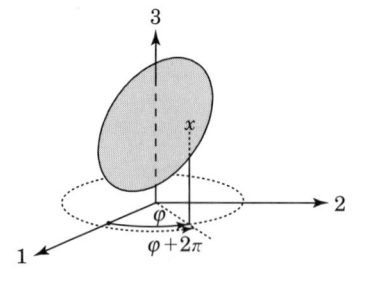

図 5.3 剛体の模型.

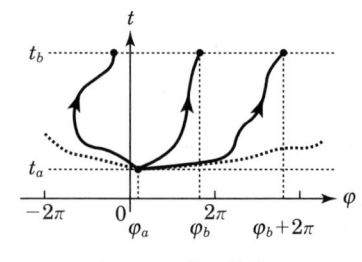

図 5.4 多重連結.

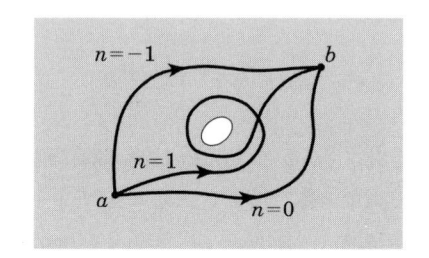

図 5.5 ホモトピークラス.

長いソレノイドの外部空間にある電子は，実際に3軸の周りの回転で $\alpha = \frac{e}{\hbar c}\Phi$ の位相を獲得する．

一般に，波動関数の引数 $\{q\}$ の空間が図 5.5 のように単連結ではない場合，始点と終点を結ぶ経路で位相幾何学的な変形で同等なもの（ホモトピークラス）を区別する指数を n として，遷移確率密度が

$$K(q_b, t_b; q_a, t_a) = \sum_{n=-\infty}^{\infty} a_n K^{(n)}(q_b, t_b; q_a, t_a) \tag{5.59}$$

の形になる．

5.7 シュレーディンガー方程式再考

(5.30),(5.36) は量子力学の大域的な原理であり，$\hbar \to 0$ の極限で，古典力学の最小作用の原理を含む構造を持っている．このような対応からすれば，古典力学の局所的原理であるニュートンの運動方程式が最小作用の原理から導かれ

5.7 シュレーディンガー方程式再考

るように,量子力学の局所的原理であるシュレーディンガー方程式もまた,経路積分の原理から導かれることが期待される.このことは,シュレーディンガー方程式から導かれた $\langle t_b, q_b | t_a, q_a \rangle$ の形からすれば,(5.31) より明らかである. 以下では,(5.36) のみを仮定し,積分の測度の規格化因子も未知であるとして,$\mathcal{D}q = \prod_i \frac{dq_i}{A}$ とおいて考える.

まず,(5.36) を時間の N 分割 ($t_0 = t_a, t_N = t_b$) で近似し,時刻を $t_{N+1} = t_b + \Delta t$ にのばして $t = t_b, q = q_{N+1}$ と書くと,

$$\langle t + \Delta t, q | t_a, q_a \rangle = \int \frac{dq_N}{A} e^{\frac{i}{\hbar} \Delta t [\frac{m}{2}(\frac{q-q_N}{\Delta t})^2 - V(q_N)]} \langle t, q_N | t_a, q_a \rangle. \tag{5.60}$$

そこで (5.60) の左辺を Δt で展開すると,

$$(\text{左辺}) = \langle t, q | t_a, q_a \rangle + \Delta t \frac{\partial}{\partial t} \langle t, q | t_a, q_a \rangle + \cdots \tag{5.61}$$

一方,$\eta = q_N - q$ とおいて右辺を V, η で展開すると,

$$\begin{aligned}
(\text{右辺}) &= \int \frac{d\eta}{A} e^{\frac{i}{\hbar}[\frac{m}{2}\frac{\eta^2}{\Delta t} - V(q+\eta)\Delta t]} \langle t, q+\eta | t_a, q_a \rangle \\
&= \int \frac{d\eta}{A} e^{\frac{i}{\hbar} \frac{m}{2} \frac{\eta^2}{\Delta t}} \left(1 - \frac{i}{\hbar} \Delta t V(q) + \cdots \right) \\
&\quad \times \left(1 + \eta \frac{\partial}{\partial q} + \frac{\eta^2}{2} \frac{\partial^2}{\partial q^2} + \cdots \right) \langle t, q | t_a, q_a \rangle
\end{aligned} \tag{5.62}$$

両辺の第 1 項を等値すると,規格化因子が

$$\int \frac{d\eta}{A} e^{\frac{i}{\hbar} \frac{m}{2} \frac{\eta^2}{\Delta t}} = 1 \rightarrow \frac{1}{A} = \sqrt{\frac{m}{2\pi i \hbar \Delta t}} \tag{5.63}$$

と決まる.このとき,$\int \frac{d\eta}{A} e^{\frac{i}{\hbar} \frac{m}{2} \frac{\eta^2}{\Delta t}} \eta^n$ は,n が奇数であれば 0,n が偶数であれば $(\Delta t)^n$ に比例し,とくに $n = 2$ で $\frac{i\hbar}{m} \Delta t$ となることに注意すると,$V(q+\eta)$ の η による展開は Δt の 2 次以上の寄与となり,従って Δt の 1 次項の比較から

$$\frac{\partial}{\partial t} \langle t, q | t_a, q_a \rangle = \left[\frac{i\hbar}{2m} \frac{\partial^2}{\partial q^2} - \frac{i}{\hbar} V(q) \right] \langle t, q | t_a, q_a \rangle \tag{5.64}$$

が導かれる.上式より,$\psi(t, q) = \int dq_a \langle t, q | t_a, q_a \rangle \psi(t_a, q_a)$ がシュレーディンガー方程式を満たすことは明らかである.以上が,ファインマンにより与えら

れた，シュレーディンガー方程式の導出法である．

最後に，経路積分と関連した，もう一つの視点を補足しておく．いま，$\hat{q}(t), \hat{p}(t)$ $(t_a < t < t_b)$ をハイゼンベルク形式の演算子，区間 (t_a, t_b) で定義された作用を $S_{b,a}[q]$，また $|t_a, q_a\rangle$ を $|a\rangle, |t_a\rangle$ などと略記すると，

$$
\begin{aligned}
\langle b|f(\hat{q}(t))|a\rangle &= \int dq(t) \langle b|t\rangle f(q(t)) \langle t|a\rangle \\
&= \int dq(t) \left[\int_t^b \mathcal{D}q e^{\frac{i}{\hbar}S_{b,t}}\right] f(q(t)) \left[\int_a^t \mathcal{D}q e^{\frac{i}{\hbar}S_{t,a}}\right] \\
&= \int_a^b \mathcal{D}q f(q(t)) e^{\frac{i}{\hbar}S_{b,a}[q]} \\
&= \int_a^b \mathcal{D}q \int \mathcal{D}p f(q(t)) e^{\frac{i}{\hbar}S_{b,a}[q,p]}.
\end{aligned}
\tag{5.65}
$$

ただし，$S_{b,a}[q,p]$ は正準変数の作用である．同様に，

$$
\begin{aligned}
\langle b|g(\hat{p}(t))|a\rangle &= \int dq(t) \langle b|t\rangle g\left(-i\hbar \frac{\partial}{\partial q(t)}\right) \langle t|a\rangle \\
&= \int_a^b \mathcal{D}q \int \mathcal{D}p g(p(t)) e^{\frac{i}{\hbar}S_{b,a}[q,p]}
\end{aligned}
\tag{5.66}
$$

も確かめられる．しかし，$\hat{q}, \hat{p}$ の双方を含む関数については，演算子の順序の選び方と関係して，演算子の関数と経路積分の中に現れる関数が一般には異なり，むしろ

$$
\langle b|\hat{A}(\hat{q}(t), \hat{p}(t))|a\rangle = \int_a^b \mathcal{D}q \int \mathcal{D}p A(q(t), p(t)) e^{\frac{i}{\hbar}S_{b,a}[q,p]} \tag{5.67}
$$

が成り立つように，相互の関係が定義される．

この意味で，量子論的な作用（の変分）は，

$$
\begin{aligned}
\delta \langle b|a\rangle &= \frac{i}{\hbar} \langle b|\delta \hat{S}_{b,a}[\hat{q}, \hat{p}]|a\rangle \tag{5.68} \\
&= \frac{i}{\hbar} \int \mathcal{D}q \int \mathcal{D}p \, \delta S_{b,a}[q,p] e^{\frac{i}{\hbar}S_{b,a}[q,p]} \tag{5.69}
\end{aligned}
$$

と定義されるべきであろう．(5.68) は，シュウィンガー (Schwinger, 1951) により量子化法として提案された関係であり，(5.69) はそれに対する経路積分からの解釈である．(2.5) あるいは (2.11) によれば，上の関係を古典論の最小作

用の原理に対応させて

$$\delta\langle b|a\rangle = \frac{i}{\hbar}\langle b|\delta\hat{S}_{b,a}|a\rangle = \frac{i}{\hbar}\langle b|\hat{G}_b - \hat{G}_a|a\rangle \qquad (5.70)$$

と書くこともできる．いま，始点 a を固定し，終点 b で位置変数 q_b のみを変化させる．このとき (2.11) より $\delta S = \delta q_b p_b$ であるから，(5.70) は

$$\delta\langle b|a\rangle = \delta q_b \frac{\partial}{\partial q_b}\langle b|a\rangle = \delta q_b \frac{i}{\hbar}\langle b|\hat{p}_b|a\rangle \qquad (5.71)$$

となり，運動量演算子の定義式に帰着する．一方，終点で時間変数 t_b のみを変化させたとすれば，(2.11) より $\delta S = -\delta t_b H_b$ に注意して，

$$\delta\langle b|a\rangle = \delta t_b \frac{\partial}{\partial t_b}\langle b|a\rangle = -\delta_b \frac{i}{\hbar}\langle b|\hat{H}_b|a\rangle \qquad (5.72)$$

を得て，シュウィンガーの量子論的変分原理より，シュレーディンガー方程式が導かれたことになる．

演習問題

5.1 有限回転のユニタリ演算子 $U(\theta) = e^{\frac{i}{\hbar}\theta\boldsymbol{n}\cdot\hat{\boldsymbol{L}}}$, $(|\boldsymbol{n}|=1)$ による，位置演算子 $\hat{\boldsymbol{r}}$ の変換 $U(\theta)^\dagger \hat{\boldsymbol{r}} U(\theta)$ を計算せよ．

解 位置演算子 $\hat{\boldsymbol{r}}$ を $\boldsymbol{n}$ 方向とこれに垂直な方向に

$$\hat{\boldsymbol{r}} = \hat{\boldsymbol{r}}_\| + \hat{\boldsymbol{r}}_\perp, \quad (\hat{\boldsymbol{r}}_\| = \boldsymbol{n}(\boldsymbol{n}\cdot\hat{\boldsymbol{r}}))$$

と分解する．このとき，角運動量の交換関係から，

$$\left(-\frac{i\theta}{\hbar}\right)[\boldsymbol{n}\cdot\hat{\boldsymbol{L}},\hat{\boldsymbol{r}}_\|] = \theta\boldsymbol{n}\times\hat{\boldsymbol{r}}_\| = 0$$

および，
$$\left(-\frac{i\theta}{\hbar}\right)[\boldsymbol{n}\cdot\hat{\boldsymbol{L}},\hat{\boldsymbol{r}}_\perp] = \theta\boldsymbol{n}\times\hat{\boldsymbol{r}}_\perp$$

$$\left(-\frac{i\theta}{\hbar}\right)^2[\boldsymbol{n}\cdot\hat{\boldsymbol{L}},[\boldsymbol{n}\cdot\hat{\boldsymbol{L}},\hat{\boldsymbol{r}}_\perp]] = \theta^2\boldsymbol{n}\times(\boldsymbol{n}\times\hat{\boldsymbol{r}}_\perp) = -\theta^2\hat{\boldsymbol{r}}_\perp$$

$$\left(-\frac{i\theta}{\hbar}\right)^3[\boldsymbol{n}\cdot\hat{\boldsymbol{L}},[\boldsymbol{n}\cdot\hat{\boldsymbol{L}},[\boldsymbol{n}\cdot\hat{\boldsymbol{L}},\hat{\boldsymbol{r}}_\perp]]] = -\theta^3\boldsymbol{n}\times\hat{\boldsymbol{r}}_\perp$$

$$\vdots$$

従って，

$$U(\theta)^\dagger \hat{\boldsymbol{r}} U(\theta) = \hat{\boldsymbol{r}}_\parallel + \sum_{k=0}^{\infty} \frac{1}{k!}\left(-\frac{i\theta}{\hbar}\right)^k \underbrace{[\boldsymbol{n}\cdot\hat{\boldsymbol{L}},[\cdots[\boldsymbol{n}\cdot\hat{\boldsymbol{L}},\hat{\boldsymbol{r}}_\perp]\cdots]}_{k}$$

$$= \hat{\boldsymbol{r}}_\parallel + \hat{\boldsymbol{r}}_\perp\left(1 - \frac{\theta^2}{2!} + \cdots\right) + \boldsymbol{n}\times\hat{\boldsymbol{r}}_\perp\left(\theta - \frac{\theta^3}{3!} + \cdots\right)$$

$$= \hat{\boldsymbol{r}}_\parallel + \hat{\boldsymbol{r}}_\perp\cos\theta + \boldsymbol{n}\times\hat{\boldsymbol{r}}\sin\theta.$$

5.2 (5.9) で用いた T–積の性質

$$T\left[\int_{t_0}^{t} dt' \hat{V}_D(t')\right]^n = n!\int_{t_0}^{t} dt_1 \int_{t_0}^{t_1} dt_2 \cdots \int_{t_0}^{t_{n-1}} dt_n \hat{V}_D(t_1)\cdots\hat{V}_D(t_n)$$

を確かめよ．

解 異なる数の組 $(t_1, t_2, \cdots, t_n)$ を並べかえて，$n!$ 個の数の組 $(t_1, t_2, \cdots, t_n)$, $(t'_1, t'_2, \cdots, t'_n), \cdots$ を作る．その中に T–積の条件 $t'_1 > t'_2 > \cdots > t'_n$ を満たす数の組が唯一つ存在し，これに対して $\theta(t'_1-t'_2)\theta(t'_2-t'_3)\cdots\theta(t'_{n-1}-t'_n) = 1$ となり，他の組は 0 となる．従って，

$$T[\hat{V}_D(t_1)\cdots\hat{V}_D(t_n)] = \sum_{(t'_1 t'_2 \cdots t'_n)} \theta(t'_1-t'_2)\theta(t'_2-t'_3)\cdots\theta(t'_{n-1}-t'_n)$$
$$\times \hat{V}_D(t'_1)\hat{V}_D(t'_2)\cdots\hat{V}_D(t'_n)$$

である．
ここで Σ は，可能な並べかえの組にわたる和を表す．両辺を $t_1 \sim t_n$ で区間 $[t_0, t]$ にわたって積分し，$dt_1\cdots dt_n = dt'_1\cdots dt'_n$ に注意すると，

$$T\left[\int_{t_0}^{t} dt' \hat{V}_D(t')\right]^n = \int_{t_0}^{t} dt_1 \cdots \int_{t_0}^{t} dt_n T[V_D(t_1)\cdots V_D(t_n)]$$
$$= \sum_{(t'_1 t'_2 \cdots t'_n)} \int_{t_0}^{t} dt'_1 \cdots \int_{t_0}^{t} dt'_n \{\theta\theta\cdots\theta V_D V_D\cdots V_D\}$$
$$= n! \int_{t_0}^{t} dt_1 \int_{t_0}^{t_1} dt_2 \cdots \int_{t_0}^{t_{n-1}} dt_n \hat{V}_D(t_1)\cdots\hat{V}_D(t_n)$$

となる．ただし最後の結果では，$n!$ 個の各項の積分変数を改めて $t_1, \cdots, t_n$ に直した．

5.3 $\hat{U}(t, t')$ が，次の展開形でも表せることを説明せよ．

$$\hat{U}(t_0, t) = 1 + \frac{1}{i\hbar}\int_{t}^{t_0} dt' \hat{V}(t') + \frac{1}{(i\hbar)^2}\int_{t}^{t_0} dt' \int_{t'}^{t''} dt'' \hat{V}(t'')\hat{V}(t') + \cdots.$$

演習問題　　　　　　　　　　　　　　　　　　　　　　**83**

解 (5.13) に注意して，方程式 (5.10) のエルミート共役をとり，積分の上限と下限を入れかえると，
$$\hat{U}(t_0, t) = 1 + \frac{1}{i\hbar} \int_t^{t_0} dt' \hat{U}(t_0, t') \hat{V}(t')$$

右辺の積分中の $\hat{U}(t_0, t')$ に上式右辺の全体の形を逐次代入してゆけば，明らかに題意の展開形となる．

5.4 断熱因子を付加して $|t| \to \infty$ で収束するように定義した相互作用表示のポテンシャル $e^{-\epsilon|t|/\hbar}\hat{V}(t)$ の下で，初期状態 $\hat{H}_0|\varphi_a\rangle = E_a|\varphi_a\rangle$ の散乱状態 $|\psi_a^\pm\rangle$ を
$$\lim_{t_0 \to \mp\infty} \hat{U}(0, t_0)|\varphi_a\rangle = |\psi_a^\pm\rangle$$

で定義する．このとき，$|\psi_a^\pm\rangle$ と $|\varphi_a\rangle$ を結び付ける方程式
$$|\psi_a^\pm\rangle = |\varphi_a\rangle + \frac{1}{E_a - \hat{H} \pm i\epsilon}\hat{V}|\varphi_a\rangle$$

が得られることを，確かめよ．

解 前問の積分方程式から，
$$|\psi_a^\pm\rangle = \hat{U}(0, \mp\infty)|\varphi_a\rangle = |\varphi_a\rangle + \frac{1}{i\hbar} \int_{\mp\infty}^0 dt' \hat{U}(0, t') \hat{V}(t')|\varphi_a\rangle.$$

ここで，(5.11) に注意すると，
$$\frac{1}{i\hbar} \int_{\mp\infty}^0 dt' \hat{U}(0, t') \hat{V}(t')|\varphi_a\rangle = \frac{1}{i\hbar} \int_{\mp\infty}^0 dt' e^{i\hat{H}t'/\hbar} \hat{V} e^{-i\hat{H}_0 t'/\hbar}|\varphi_a\rangle e^{-\epsilon|t'|/\hbar}$$
$$= \frac{1}{i\hbar} \int_{\mp\infty}^0 dt' e^{i(\hat{H}-E_a)t'/\hbar - \epsilon|t'|/\hbar} \hat{V}|\varphi_a\rangle = \frac{1}{E_a - \hat{H} \pm i\epsilon}\hat{V}|\varphi_a\rangle.$$

5.5 前問の方程式から，リップマン–シュウィンガー (Lippmann–Schwinger) の方程式
$$|\psi_a^\pm\rangle = |\varphi_a\rangle + \frac{1}{E_a - \hat{H}_0 \pm i\epsilon}\hat{V}|\psi_a^\pm\rangle$$

が得られることを，確かめよ．

解 演算子の順序を考慮した代数的な関係
$$\frac{1}{E_a - \hat{H} \pm i\epsilon}\hat{V} = \frac{1}{E_a - \hat{H}_0 \pm i\epsilon}\underbrace{\left(1 + \hat{V}\frac{1}{E_a - \hat{H} \pm i\epsilon}\right)}_{(E_a - \hat{H}_0)\frac{1}{E_a - \hat{H} \pm i\epsilon}}\hat{V}$$

から $\frac{1}{E_a - \hat{H} \pm i\epsilon}\hat{V}|\varphi_a\rangle = \frac{1}{E_a - \hat{H}_0 \pm i\epsilon}\hat{V}|\psi_a^\pm\rangle$ を得て，求める結果となる．

補足 リップマン–シュウィンガー方程式の両辺に $(E_a - \hat{H}_0 \pm i\epsilon)$ を作用させると，$(E_a - \hat{H})|\psi_a^\pm\rangle = 0$ となり，このような時間的に緩やかな相互作用の導入はエネルギーの固有値を変えないことがわかる．これが，$e^{-\epsilon|t|/\hbar}$ を "断熱因子" と呼ぶ所以である．

5.6 1次元調和振動子のラグランジアンは，q の2次形式

$$L = \frac{m}{2}\dot{q}^2 - \frac{m\omega^2}{2}q^2$$

である．(5.40) を適用して，$\langle t_b, q_b | t_a, q_a \rangle$ を求めよ．

解 L から導かれるラグランジュ方程式

$$\frac{d}{dt}\frac{\partial L}{\partial \dot{q}} - \frac{\partial L}{\partial q} = m(\ddot{q} + \omega q) = 0$$

の古典解 $q_c(t)$ は，A, B を定数として

$$q_c(t) = A\sin(\omega t) + B\cos(\omega t)$$

と書ける．このとき，境界条件 $q_a = q_c(t_a), q_b = q_c(t_b)$ より，

$$\begin{pmatrix} q_a \\ q_b \end{pmatrix} = \begin{pmatrix} \cos(\omega t_a) & \sin(\omega t_a) \\ \cos(\omega t_b) & \sin(\omega t_b) \end{pmatrix} \begin{pmatrix} A \\ B \end{pmatrix}.$$

あるいは 2×2 行列の逆行列を求め，$T = t_b - t_a$ と略記すると，

$$\begin{pmatrix} A \\ B \end{pmatrix} = \frac{1}{\sin(\omega T)} \begin{pmatrix} \sin(\omega t_b) & -\sin(\omega t_a) \\ -\cos(\omega t_b) & \cos(\omega t_a) \end{pmatrix} \begin{pmatrix} q_a \\ q_b \end{pmatrix}.$$

一方，$\dot{q}_c^2 = \frac{d}{dt}(q_c \dot{q}_c) - q_c \ddot{q}_c$ に注意すると，

$$S[q_c] = \int_{t_a}^{t_b} dt \left\{ \frac{m}{2}\frac{d}{dt}(q_c \dot{q}_c) - \frac{m}{2}q_c(\ddot{q}_c + \omega q_c) \right\} = \frac{m}{2}(q_b \dot{q}_b - q_a \dot{q}_a).$$

ここで，前述の A, B の形から，

$$\begin{pmatrix} \dot{q}_a \\ \dot{q}_b \end{pmatrix} = \omega \begin{pmatrix} -\sin(\omega t_a) & \cos(\omega t_a) \\ -\sin(\omega t_b) & \cos(\omega t_b) \end{pmatrix} \begin{pmatrix} A \\ B \end{pmatrix}$$

$$= \frac{\omega}{\sin(\omega T)} \begin{pmatrix} -\cos(\omega T) & 1 \\ -1 & \cos(\omega T) \end{pmatrix} \begin{pmatrix} q_a \\ q_b \end{pmatrix}$$

となり，$(q_b \dot{q}_b - q_a \dot{q}_a)$ に代入して

$$S[q_c] = \frac{m\omega}{2\sin(\omega T)} \left\{ (q_b^2 + q_a^2)\cos(\omega T) - 2q_b q_a \right\}$$

演習問題

が得られる．従って，グリーン関数の形は

$$\langle t_b, q_b | t_a, q_a \rangle = N(T) \exp\left[\frac{i}{\hbar} \frac{m\omega}{2\sin(\omega T)} \left\{(q_b^2 + q_a^2)\cos(\omega T) - 2q_b q_a\right\}\right]$$

である．最後に，規格化因子 $N(T)$ は結合則

$$\langle T' + T, 0 | 0, 0 \rangle$$
$$= N(T' + T)$$
$$= \int_{-\infty}^{\infty} dq \langle T' + T, 0 | T, q \rangle \langle T, q | 0, 0 \rangle$$
$$= \int_{-\infty}^{\infty} dq N(T') e^{\frac{i}{\hbar} \frac{m\omega}{2} \cot(\omega T') q^2} N(T) e^{\frac{i}{\hbar} \frac{m\omega}{2} \cot(\omega T) q^2}$$
$$= N(T')N(T) \sqrt{\frac{2\pi i \hbar}{m\omega} \frac{\sin(\omega T') \sin(\omega T)}{\sin\{\omega(T' + T)\}}},$$

すなわち，

$$N(T' + T) \sqrt{\frac{2\pi i \hbar \sin\{\omega(T' + T)\}}{m\omega}}$$
$$= N(T') \sqrt{\frac{2\pi i \hbar \sin(\omega T')}{m\omega}} N(T) \sqrt{\frac{2\pi i \hbar \sin(\omega T)}{m\omega}}$$

が，任意の $T'T$ に対して成り立つことから，

$$N(T) = \sqrt{\frac{m\omega}{2\pi i \hbar \sin(\omega T)}}$$

と決まる．

5.7 上のグリーン関数から，(5.44) を使って，調和振動子のエネルギー固有値を求めよ．

【解】
$$\langle T, q | 0, q \rangle = \sqrt{\frac{m\omega}{2\pi i \hbar \sin(\omega T)}} e^{i \frac{m\omega}{\hbar \sin(\omega T)}(\cos(\omega T) - 1)q^2}$$

から，(必要とあれば，$iT = $ "実数"に解析接続されたと考えて)

$$\int_{-\infty}^{\infty} dq \langle T, q | 0, q \rangle = \frac{1}{2i \sin(\omega T/2)} = \frac{e^{-i\omega T/2}}{1 - e^{-i\omega T/2}}$$
$$= \sum_{n=0}^{\infty} e^{-i\omega(n + \frac{1}{2})T}.$$

従って，(5.44) より

$$\mathrm{Tr}\left(\frac{1}{\hat{H}-E-i\epsilon}\right) = \frac{i}{\hbar}\int_0^\infty dT e^{i(E+i\epsilon)T/\hbar}\int_{-\infty}^\infty dq\langle T,q|0,q\rangle$$

$$= \frac{i}{\hbar}\sum_{n=0}^\infty \int_0^\infty dT e^{-i\{\omega(n+\frac{1}{2})-\frac{E}{\hbar}-i\frac{\epsilon}{\hbar}\}T}$$

$$= \sum_{n=0}^\infty \frac{1}{\hbar\omega(n+\frac{1}{2})-E-i\epsilon}.$$

よって，求める固有値（＝特異点の位置）は，

$$E_n = \hbar\omega\left(n+\frac{1}{2}\right),(n=0,1,2,\cdots)$$

となる．

5.8 (5.18) は，$e^{i\boldsymbol{a}\cdot\hat{\boldsymbol{G}}},e^{i\boldsymbol{b}\cdot\hat{\boldsymbol{G}}},\cdots$ の積が閉じるための必要条件であることを確かめよ．

解 十分性は明らかである．必要性を調べるために，$\hat{A}=\boldsymbol{a}\cdot\hat{\boldsymbol{G}},\hat{B}=\boldsymbol{b}\cdot\hat{\boldsymbol{G}},\cdots$ と略記して，指数関数を $\boldsymbol{a},\boldsymbol{b},\cdots$ の 2 次まで展開すると，

$$\begin{aligned}
e^{i\hat{A}}e^{i\hat{B}} &= \left(1+i\hat{A}-\frac{\hat{A}^2}{2}+\cdots\right)\left(1+i\hat{B}-\frac{\hat{B}^2}{2}+\cdots\right)\\
&= 1+i(\hat{A}+\hat{B})-\underbrace{\frac{1}{2}(\hat{A}^2+2\hat{A}\hat{B}+\hat{B}^2)}_{\frac{1}{2}(\hat{A}+\hat{B})^2+\frac{1}{2}[\hat{A},\hat{B}]}+\cdots\\
&= 1+\left\{i(\hat{A}+\hat{B})-\frac{1}{2}[\hat{A},\hat{B}]+\cdots\right\}\\
&\quad +\frac{1}{2}\left\{i(\hat{A}+\hat{B})-\frac{1}{2}[\hat{A},\hat{B}]+\cdots\right\}^2+\cdots\\
&= e^{i(\hat{A}+\hat{B})-\frac{1}{2}[\hat{A},\hat{B}]+\cdots}.
\end{aligned}$$

よって，指数関数の引数が $\boldsymbol{G}$ の 1 次式になるためには，(5.18) が必要である．

5.9 ファンブレック行列式は，古典力学の相空間における"連続の方程式"と関係する．(5.45) のハミルトンの主関数は，

$$L_b = \frac{d\bar{S}_{ba}}{dt_b} = \frac{\partial\bar{S}_{ba}}{\partial t_b}+\sum_i\frac{\partial\bar{S}_{ba}}{\partial q_{ib}}\dot{q}_{ib} = \frac{\partial\bar{S}_{ba}}{\partial t_b}+\sum_i p_{ib}\dot{q}_{ib}$$

および $H_b = \sum_i p_{ib}\dot{q}_{ib}-L_b$ に注意して，(2.19), (2.20) の意味での時刻 t_b におけるハミルトン–ヤコビの方程式

$$\frac{\partial\bar{S}_{ba}}{\partial t_b}+H(q_b,p_b,t_b)=0$$

を満たすことがわかる．このとき，$D_{ij} \equiv -\frac{\partial^2 \bar{S}_{ba}}{\partial q_{ib} \partial q_{ja}}, D = |D_{ij}|$ として，次の連続の方程式が満たされることを示せ．

$$\frac{\partial D}{\partial t_b} + \sum_i \frac{\partial}{\partial q_{ib}}(Dv_i) = 0, \quad \left(v_i = \frac{\partial H_b}{\partial p_{ib}}\right).$$

解 ハミルトン–ヤコビの方程式に $-\frac{\partial^2}{\partial q_{ib} q_{ja}}$ を作用させると，

$$\frac{\partial}{\partial t_b} D_{ij} - \frac{\partial}{\partial q_{ib}}\left[\sum_k \frac{\partial H_b}{\partial p_{kb}} \frac{\partial p_{kb}}{\partial q_{ja}}\right]$$
$$= \frac{\partial}{\partial t_b} D_{ij} + \sum_k \left[\left(\frac{\partial}{\partial q_{ib}} \frac{\partial H_b}{\partial p_{kb}}\right) D_{kj} + \frac{\partial H_b}{\partial p_{kb}}\left(\frac{\partial}{\partial q_{ib}} D_{kj}\right)\right] = 0.$$

ここで，$\sum_j D^{ij} D_{jk} = \delta^i_k$ で定義される逆行列 D^{ij} を導入する．このとき，行列式 D の微分が $dD = D \sum_{ij} D^{ij} dD_{ij}$ となること，および $\frac{\partial}{\partial q_{ib}} D_{kj} = \frac{\partial}{\partial q_{kb}} D_{ij}$ に注意し，上式に DD^{ji} をかけて添字 i, j の和をとると

$$\frac{\partial D}{\partial t_b} + \sum_k \left[\left(\frac{\partial}{\partial q_{kb}} \frac{\partial H_b}{\partial q_{kb}}\right) D + \frac{\partial H_b}{\partial q_{kb}} \frac{\partial}{\partial q_{kb}} D\right] = 0.$$

これは，求める連続の方程式に他ならない．

5.10 上記の連続の方程式は，シュレーディンガー方程式から導かれる連続の方程式 (3.9) とも関係している．以下，$t_b \to t, q_b \to q$ として添字 a, b を省略し，$v_i = \frac{\partial H}{\partial p_i} = \frac{1}{m} p_i$ となる場合を考える．このとき，波動関数 $\psi_c = \sqrt{D} e^{\frac{i}{\hbar} \bar{S}}$ から導かれる連続の方程式 (3.9) が，ファンブレック行列から導かれた相空間の連続の方程式に一致することを確かめよ．

解 定義より，

$$\rho = |\psi_c|^2 = D,$$
$$J_i = \frac{\hbar}{2mi} \frac{\partial}{\partial q_i}\left(\psi_c^* \frac{\partial}{\partial q_i} \psi_c - \psi_c \frac{\partial}{\partial q_i} \psi_c^*\right) = \frac{1}{m} \frac{\partial \bar{S}}{\partial q_i} = \frac{p_i}{m}.$$

これを (3.9) に代入することにより，直ちに D の満たす連続の方程式が得られる．
注 $\bar{S}, D$ は古典量であるから，波動関数を $\psi_c = e^{\frac{i}{\hbar}(\bar{S} + \frac{\hbar}{2i} \log D)} = e^{\frac{i}{\hbar} S}$ と書くと，S には $\hbar$ の 1 次の寄与まで含まれていることがわかる．8.4 節で述べられるように，これは波動関数の"準古典近似"と呼ばれる形に相当する．

第 6 章
基本的諸問題 I ── 定常状態

エネルギーの固有状態である定常状態を解く上で役に立ついくつかの手法と，具体的に解ける代表的な例を調べる．これらの問題にかかわるいくつかの物理的諸問題も，あわせて述べる．

6.1 ポテンシャルと粒子のエネルギー状態

図 6.1 は，α 粒子が核力を振り切って原子核内から脱出する際の，模型として扱われるポテンシャルである．一般に，エネルギー $E'(<0)$ の粒子が図のようなポテンシャルの井戸の中にあれば，粒子は無限に厚いポテンシャルの壁を乗り切ることができず，井戸型ポテンシャルの場合のように，離散的なエネルギー準位をもつ**束縛状態**として閉じ込められる．

一方，粒子のエネルギーが $0 < E < V_0$ であるなら，古典力学では許されないにもかかわらず，粒子は有限な厚みのポテンシャル壁を量子論的に一定の確率で透過することができ，**準束縛状態**になる．この場合，エネルギー E の粒子の状態は次第に消失してゆくことになり，厳密には，粒子はエネルギーの定常状態として存在しない．最後に，粒子が $E > V_0$ のエネルギーをもつなら，粒子はポテンシャルに束縛されることなく無限遠方に飛び去ることができて，**散乱状態**となる．この粒子のエネルギー準位は，ポテンシャル壁を超える以外の条件がつかないため，自由粒子と同様に連続的な値をとる．

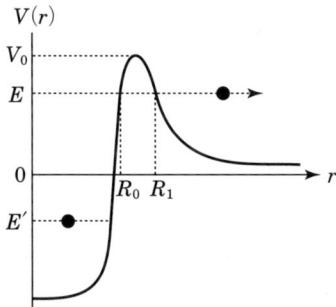

図 6.1 α-崩壊のポテンシャル.α 粒子が原子核内にあるときは,ほぼ井戸型に近似できるポテンシャルの下にある.α-崩壊により,原子番号が Z から $Z_1(=Z-2)$ になったとすれば,α-粒子は脱出後 $\sim 2Z_1 e^2/r$ のような斥力ポテンシャルを受ける.

以下,それぞれの場合において,具体的に解くことのできる,いくつかの物理的に興味ある例を調べてゆく.

6.2 波動関数の接続

エネルギー E の固有状態に属する質量 m の粒子の 1 次元の定常状態は,(3.21) から

$$\phi_E''(x) = \frac{2m}{\hbar}(V(x) - E)\phi_E(x) \tag{6.1}$$

の解として特徴づけられる.この方程式は,ポテンシャルが $V = const.$ であれば,簡単に解ける.この結果をより応用範囲の広い形に利用するには,ポテンシャルが区分的に一定になる場合を考えればよい.このとき,それぞれの区間で定常状態を解くことができるが,これを接続して全領域にわたる状態が求められれば,簡単な微分方程式の知識のみでシュレーディンガー方程式が解けることになる.

さて,一般に 1 次元のポテンシャルの下で定常状態のシュレーディンガー方程式を解く際,ポテンシャルが不連続点あるいは特異点をもつなら,その前後

第6章 基本的諸問題 I －定常状態

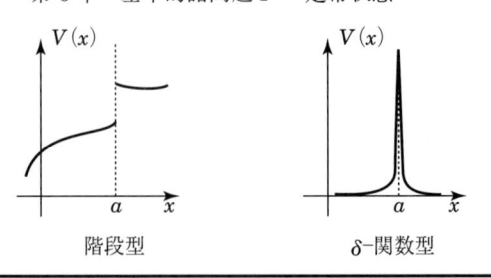

図 6.2 定常状態の接続.

$V(x)$	階段型	δ-関数型 $V(x) = V_0 \delta(x-a)$
$\phi_E(x)$	連続	連続
$\phi'_E(x)$	連続	$\phi'_E(a+0) - \phi'_E(a-0) = \dfrac{2mV_0}{\hbar^2}\phi_E(a)$

で求めた定常状態の波動関数は，図 6.2 の条件で接続されなくてはならない．

これを確かめるために，定常状態のシュレーディンガー方程式 (6.1) の両辺を微小区間 $a-\epsilon < x < a+\epsilon, (\epsilon = +0)$ で積分すると，

$$\int_{a-\epsilon}^{a+\epsilon} dx\, \phi''_E(x) = \phi'_E(a+\epsilon) - \phi'_E(a-\epsilon)$$
$$= \int_{a-\epsilon}^{a+\epsilon} dx\, \frac{2m}{\hbar^2}\left(V(x) - E\right)\phi_E(x). \qquad (6.2)$$

状態 $\phi_E(x)$ は確率密度 $|\phi_E(x)|$ が定義できるので，いつも絶対値は有限である．従って，ポテンシャル $V(x)$ が $x=a$ で有限であれば，$|\int_{a-\epsilon}^{a+\epsilon} dx (\cdots)| \leq \int_{a-\epsilon}^{a+\epsilon} dx |(\cdots)| \to 0, (\epsilon \to 0)$ の意味で，$\phi'_E(x)$ は連続となる．一方，ポテンシャルが δ-関数型の $V(x) = V_0\delta(x-a)$ なら，(6.2) の最後の積分は $2mV_0/\hbar^2$ を与えて，図 6.2 の接続条件となる．

ちなみに，$\phi_E(x)$ 自身はいつも連続と考えてよい．実際，仮に ϕ_E が $x=a$ で Δ の飛躍をもつとすれば，その近傍で $\phi'_E(x) \sim \Delta\delta(x-a)$ から $\phi''_E(x) \sim \Delta\delta'(x-a)$ となり，階段型，δ-関数型の何れのポテンシャルの場合も，運動エネルギーとポテンシャル・エネルギーがつりあわず，シュレーディンガー方程

式の解にはならない.

例1 上記のような接続の条件を用いる典型的な例として，矩形ポテンシャル (図 6.3) の下での，エネルギー $E > V_0$ の粒子の定常状態を調べよう．

このポテンシャルは，領域 I, III では 0 であり，$e^{\pm ikx}, (k = \sqrt{2mE}/\hbar)$ がシュレーディンガー方程式 (6.1) の基本解となる．また，領域 II では，基本解は明らかに $e^{\pm ik'x}, (k' = \sqrt{2m(E-V_0)}/\hbar)$ である．そこで，粒子が $x < 0$ の領域から入射し，一部が $x > 0$ の領域にぬける境界条件を設定して，それぞれの領域での状態を図 6.3 の形におく．ここで，状態 $\phi_E^{(\mathrm{I})}(x)$ の確率の流れの密度は

$$J^{(\mathrm{I})}(x) = \frac{\hbar}{m} \mathrm{Im} \left(\phi_E^{(\mathrm{I})*}(x) \frac{\partial}{\partial x} \phi_E^{(\mathrm{I})}(x) \right)$$
$$= \frac{\hbar k}{m}(1 - |R|^2). \tag{6.3}$$

同様に $\phi_E^{(\mathrm{III})}(x)$ の確率の流れの密度が，

$$J^{(\mathrm{III})}(x) = \frac{\hbar k}{m} |T|^2 \tag{6.4}$$

と求まる．e^{ikx}, e^{-ikx} は，それぞれ右，および左に進む波を表すから[*1)]，$|R|^2$ は

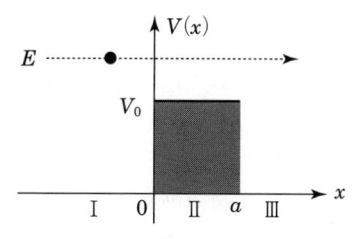

図 6.3　矩形ポテンシャルを通過する粒子の定常状態.
$\phi_E^{(\mathrm{I})}(x) = e^{ikx} + Re^{-ikx}$,
$\phi_E^{(\mathrm{II})}(x) = Ae^{ik'x} + Be^{-ik'x}$,
$\phi_E^{(\mathrm{III})}(x) = Te^{ikx}$,
$|R|^2$：反射係数, $|T|^2$：透過係数.

[*1)] 波数 k の粒子は，単位時間に $v = \frac{\hbar k}{m}$ だけ進むから，粒子の数密度が n なら単位時間に $J = nv = n\frac{\hbar k}{m}$ 個の粒子が 1 点を左から右に通過する．状態 $\phi_E^{(\mathrm{I})}$ の e^{ikx} は，入射粒子で $n = 1$ と選んだ規格化である．

表 6.1 接続の条件.

	$x=0$	$x=a$
ϕ_E	$1+R = A+B$	$Ae^{ik'a} + Be^{-ik'a} = Te^{ika}$
ϕ'_E	$ik(1-R) = ik'(A-B)$	$ik'(Ae^{ik'a} - Be^{-ik'a}) = ikTe^{ika}$

$x=0$ で単位時間に反射される粒子の数密度に,また $|T|^2$ は $x=a$ を単位時間に透過する粒子の数密度に比例する.とくに,定常状態では $\frac{d}{dx}J(x) = -\dot{\rho}(x) = 0$ により $J^{(\mathrm{I})} = J^{(\mathrm{III})}$ であり,規格化

$$1 = |R|^2 + |T|^2 \tag{6.5}$$

が満たされる.従って (6.5) は,入射粒子がポテンシャルにより反射される割合と,それを透過する割合を表し,この意味で $|R|^2$ を**反射係数**また $|T|^2$ を**透過係数**と呼ぶ.

さて,$\phi_E^{(\mathrm{I})}, \phi_E^{(\mathrm{II})}, \phi_E^{(\mathrm{III})}$ の接続条件は,表 6.1 の形にまとめられる.このとき,$x=0$ での条件の和と差から,

$$1 = \frac{1}{2}\left(1 + \frac{ik'}{ik}, \quad 1 - \frac{ik'}{ik}\right)\begin{pmatrix} A \\ B \end{pmatrix}, \tag{6.6}$$

$$R = \frac{1}{2}\left(1 - \frac{ik'}{ik}, \quad 1 + \frac{ik'}{ik}\right)\begin{pmatrix} A \\ B \end{pmatrix} \tag{6.7}$$

が,また $x=a$ での条件から,

$$\begin{pmatrix} A \\ B \end{pmatrix} = \begin{pmatrix} e^{ik'a} & e^{-ik'a} \\ e^{ik'a} & -e^{-ik'a} \end{pmatrix}^{-1} \begin{pmatrix} 1 \\ \frac{ik}{ik'} \end{pmatrix} Te^{ika}$$

$$= \frac{1}{2}\begin{pmatrix} (1+\frac{ik}{ik'})e^{-ik'a} \\ (1-\frac{ik}{ik'})e^{ik'a} \end{pmatrix} Te^{ika} \tag{6.8}$$

が導かれる.(6.8) を (6.6) に代入すると T が解け,

$$T = \frac{4ik \cdot ik'}{(ik'+ik)^2 e^{-ik'a} - (ik'-ik)^2 e^{ik'a}} e^{-ika}, \tag{6.9}$$

また,(6.7) に代入して (6.9) を使うと,

6.2 波動関数の接続   93

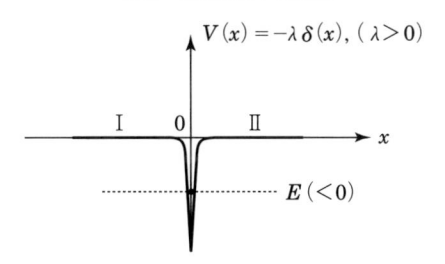

図 6.4 δ–関数型ポテンシャルによる束縛状態.

$$R = \frac{(k^2 + (ik')^2)(e^{ik'a} - e^{-ik'a})}{(ik' + ik)^2 e^{-ik'a} - (ik' - ik)^2 e^{ik'a}} \tag{6.10}$$

が得られる．この形から，期待される結果 $|T|^2 \to 1, |R|^2 \to 0, (E \to \infty)$，および (6.5) などが，容易に確かめられる．

例 2 次に，状態の微分 ϕ'_E に飛躍が生じる例として，δ–関数型のポテンシャル $V(x) = -\lambda\delta(x), (\lambda > 0)$ による束縛状態 $(E < 0)$ を考える (図 6.4)．

領域 I, II では $V = 0$ であり，シュレーディンガー方程式はともに

$$\phi''_E(x) = \kappa^2 \phi_E(x), \quad \left(\kappa = \sqrt{\frac{2m|E|}{\hbar^2}}\right) \tag{6.11}$$

と書ける．従って，基本解は $e^{\pm\kappa x}$ であるが，$x \neq 0$ の領域は古典的には侵入不可能であることから，それぞれの領域での状態は境界条件 $|\psi_E(x)| \to 0, (|x| \to \infty)$ を考慮して

$$\phi^{(\mathrm{I})}_E(x) = Ae^{\kappa x}, \quad \phi^{(\mathrm{II})}_E(x) = Be^{-\kappa x} \tag{6.12}$$

の形をもつ．

このとき，まず $x = 0$ での状態の接続条件 $\phi^{(\mathrm{I})}(0) = \phi^{(\mathrm{II})}(0)$ から $A = B$ となり，また状態の微分の接続条件から

$$\phi^{(\mathrm{II})'}_E(0) - \phi^{(\mathrm{I})'}_E(0) = -2\kappa A = -\frac{2m\lambda}{\hbar^2}A \tag{6.13}$$

が要求される．これから，可能なエネルギーの固有値が

$$E = -\frac{m\lambda^2}{2\hbar^2} \tag{6.14}$$

と求まり，ただ一つの束縛状態が存在する．

最後に，定数 A は規格化条件から

$$1 = 2\int_0^\infty dx |\phi_E(x)|^2 = \frac{A^2}{\kappa}$$

より

$$A = \sqrt[4]{\frac{2m|E|}{\hbar^2}} \tag{6.15}$$

と決まる．

例3 ϕ_E' が不連続になるもう一つの例として，図 6.2 の δ–関数型ポテンシャル $V(x) = V_0\delta(x-a)$, $(V_0 > 0)$ による粒子の反射，および透過係数を調べる．いま，$x < a$ を領域 I, $x > a$ を領域 II とする．それぞれの領域では $V = 0$ であることから，状態は図 6.3 の $\phi_E^{(\mathrm{I})}, \phi_E^{(\mathrm{III})}$ と同型に選べるが，接続条件を配慮して

$$\phi_E^{(\mathrm{I})}(x) = e^{ik(x-a)} + Re^{-ik(x-a)}, \quad \phi_E^{(\mathrm{II})}(x) = Te^{ik(x-a)} \tag{6.16}$$

とおく．ただし，$k = \sqrt{\frac{2mE}{\hbar^2}}$ である．このとき，

$$\phi_E \text{ の接続}: 1 + R = T, \tag{6.17}$$

$$\phi_E' \text{ の接続}: ikT - ik(1-R) = \frac{2mV_0}{\hbar^2}T. \tag{6.18}$$

これから，T, R は容易に解けて，

$$T = \frac{ik}{ik - \frac{mV_0}{\hbar^2}}, \quad R = \frac{\frac{mV_0}{\hbar^2}}{ik - \frac{mV_0}{\hbar^2}} \tag{6.19}$$

となる．この形から，$V_0 \to \infty$ の極限では，$|T|^2 \to 0, |R|^2 \to 1$ となり，粒子はポテンシャルで完全反射されることがわかる．

6.3 トンネル効果

前節に求めた，矩形のポテンシャルによる反射係数，透過係数の表式は，容易に $E < V_0$ の場合に拡張することができる．この場合，図 6.3 の領域 II は古典

的に侵入不可能な領域であるが，シュレーディンガー方程式 (6.1) は解をもち，

$$\phi_E^{(\mathrm{II})}(x) = Ae^{\kappa x} + Be^{-\kappa x}, \quad \left(\kappa = \frac{\sqrt{2m(V_0 - E)}}{\hbar}\right) \quad (6.20)$$

が得られる．$E > V_0$ の解と比較すれば，(6.9), (6.10) で単純に $ik' \to \kappa$ の置き換えを実行することにより，この場合の係数 R, T が求められる．とくに，透過係数は

$$|T|^2 = \frac{4(k\kappa)^2}{(k^2 + \kappa^2)^2 \sinh^2(\kappa a) + 4(k\kappa)^2} \quad (6.21)$$

の形になることが，確かめられる (図 6.5)．

これから例えば，1kg の粒子が 100km/s の速度で，$a = 1\mathrm{m}, V_0 = 2E$ の壁に衝突するといった日常的なスケールでは，$\kappa a \sim 10^{36}$ となり，透過係数は 0 と見なせる．しかし，$E = 1\mathrm{eV}$ の電子が，$a = 1.72\,\mathrm{\AA}, V_0 = 2E$ の壁に衝突するときには $\kappa a \sim 0.88$ となり，ほぼ 50% の確率で**トンネル効果**を引き起こす．

上の矩形ポテンシャルに対する透過係数を利用して，一般的なポテンシャルの下でのトンネル効果を計算することもできる．このためには，ポテンシャル $V(x)$ を図 6.6 のように幅 Δx の矩形の集まりで近似し，粒子が通過する矩形の透過係数をすべて乗じれば，求める透過係数を近似するものとなる．その際，各矩形で条件 $\Delta x \kappa_i \gg 1, (i$ は矩形の番号$)$ が満たされるなら，(6.21) は $|T_i|^2 \simeq \left(\frac{2k\kappa}{k^2+\kappa^2}\right)^2 e^{-2\Delta x \kappa}$ と単純化され，全体としての透過係数は

$$|T|^2 \simeq \lim_{\Delta x \to 0} \prod_i |T_i|^2 \propto \lim_{\Delta x \to 0} e^{-2\sum_i \Delta x \kappa_i}$$

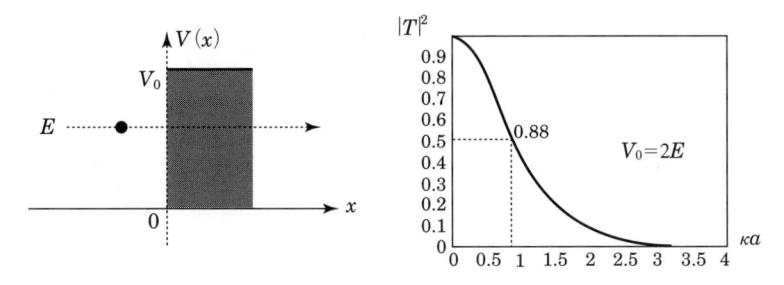

図 6.5 トンネル効果．

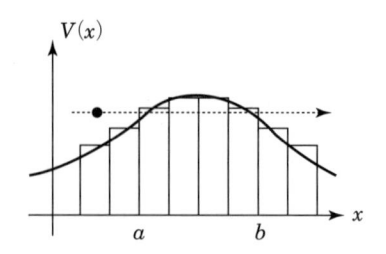

図 6.6 階段関数による近似.

$$\simeq e^{-2\int_a^b dx\sqrt{2m(V(x)-E)}/\hbar} \tag{6.22}$$

と書ける．比例因子は，k_i/κ_i があまり変化しなければ，ほぼ定数であり規格化因子と考えてよいが，より正しい評価は，後に別の観点から調べることにする．

最後に (6.22) の応用として，この章の冒頭に述べた α–崩壊の確率を評価しよう．この場合，(6.22) の x は α–粒子の動経座標 r に相当し，ポテンシャルは図 6.1 の $V(r) = \frac{2Z_1 e^2}{r}$ である．従って，$\frac{2Z_1 e^2}{E} = R_1$ に注意して

$$\begin{aligned}\ln|T|^2 &\simeq -\frac{2\sqrt{2mE}}{\hbar}\int_{R_0}^{R_1} dr\sqrt{\frac{R_1}{r}-1} \\ &= \frac{2\sqrt{4mZ_1 e^2 R_1}}{\hbar}\left\{\cos^{-1}\sqrt{\frac{R_0}{R_1}}-\sqrt{\frac{R_0}{R_1}-\left(\frac{R_0}{R_1}\right)^2}\right\}\end{aligned} \tag{6.23}$$

と評価される[*2]．とくに $\frac{R_0}{R_1} \ll 1$ なら，$\{\cdots\}$ の中で $\frac{R_0}{R_1}$ の 1 次まで残して，$E_0 = \frac{(\pi e)^2}{8R_0}$ とおくと，

$$\ln|T|^2 \simeq -\sqrt{\frac{me^4\pi^2}{\hbar^2 E_0}}\left(\frac{Z_1}{E/E_0}-Z^{3/2}\right) \tag{6.24}$$

の形が得られる．透過係数は 1 回の衝突における透過確率であるから，α–粒子は核内でポテンシャル壁に $|T|^{-2}$ 回衝突を繰り返せば，ほぼ確率 1 でポテンシャルを通過できる．核内の α–粒子が速度 v の自由粒子と見なせれば，衝突の時間間隔は $2R_0/v$ であるから，α–崩壊をする親核の寿命は $\tau \sim \frac{2R_0}{v}|T|^{-2}$（半

[*2] $\int_a^1 dx\sqrt{\frac{1}{x}-1} = \cos^{-1}\sqrt{a} - \sqrt{a-a^2}$, $(0 < a < 1)$.

減期は $(\ln 2)\tau$ と評価できる．この形に (6.24) を適用したものは，実験との良い一致を与えている．

6.4 調和振動子

調和振動子は，束縛状態が正確に解ける例題として，最も簡単で，しかも応用範囲の広い模型である．

力の中心が原点にある 1 次元調和振動子の場合，ポテンシャルの形は $V(x) = \frac{m\omega^2}{2}q^2$ であり，粒子の運動エネルギーがどのように大きくても，距離に比例する力 $F = -m\omega^2 q$ で原点に引き戻す，理想化された力学系を表現している．しかし現実的なポテンシャルの場合でも，安定点 $V'(q_0) = 0$ の付近では $V(q) \simeq V(q_0) + \frac{1}{2}(q-q_0)^2 V''(q_0)$ のように調和振動子型となり，その量子状態は調和振動子の状態で近似できる (図 6.7)．

また，一辺の長さが L の正方形の箱の中にある電磁場の問題で，(スカラーポテンシャルを 0 に選ぶゲージで) ベクトルポテンシャルをフーリエ級数

$$A(t,r) = \frac{1}{\sqrt{L^3}} \sum_k A_k(t) e^{i\boldsymbol{k}\cdot\boldsymbol{r}}, \ (\boldsymbol{k}\cdot\boldsymbol{A}_k = 0) \qquad (6.25)$$

に展開する．$\boldsymbol{k}$ は境界条件から決まる離散的な値が許される．この場合の電磁場の表式 $\boldsymbol{E} = -\frac{1}{c}\dot{\boldsymbol{A}}, \boldsymbol{B} = \nabla \times \boldsymbol{A}, (c:光速)$，基本振動 $e^{i\boldsymbol{k}\cdot\boldsymbol{r}}/\sqrt{L^3}$ の直交性，$\boldsymbol{B}^2 = -\boldsymbol{A}\cdot\triangle\boldsymbol{A} + (完全微分)$ 等を用いると，電磁場のラグランジアンが

$$L_{\text{em}} = \int dV \frac{1}{2}(\boldsymbol{E}^2 - \boldsymbol{B}^2)$$

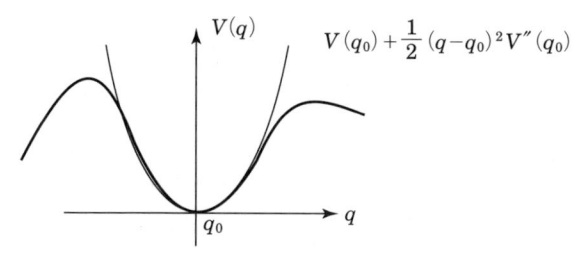

図 6.7 調和振動子のポテンシャル．

$$= \frac{1}{2} \sum_{k} \left(\frac{1}{c^2} \dot{A}_k \dot{A}_{-k} - k^2 A_k \cdot A_{-k} \right) \tag{6.26}$$

と書ける．(6.26) は，無限個数の調和振動子のラグランジアンに他ならず，この意味で理想的な調和振動子は，現実のものとなっている．以下では，1次元の調和振動子を中心にその量子状態を調べるが，一般に $|V(q)| \to \infty, (|q| \to \infty)$ であれば，エネルギー固有値に縮退はないことを注意しておく[*3)]．

さて，1次元調和振動子のハミルトニアン演算子は，

$$\hat{H} = \frac{1}{2m} \hat{p}^2 + \frac{m\omega^2}{2} \hat{q}^2 \tag{6.27}$$

である．任意の演算子 $\hat{A}, \hat{B}$ に対し，演算子の積の順序を考慮した因数分解 $\hat{A}^2 + \hat{B}^2 = \frac{1}{2}\{\hat{A}+i\hat{B}, \hat{A}-i\hat{B}\}$ ができることに注意すると，(6.27) はさらに

$$\begin{aligned}\hat{H} &= \frac{1}{2} \left\{ \sqrt{\frac{m\omega^2}{2}} \hat{q} - \frac{i}{\sqrt{2m}} \hat{p}, \sqrt{\frac{m\omega^2}{2}} \hat{q} + \frac{i}{\sqrt{2m}} \hat{p} \right\} \\ &= \frac{\hbar\omega}{2} \{\hat{a}^\dagger, \hat{a}\}\end{aligned} \tag{6.28}$$

と書ける．ただし，

$$\begin{aligned}\hat{a} &= \sqrt{\frac{m\omega}{2\hbar}} \hat{q} + \frac{i}{\sqrt{2m\hbar\omega}} \hat{p}, \\ \hat{a}^\dagger &= \sqrt{\frac{m\omega}{2\hbar}} \hat{q} - \frac{i}{\sqrt{2m\hbar\omega}} \hat{p}\end{aligned} \tag{6.29}$$

あるいは，

[*3)] 実際，異なる状態 $\phi_E(q), \psi_E(q)$ が同じ方程式 (6.1) を満たすなら，

$$(\phi_E \psi_E' - \psi_E \phi_E')' = \phi_E \psi_E'' - \psi_E \phi_E'' = 0.$$

よって $\phi_E \psi_E' - \psi_E \phi_E' = const.$ であるが，ポテンシャルの性質により $|\phi_E|, |\psi_E| \to 0, (|x| \to \infty)$ となり，実は $const. = 0$ である．従って，

$$(\ln \phi_E)' = \phi_E'/\phi_E = (\ln \psi_E)' = \psi_E'/\psi_E$$

を得て，これを積分して $\phi_E = const. \psi_E$ が導かれる．

6.4 調和振動子

$$\hat{q} = \sqrt{\frac{\hbar}{2m\omega}}(\hat{a}^\dagger + \hat{a}),$$
$$\hat{p} = i\sqrt{\frac{\hbar m\omega}{2}}(\hat{a}^\dagger - \hat{a})$$
(6.30)

である．ここで $\hat{q}, \hat{p}$ の正準交換関係から，$\hat{a}, \hat{a}^\dagger$ を特徴づける交換関係

$$[\hat{a}, \hat{a}^\dagger] = 1, \ [\hat{a}, \hat{a}] = [\hat{a}^\dagger, \hat{a}^\dagger] = 0 \tag{6.31}$$

が導かれる．そこで，$\hat{a}\hat{a}^\dagger = 1 + \hat{a}^\dagger\hat{a}$ に注意すれば，ハミルトニアン (6.28) は，さらに

$$\hat{H} = \hbar\omega\left(\hat{N} + \frac{1}{2}\right), \ (\hat{N} = \hat{a}^\dagger\hat{a}) \tag{6.32}$$

と書き換えられる．結局，$\hat{H}$ の固有値を求めることは，$\hat{N}$ の固有値を求めることに帰着する．

さて，交換関係の性質 (4.10) より，エルミート演算子 $\hat{N}$ が以下の代数的性質

$$[\hat{N}, \hat{a}^\dagger] = \hat{a}^\dagger, \ [\hat{N}, \hat{a}] = -\hat{a} \tag{6.33}$$

を満たすことは，容易に確かめられる．そこで，$\hat{N}$ の固有値 λ に属する固有状態を $|\lambda\rangle$ と書くと，

$$\hat{N}|\lambda\rangle = \lambda|\lambda\rangle, \tag{6.34}$$
$$\hat{N}\hat{a}|\lambda\rangle = (\hat{a}\hat{N} - \hat{a})|\lambda\rangle = (\lambda - 1)\hat{a}|\lambda\rangle, \tag{6.35}$$
$$\hat{N}\hat{a}^\dagger|\lambda\rangle = (\hat{a}^\dagger\hat{N} + \hat{a}^\dagger)|\lambda\rangle = (\lambda + 1)\hat{a}^\dagger|\lambda\rangle \tag{6.36}$$

が得られる．はじめに述べたように，この場合の固有値に縮退はないから，実は $\hat{a}|\lambda\rangle \propto |\lambda-1\rangle$，$\hat{a}^\dagger|\lambda\rangle \propto |\lambda+1\rangle$ である．結局 $\hat{a}, \hat{a}^\dagger$ は，$\hat{N}$ の固有値をそれぞれ -1 あるいは $+1$ だけずらす演算子で，それぞれ**消滅演算子**，**生成演算子**と呼ばれる．

ところで，ハミルトニアンは正定値のため，$\hat{N}$ の固有値には下限が存在する．この下限の固有状態を $|0\rangle$ とすれば，この状態は $\hat{a}$ により写像される先がないため，$\hat{a}|0\rangle = 0$ である．このとき，$|0\rangle$ は $\hat{N}$ の固有値 0 に属する固有状態とな

り，従ってまた (6.36) より，$\hat{a}^{\dagger n}|0\rangle$ は $\hat{N}$ の固有値 n に属する固有状態になる．これらの状態のノルムは，$\hat{a}\hat{a}^{\dagger} = \hat{N}+1$ に注意して，

$$\langle 0|\hat{a}^n \hat{a}^{\dagger n}|0\rangle = \langle 0|\hat{a}^{n-1}(\hat{N}+1)\hat{a}^{\dagger n-1}|0\rangle$$
$$= n\langle 0|\hat{a}^{n-1}\hat{a}^{\dagger n-1}|0\rangle$$
$$\vdots$$
$$= n!\langle 0|0\rangle. \tag{6.37}$$

そこで通常は，規格化された $\hat{N}$ の固有状態を，$n = 0, 1, 2, \cdots$ として以下のように表記する．

$$\boxed{\begin{aligned}|n\rangle &= \frac{1}{\sqrt{n!}}\hat{a}^{\dagger n}|0\rangle \\ \hat{a}|0\rangle &= 0, \ \langle 0|0\rangle = 1\end{aligned}} \Rightarrow \boxed{\begin{aligned}\hat{N}|n\rangle &= n|n\rangle \\ \langle n|m\rangle &= \delta_{nm}\end{aligned}} \tag{6.38}$$

最後の直交性は，エルミート演算子の異なる固有値に属する固有状態の，一般的性質である．こうして，(6.32), (6.38) より，調和振動子のエネルギー固有値が，

$$E_n = \hbar\omega\left(n + \frac{1}{2}\right), \ (n = 0, 1, 2, \cdots) \tag{6.39}$$

と求められた．

固有値がこれで尽きることを知るためには，$\{|n\rangle\}$ が完全系をなすこと，すなわち

$$1 = \sum_{n=0}^{\infty} |n\rangle\langle n| \tag{6.40}$$

を確かめればよい．このために，まず

$$\hat{a}|n\rangle = \sqrt{n}|n-1\rangle, \tag{6.41}$$
$$\hat{a}^{\dagger}|n\rangle = \sqrt{n+1}|n+1\rangle \tag{6.42}$$

に注意して，

$$\hat{a}\sum_{n=0}^{\infty} |n\rangle\langle n| = \sum_{n=1}^{\infty} \sqrt{n}|n-1\rangle\langle n|$$

6.4 調和振動子

$$= \sum_{m=0}^{\infty} |m\rangle\langle m+1|\sqrt{m+1}$$
$$= \sum_{m=0}^{\infty} |m\rangle\langle m|\hat{a}. \tag{6.43}$$

さらに，(6.40) はエルミート演算子であるから，上式のエルミート共役より，(6.43) の $\hat{a}$ を $\hat{a}^\dagger$ で置き換えた式も導かれる．結局，(6.40) の右辺の演算子は $\hat{a}, \hat{a}^\dagger$ の何れとも可換になり，従って $\hat{x}, \hat{p}$ の任意関数と可換になる．このような演算子は "1" に比例するが，$\sum_n |n\rangle\langle n|0\rangle = |0\rangle$ よりその比例係数は 1 になり，(6.40) が成立する．

以上の計算は，表示によらない演算子形式の有効性を示すものともなっている．必要とあれば，通常は q–表示で微分方程式を解いて導く状態の形を，(6.38) から直接

$$\phi_n(q) = \langle q|n\rangle = \sqrt[4]{\frac{m\omega}{\pi\hbar}} \frac{e^{-\frac{1}{2}\xi^2}}{\sqrt{2^n n!}} H_n(\xi), \tag{6.44}$$

ただし，

$$H_n(\xi) = (-1)^n e^{\xi^2} \left(\frac{d}{d\xi}\right)^n e^{-\xi^2}, \quad \left(\xi = \sqrt{\frac{m\omega}{\hbar}}q\right) \tag{6.45}$$

と求めることもできる（$H_n(\xi)$ は**エルミート多項式**と呼ばれる）．

状態 $\{|n\rangle\}$ は，調和振動子の問題を離れて任意の 1 次元の問題で**完全系**として利用することができ，x–表示や p–表示と同等に n–表示を考えることができる．歴史的に，ハイゼンベルクが論じた最初の量子力学の形式は，このような n–表示に類する力学変数の**行列力学**であった．

"表示" の観点から，消滅演算子 $\hat{a}$ の固有状態として定義される**コヒーレント (coherent) 状態**も，物理的に興味深い性格をもっている．

$$\begin{aligned} &\hat{a}|z\rangle = z|z\rangle \\ &|z\rangle = e^{z\hat{a}^\dagger}|0\rangle = \sum_{n=0}^{\infty} \frac{z^n}{\sqrt{n!}}|n\rangle, \\ &(|\tilde{z}\rangle = e^{-\frac{1}{2}|z|^2}|z\rangle \to \langle\tilde{z}|\tilde{z}\rangle = 1) \end{aligned} \tag{6.46}$$

定義により, $|\tilde{z}\rangle$ の期待値の意味で $\langle q \rangle = \sqrt{\frac{\hbar}{2m\omega}}(z^*+z)$, $\langle p \rangle = i\sqrt{\frac{\hbar m\omega}{2}}(z^*-z)$ となり, 固有値 z は

$$z = \sqrt{\frac{m\omega}{2\hbar}}\langle q \rangle + \frac{i}{\sqrt{2m\hbar\omega}}\langle p \rangle \tag{6.47}$$

の意味をもつ. 簡単な計算からまた,

$$\langle N \rangle = |z|^2, \ \Delta N = |z| = \langle N \rangle^{1/2} \tag{6.48}$$

である. とくに, $\langle N \rangle \gg \Delta N$ の成り立つ巨視的な系では $\langle N \rangle \simeq N$ から $z \simeq \sqrt{N}e^{i\theta}$, $\left(\theta = \tan^{-1}\left(\frac{\langle p \rangle}{m\omega\langle q \rangle}\right)\right)$ となり, このような系の状態は励起数と位相がほぼ同時に確定しているといえる.

状態 $\{|z\rangle\}$ はエルミート演算子の固有値状態ではないため, z の異なる状態であっても直交せず, $\langle z|z'\rangle = \langle 0|e^{z^*\hat{a}}|z'\rangle = e^{z^*z'}$ となる. にもかかわらず, 次の意味での完全性

$$1 = \int \frac{d^2z}{\pi} e^{-|z|^2}|z\rangle\langle z|, \ (d^2z = d(\mathrm{Re}z)d(\mathrm{Im}z)) \tag{6.49}$$

を確かめることができる. 従って, n–表示と同様に z–表示を考えることもできるが, 演算子 $\hat{a}$ と $\hat{N}$ は (6.33) の意味で可換ではなく, 両者はあたかも x–表示と p–表示に類似した性格をもっている[4)].

以上の議論を, 3次元の形式に拡張することは容易である. 3次元 (等方) 調和振動子のハミルトニアンは,

$$\begin{aligned}\hat{H} &= \frac{1}{2m}\hat{\boldsymbol{p}}^2 + \frac{m\omega}{2}\hat{\boldsymbol{r}}^2 = \sum_{i=1}^{3}\frac{\hbar\omega}{2}\{\hat{a}_i^\dagger, \hat{a}_i\} \\ &= \hbar\omega\left(\hat{N} + \frac{3}{2}\right), \ \left(\hat{N} = \sum_{i=1}^{3}\hat{a}_i^\dagger\hat{a}_i\right)\end{aligned} \tag{6.50}$$

である. ここで $\hat{a}_i, \hat{a}_i^\dagger, (i=1,2,3)$ は, ベクトル $\hat{\boldsymbol{r}} = (\hat{x}_i), \hat{\boldsymbol{p}} = (\hat{p}_i)$ の成分か

---

*4) 本来は, 粒子数と位相が正準共役対の性格をもつ. 実際, $\hat{N} = \hat{a}^\dagger\hat{a}$ を考慮して $\hat{a} = \sqrt{\hat{N}}e^{i\hat{\theta}}$ と置くと, (6.33) より $e^{i\phi\hat{N}}\hat{a}e^{-i\phi\hat{N}} = \hat{a}e^{-i\phi}$ となり, $\hat{\theta}$ はあたかも $[\hat{N},\hat{\theta}] = i$ を満たす演算子に見える. このような交換関係に従う演算子 $\hat{\theta}$ は, "時間演算子" と同じ意味で存在しない. また, $\hat{\theta}$ と $\hat{\theta}+2\pi$ が同一視されるため, 単独の演算子として $\hat{\theta}$ を取り出すこともできない.

6.4 調和振動子

表 6.2 エネルギー固有状態の (角運動量)² 固有値.

	$(\hat{\boldsymbol{a}}^{\dagger 2})^m\|0\rangle$	$[\hat{a}_{i_1}^\dagger \hat{a}_{i_2}^\dagger \cdots \hat{a}_{i_n}^\dagger]\|0\rangle$	$(\hat{\boldsymbol{a}}^{\dagger 2})^m[\hat{a}_{i_1}^\dagger \hat{a}_{i_2}^\dagger \cdots \hat{a}_{i_n}^\dagger]\|0\rangle$
$N=(\frac{E}{\hbar\omega}-\frac{3}{2})$	$2m$	n	$2m+n$
L^2	0	$\hbar^2 n(n+1)$	$\hbar^2 n(n+1)$

ら (6.29) に従って定義された, 3 次元ベクトルの消滅, 生成演算子の成分であり, 交換関係

$$[\hat{a}_i, \hat{a}_j^\dagger]=\delta_{ij},\ [\hat{a}_i,\hat{a}_j]=[\hat{a}_i^\dagger,\hat{a}_j^\dagger]=0 \tag{6.51}$$

で特徴づけられる. 演算子 $\hat{N}$ の固有状態は, 1 次元の場合と同様に $\boldsymbol{n}=(n_1,n_2,n_3)$ として

$$\hat{N}|\boldsymbol{n}\rangle=\left(\sum_{i=1}^{3}n_i\right)|\boldsymbol{n}\rangle, \tag{6.52}$$

$$|\boldsymbol{n}\rangle=\frac{\hat{a}_1^{\dagger n_1}}{\sqrt{n_1!}}\frac{\hat{a}_2^{\dagger n_2}}{\sqrt{n_2!}}\frac{\hat{a}_3^{\dagger n_3}}{\sqrt{n_3!}}|0\rangle, \tag{6.53}$$

ただし, $\hat{a}_i|0\rangle=0$, $\langle 0|0\rangle=1$ である. こうして, ハミルトニアン (6.50) の固有値は

$$E_{\boldsymbol{n}}=\hbar\omega\left(\sum_{i=1}^{3}n_i+\frac{3}{2}\right) \tag{6.54}$$

となる. この場合, $E_{1,1,0}=E_{2,0,0}$ などから, 明らかに, エネルギー固有値は縮退している. これは, ハミルトニアンが回転不変のため角運動量演算子

$$\hat{\boldsymbol{L}}=\hat{\boldsymbol{r}}\times\hat{\boldsymbol{p}}=-i\hbar\hat{\boldsymbol{a}}^\dagger\times\hat{\boldsymbol{a}} \tag{6.55}$$

と可換になり, 同じエネルギーの固有状態の中に角運動量の異なる固有値の状態が混在することによる.

まず, **基底状態** $|0\rangle$ は明らかに $\hat{L}|0\rangle=0$ を満たして回転対称になり, x-表示では $r=|\boldsymbol{r}|$ のみの関数となる. **励起状態**を角運動量の固有値で分類するために,

$$\hat{L}^2 = \hbar^2\left(\hat{N}(\hat{N}+1) - \hat{R}\right), \quad (\hat{R} = \hat{a}^{\dagger 2}\hat{a}^2) \tag{6.56}$$

に注意する．このとき，$N=1$ の励起状態 $\hat{a}_i^\dagger|0\rangle$ は，明らかに $\hat{R}\hat{a}_i^\dagger|0\rangle = 0$ を満たし，$L^2 = \hbar^2 1\cdot(1+1)$ の固有値に属する．次に $N=2$ の固有状態で，$\hat{a}_i^\dagger\hat{a}_j^\dagger|0\rangle, (i\neq j)$ は $\hat{R}$ の作用で 0 になり $L^2 = \hbar^2 2\cdot(2+1)$ の固有値に属するが，$\hat{a}^{\dagger 2}|0\rangle$ は $\hat{R}\hat{a}^{\dagger 2}|0\rangle = 6\hat{a}^{\dagger 2}|0\rangle$ を満たして，$L=0$ の固有値に属する．$\hat{a}^{\dagger 2}$ は $\hat{a}_i^\dagger\hat{a}_j^\dagger$ のトレース部分であるから，一般に $\hat{a}_i^\dagger\hat{a}_j^\dagger\cdots\hat{a}_k^\dagger|0\rangle$ から任意のベクトル成分 $ij\cdots k$ の対に関するトレースを除いた状態

$$[\hat{a}_i^\dagger\hat{a}_j^\dagger\cdots\hat{a}_k^\dagger]|0\rangle, \quad \left(\sum_{i=1}^{3}[\hat{a}_i^\dagger\hat{a}_i^\dagger\cdots\hat{a}_k^\dagger]|0\rangle = 0, \ etc.\right) \tag{6.57}$$

を定義すれば，(6.57) は $\hat{R}$ の作用で 0 となり，演算子の積の個数は角運動量の固有値とエネルギーの固有値を同時に定める．$\hat{a}^{\dagger 2}$ は角運動量演算子と可換のため，(6.57) にさらに $\hat{a}^{\dagger 2}$ を作用した結果は角運動量の固有値は変えないが，エネルギーの固有値は変化する (表 6.2)．

このように，エネルギーの固有状態を角運動量の大きさ等で分解することは，群論的には角運動量表現の**既約分解**と呼ばれる操作に対応する．

6.5 水素型原子

水素原子は，クーロン相互作用で束縛された陽子と電子の 2 体系で，これもまたシュレーディンガー方程式の正確に解ける力学系となっている．歴史的には，水素原子のエネルギー準位（バルマー項）を求めることが量子力学を建設する目標の一つでもあり，その正確な固有値問題は，行列力学の立場から**パウリ** (1925) が，また波動方程式の立場からシュレーディンガー (1926) が解いた．

さて，水素（型）原子のハミルトニアンは

$$\hat{H}_{\text{tot}} = \frac{1}{2m_p}\hat{\boldsymbol{p}}_p^2 + \frac{1}{2m_e}\hat{\boldsymbol{p}}_e^2 - \frac{Ze^2}{|\hat{\boldsymbol{r}}_e - \hat{\boldsymbol{r}}_p|} \tag{6.58}$$

と表せる．水素原子は $Z=1$ であるが，ヘリウム・イオン $\text{He}^+, (Z=2)$ のように原子番号が Z で電子が 1 個だけの原子も同じ力学系であるので，**水素型原子**としてまとめて考える．(6.58) で添字の e/p は，それらが電子/陽子に結び

6.5 水素型原子

付いた諸量であることを，また $\hat{H}_{\text{tot}}$ の添字は全系のハミルトニアンであることを表す．明らかに (6.58) は平行移動で不変であるため，系の重心運動量は保存量となり，$\hat{H}_{\text{tot}}$ に重心静止系で消える定数が含まれている．これを分離するために，$M = m_{\text{p}} + m_{\text{e}}$ として変数変換

重心変数
$$\hat{\boldsymbol{R}} = \frac{m_{\text{e}}\hat{\boldsymbol{r}}_{\text{e}} + m_{\text{p}}\hat{\boldsymbol{r}}_{\text{p}}}{M}$$
$$\hat{\boldsymbol{P}} = \hat{\boldsymbol{p}}_{\text{e}} + \hat{\boldsymbol{p}}_{\text{p}}$$

相対変数
$$\hat{\boldsymbol{r}} = \hat{\boldsymbol{r}}_{\text{e}} - \hat{\boldsymbol{r}}_{\text{p}}$$
$$\hat{\boldsymbol{p}} = \frac{m_{\text{p}}\hat{\boldsymbol{p}}_{\text{e}} - m_{\text{e}}\hat{\boldsymbol{p}}_{\text{p}}}{M}$$
(6.59)

を実行する．容易に確かめられるように，$(\hat{\boldsymbol{r}}, \hat{\boldsymbol{p}}), (\hat{\boldsymbol{R}}, \hat{\boldsymbol{P}})$ は正準交換関係を満たす独立な変数の組であり，この意味で上の変換は正準変換となっている．

これらの変数を用いると，(6.58) は

$$\hat{H}_{\text{tot}} = \frac{1}{2M}\hat{\boldsymbol{P}}^2 + \frac{1}{2\mu}\hat{\boldsymbol{p}}^2 - \frac{Ze^2}{|\hat{r}|}, \quad (6.60)$$
$$\left(\mu = \frac{m_{\text{e}}m_{\text{p}}}{m_{\text{e}} + m_{\text{p}}} \simeq m_{\text{e}}\right)$$

となる．右辺第 1 項と第 2,3 項は可換であり，$\hat{H}_{\text{tot}}$ の固有値 $E_{\text{tot}} = \frac{1}{2M}(\hbar\boldsymbol{K})^2 + E$ に属する固有状態は，変数分離形 $e^{i\boldsymbol{K}\cdot\boldsymbol{R}}\Phi_E(\boldsymbol{r})$ に書ける．ここで $\Phi_E(\boldsymbol{r})$ は，相対運動のハミルトニアン（右辺第 2,3 項）の固有値 E に属する固有状態で，実質的な水素型原子のエネルギー準位を決める．そこで，解くべき固有値方程式を，改めて

$$\hat{H} = \frac{1}{2\mu}\hat{\boldsymbol{p}}^2 - \frac{Ze^2}{r},$$
$$\hat{H}\Phi_E(\boldsymbol{r}) = E\Phi_E(\boldsymbol{r})$$
(6.61)

と書く．ハミルトニアン (6.61) は回転対称で，角運動量演算子 $\hat{\boldsymbol{L}} = \hat{\boldsymbol{r}} \times \hat{\boldsymbol{p}}$ と可換となるため，エネルギー固有値は縮退する．

さて，$\hat{\boldsymbol{L}}^2 = \hat{\boldsymbol{r}}^2\hat{\boldsymbol{p}}^2 - (\hat{\boldsymbol{r}}\cdot\hat{\boldsymbol{p}})^2 + i\hbar(\hat{\boldsymbol{r}}\cdot\hat{\boldsymbol{p}})$ に注意すると，(6.61) はさらに角運動量演算子を使って，次の形に書ける．

$$\hat{H} = \frac{1}{2\mu\hat{\boldsymbol{r}}^2}\left\{\hat{\boldsymbol{L}}^2 + (\hat{\boldsymbol{r}}\cdot\hat{\boldsymbol{p}})^2 - i\hbar(\hat{\boldsymbol{r}}\cdot\hat{\boldsymbol{p}})\right\} - \frac{Ze^2}{|\hat{r}|}. \quad (6.62)$$

以下，極座標 (r, θ, ϕ) による表示で考えると，$\hat{\boldsymbol{L}}^2$ がスケール変換 $\boldsymbol{r} \to a\boldsymbol{r}$ で不変のため，角度 (θ, ϕ) とその微分のみで表され，一方 $\hat{\boldsymbol{r}} \cdot \hat{\boldsymbol{p}} = -i\hbar r \frac{\partial}{\partial r}$ から，$\hat{H}$ の残りの部分は，r とその微分で表される．後に示すように，演算子 $\hat{\boldsymbol{L}}$ の固有値は，以下の関係により特徴づけられる．

$$\hat{\boldsymbol{L}}^2 Y_{lm}(\theta, \phi) = \hbar^2 l(l+1) Y_{lm}(\theta, \phi), \tag{6.63}$$

$$\hat{L}_3 Y_{lm}(\theta, \phi) = \hbar m Y_{lm}(\theta, \phi), \tag{6.64}$$

$$(l = 0, 1, 2, \cdots; m = -l, -l+1, \cdots, l-1, l).$$

従って，(6.62) の固有状態を $\Phi_E(r, \theta, \phi) = Y_{lm}(\theta, \phi) R_E(r)$ と変数分離すれば，$R_E(r)$ の満たすべき以下の方程式が導かれる．

$$-\frac{\hbar^2}{2\mu} \frac{1}{r^2} \frac{d}{dr}\left(r^2 \frac{dR_E}{dr}\right) + \left\{\frac{\hbar^2 l(l+1)}{2\mu r^2} - \frac{Ze^2}{r} - E\right\} R_E = 0 \tag{6.65}$$

求める解が，$E < 0$ の束縛状態であることを考慮して，無次元の変数

$$r = \sqrt{-(\hbar^2/8\mu E)}\, \rho, \tag{6.66}$$

$$n = \sqrt{-(\mu Z^2 e^4/2\hbar^2 E)} \tag{6.67}$$

を導入して $R_E(r) = R_{nl}(\rho)$ とおくと，(6.65) は

$$\left[\frac{1}{\rho^2} \frac{d}{d\rho}\left(\rho^2 \frac{d}{d\rho}\right) - \frac{l(l+1)}{\rho^2} + \frac{n}{\rho} - \frac{1}{4}\right] R_{nl}(\rho) = 0 \tag{6.68}$$

となる．簡単な計算から，(6.68) は $R_{nl}(\rho) \sim \rho^l, (\rho \sim 0)$ および $R_{nl}(\rho) \sim e^{-\rho/2}, (\rho \gg 1)$ の漸近解をもつことが確かめられる．そこで，さらに $R_{nl}(\rho) = \rho^l e^{-\rho/2} W(\rho)$ とおくと，最終的に $W(\rho)$ が方程式

$$\rho W'' + (2l + 2 - \rho) W' + (n - l - 1) W = 0 \tag{6.69}$$

を満たすことが要求される．(6.69) はラゲール (**Laguerre**) の陪微分方程式と呼ばれ[*5)]，その解は積分表示

[*5)] ラゲール微分方程式 $\rho L_a'' + (1-\rho)L_a' + aL_a = 0$ の解を $b(\le a)$ 回微分して $L_a^b = (L_a)^{(b)}$ とおくと，ラゲールの陪微分方程式 (6.69)

6.5 水素型原子

$$L_a^b(\rho) = \frac{1}{2\pi i} \int_C dz (-z)^b e^{-\rho z} \left\{ \frac{1}{\Gamma(a+1)} \frac{(1+z)^a}{z^{a+1}} \right\}, \quad (6.70)$$

$$(a = n+l, b = 2l+1 \leq a) \quad (6.71)$$

で表すことができる。

ところで，状態が規格化可能であるためには，$dV \propto d\rho \rho^2$ より $\rho^2 R_{nl}(\rho)^2$ が $0 < \rho < \infty$ で可積分でなくてはならない。そえゆえ $L_a^b(\rho)$ が多項式でなくてはならぬが，これは (6.70) で $a = $ "整数" の場合に実現される。これから，n は $2l+1 \leq n+l$ を満たす整数となり，結局 (6.67) とから，水素型原子の可能なエネルギー固有値が

$$E_n = -\frac{mZ^2 e^4}{2\hbar^2} \frac{1}{n^2},$$
$$(n \geq l+1 = 1, 2, \cdots) \quad (6.72)$$

と求まる。

最後の表式は n(主量子数) のみで表され，l(方位量子数)，m(磁気量子数) が現れない。従って，主量子数 n のエネルギー準位は，$l = 0, \cdots, n-1$ の方位量子数と，それぞれの方位量子数ごとに $m = -l, \cdots, l$ の磁気量子数の縮退があることになり，縮退の総数は $\sum_{k=a}^{b} k = \frac{1}{2}(b+a)(b-a+1)$ に注意して

$$\rho L_a^{b\prime\prime} + (b+1-\rho) L_a^{b\prime} + (a-b) L_a^b = 0$$

が導かれる．$L_a(\rho)$ 自身は，積分変換

$$L_a(\rho) = \frac{1}{2\pi i} \int_C dz\, e^{-\rho z} v(z)$$

を行って $z(z+1)v'(z) + (z+1+a)v(z) = 0$ を導き，これを解いて

$$v(z) = \Gamma(a+1)^{-1}(1+z)^a / z^{a+1}$$

を得る．とくに a が整数なら $z = 0$ は極になり，コーシーの積分公式から

$$L_a(\rho) = e^\rho \left(\frac{d}{d\rho}\right)^a \left(e^{-\rho}\rho^a\right), \quad L_a^b(\rho) = \left(\frac{d}{d\rho}\right)^b L_a(\rho)$$

と，多項式の解が得られる (文献 [29] 参照)．

$$\sum_{l=0}^{n-1}\sum_{m=-l}^{l} 1 = \sum_{l=0}^{n-1}(2l+1) = n^2 \tag{6.73}$$

と求まる.

6.6 角運動量の固有状態

　角運動量演算子の満たす交換関係 (5.21) は，それ自身で $\hat{\boldsymbol{L}}$ を定義する閉じた代数式であり，軌道角運動量 $\hat{\boldsymbol{r}} \times \hat{\boldsymbol{p}}$ は，この代数を満たす可能な形の一つにすぎない．角運動量演算子の固有値は，(5.21) の代数のみを用いて求めることができる.

　さて，$\hat{L}_i$ は i 軸の周りの回転の生成子であり，$\hat{\boldsymbol{L}}^2$ はベクトル (演算子) の内積で回転の下で不変であるから，両者は可換である．これから，通常は $\hat{\boldsymbol{L}}^2$ と $\hat{L}_3$ に共通の固有状態を考え，

$$\hat{\boldsymbol{L}}^2|a,b\rangle = \hbar^2 a|a,b\rangle, \tag{6.74}$$

$$\hat{L}_3|a,b\rangle = \hbar b|a,b\rangle \tag{6.75}$$

と設定する．a,b の可能な値を知るために，演算子 $\hat{L}_\pm = \hat{L}_1 \pm i\hat{L}_2$ を導入すると，(5.21) から交換関係

$$[\hat{L}_3, \hat{L}_\pm] = \pm\hbar\hat{L}_\pm, \tag{6.76}$$

$$[\hat{L}_+, \hat{L}_-] = 2\hbar\hat{L}_3 \tag{6.77}$$

が確かめられる．このとき，(6.75), (6.76) より，

$$\begin{aligned}\hat{L}_3(\hat{L}_\pm|a,b\rangle) &= (\hat{L}_\pm\hat{L}_3 \pm \hbar\hat{L}_\pm)|a,b\rangle \\ &= \hbar(b \pm 1)\hat{L}_\pm|a,b\rangle\end{aligned} \tag{6.78}$$

となり，実は $\hat{L}_\pm|a,b\rangle \propto |a,b\pm 1\rangle$ となる．ただし，$\hbar^2(a-b^2) = \langle a,b|\hat{L}_1^2 + \hat{L}_2^2|a,b\rangle \geq 0$ であるから，b の値には最大値 l と最小値 s が存在し，$\hat{L}_-|a,s\rangle = \hat{L}_+|a,l\rangle = 0$ を満たす．そこで，角運動量2乗の演算子が

$$\hat{\boldsymbol{L}}^2 = \frac{1}{2}\{\hat{L}_+, \hat{L}_-\} + \hat{L}_3^2 \tag{6.79}$$

6.6 角運動量の固有状態

$$= \hat{L}_-\hat{L}_+ + \hbar\hat{L}_3 + \hat{L}_3^2 \tag{6.80}$$

$$= \hat{L}_+\hat{L}_- - \hbar\hat{L}_3 + \hat{L}_3^2 \tag{6.81}$$

と表せることに注意し，(6.80) に $|a,l\rangle$ を，また (6.81) に $|a,s\rangle$ を作用させると $a = l^2 + l = s^2 - s$ が得られ，最小値が $s = -l$ と求まる．さらに，$|a,s\rangle$ に $\hat{L}_+$ を何回か作用させると $|a,l\rangle$ になるので，$2l =$ "整数" である．そこで，改めて $|a,b\rangle = |l,b\rangle$ と書くことにすれば，角運動量演算子の可能な固有値と固有状態の関係が以下の形にまとめられる．

$$\begin{aligned}
&\hat{L}^2|l,m\rangle = \hbar^2 l(l+1)|l,m\rangle, \\
&\hat{L}_3|l,m\rangle = \hbar m|l,m\rangle, \\
&\left\{\begin{array}{l} l = 0, \frac{1}{2}, 1, \frac{3}{2}, 2, \cdots \\ m = -l, -l+1, \cdots, l \end{array}\right\}
\end{aligned} \tag{6.82}$$

状態は，$\hat{L}_i$ がエルミート演算子であるから固有値が異なれば直交し，$\langle l,m|l',m'\rangle = \delta_{ll'}\delta_{mm'}$ と規格化される．このとき，$\langle\phi|\hat{L}_\mp\hat{L}_\pm|\phi\rangle = \|\hat{L}_\pm|\phi\rangle\|^2$ に注意して，$|l,m\rangle$ による (6.80) あるいは (6.81) の期待値を計算すると，直ちに

$$\hat{L}_\pm|l,m\rangle = \hbar\sqrt{l(l+1) - m(m\pm 1)}|l,m\pm 1\rangle \tag{6.83}$$

が得られる．これからまた，$|l,l\rangle$ に $\hat{L}_-$ を $l-m$ 回乗じて，

$$|l,m\rangle = \frac{1}{\sqrt{(2l)!(l-m)!/(l+m)!}}\left(\frac{1}{\hbar}\hat{L}_-\right)^{l-m}|l,l\rangle \tag{6.84}$$

を導くこともできる．

角運動量の2乗の固有値は，l が大きくなれば $(\hbar l)^2$ に一致し，対応原理の意味で l を量子論的な角運動量の大きさ（$\hbar$ 単位）と考えるのが適切である．与えられた l に対し，角運動量の第3成分の固有値は $-l \sim l$ までの $2l+1$ 個の値をとり，全体として $2l+1$ 次元の状態ベクトルの空間を作る．従って，自明ではない最小の角運動量の表現空間は $l = 1/2$ の2次元空間で，その基底は (6.82), (6.83) により

$$\hat{L}_3 \left|\frac{1}{2}, \pm\frac{1}{2}\right\rangle = \pm\frac{\hbar}{2}\left|\frac{1}{2}, \pm\frac{1}{2}\right\rangle, \tag{6.85}$$

$$\hat{L}_\pm \left|\frac{1}{2}, \mp\frac{1}{2}\right\rangle = \hbar\left|\frac{1}{2}, \pm\frac{1}{2}\right\rangle, \quad \left(\hat{L}_\mp \left|\frac{1}{2}, \pm\frac{1}{2}\right\rangle = 0\right) \tag{6.86}$$

で特徴づけられる．そこで基底を $|\frac{1}{2}, \frac{1}{2}\rangle = \begin{pmatrix}1\\0\end{pmatrix}, |\frac{1}{2}, -\frac{1}{2}\rangle = \begin{pmatrix}0\\1\end{pmatrix}$ と選び，2×2 行列としての $\hat{L}_i$ を改めて S_i と書けば，

$$S_3 = \frac{\hbar}{2}\begin{pmatrix}1 & 0\\ 0 & -1\end{pmatrix}, S_+ = \hbar\begin{pmatrix}0 & 1\\ 0 & 0\end{pmatrix}, S_- = \hbar\begin{pmatrix}0 & 0\\ 1 & 0\end{pmatrix} \tag{6.87}$$

の形を得る．あるいは，$S_\pm = S_1 \pm iS_2$ とおいて $S_i = \frac{\hbar}{2}\sigma_i, (i=1,2,3)$ を定義すれば，σ_i（**パウリ行列**）の形が

$$\sigma_1 = \begin{pmatrix}0 & 1\\ 1 & 0\end{pmatrix}, \sigma_2 = \begin{pmatrix}0 & -i\\ i & 0\end{pmatrix}, \sigma_3 = \begin{pmatrix}1 & 0\\ 0 & -1\end{pmatrix} \tag{6.88}$$

と求められる．S_i は電子などの**スピン**（**固有角運動量**）を表す目的で，パウリにより導入された行列であり，(6.88) の具体的な形を使って，容易に交換関係 $[S_i, S_j] = i\hbar\sum_k \epsilon_{ijk}S_k$ を確かめることができる．

軌道角運動量演算子 $\hat{\boldsymbol{L}} = -i\hbar\boldsymbol{r}\times\nabla$ の固有値状態も，基本的に上の方法で求めることができる．まず，極座標（図 2.4 参照）で

$$\boldsymbol{r} = r\boldsymbol{e}_r, \quad \nabla = \boldsymbol{e}_r\frac{\partial}{\partial r} + \boldsymbol{e}_\theta\frac{1}{r}\frac{\partial}{\partial \theta} + \boldsymbol{e}_\phi\frac{1}{r\sin\theta}\frac{\partial}{\partial \phi}$$

であることに注意すると，

$$\hat{\boldsymbol{L}} = -i\hbar\left(\boldsymbol{e}_\phi\frac{\partial}{\partial\theta} - \boldsymbol{e}_\theta\frac{1}{\sin\theta}\frac{\partial}{\partial\phi}\right). \tag{6.89}$$

ここで，$\boldsymbol{e}_\theta, \boldsymbol{e}_\phi$ と $\boldsymbol{e}_1, \boldsymbol{e}_2, \boldsymbol{e}_3$ の内積（方向余弦）は，図 2.4 から

	$\boldsymbol{e}_1$	$\boldsymbol{e}_2$	$\boldsymbol{e}_3$
$\boldsymbol{e}_\theta$	$\cos\theta\cos\phi$	$\cos\theta\sin\phi$	$-\sin\theta$
$\boldsymbol{e}_\phi$	$-\sin\phi$	$\cos\phi$	0

(6.90)

である．これから，$\hat{L}_i = \boldsymbol{e}_i\cdot\hat{\boldsymbol{L}}$ の極座標表示が

6.6 角運動量の固有状態

$$\hat{L}_1 = -i\hbar\left(-\sin\phi\frac{\partial}{\partial\theta} - \cot\theta\cos\phi\frac{\partial}{\partial\phi}\right), \tag{6.91}$$

$$\hat{L}_2 = -i\hbar\left(\cos\phi\frac{\partial}{\partial\theta} - \cot\theta\sin\phi\frac{\partial}{\partial\phi}\right), \tag{6.92}$$

$$\hat{L}_3 = -i\hbar\frac{\partial}{\partial\phi}, \tag{6.93}$$

と求められる．これからまた，

$$\hat{L}_\pm = \hbar e^{\pm i\phi}\left(\pm\frac{\partial}{\partial\theta} + i\cot\theta\frac{\partial}{\partial\phi}\right) \tag{6.94}$$

が得られる．

さて，極座標表示の固有状態を $\langle\theta,\phi|l,m\rangle = Y_{lm}(\theta,\phi)$ とおくと，(6.93) および $\hat{L}_3 Y_{lm}(\theta,\phi) = \hbar m Y_{lm}(\theta,\phi)$ から明らかに $Y_{lm}(\theta,\phi) \propto e^{im\phi}$ である．そこで通常は，

$$Y_{lm}(\theta,\phi) = \frac{1}{\sqrt{2\pi}}e^{im\phi}\Theta_{lm}(\theta) \tag{6.95}$$

とおき，$\Theta_{ll}(\theta)$ を $\hat{L}_+ Y_{ll}(\theta,\phi) = 0$ から決める．簡単な計算から，

$$\Theta_{ll}(\theta) = N_l\sin^l\theta, (N_l\text{は規格化因子}) \tag{6.96}$$

となり，一般の $Y_{lm}(\theta,\phi)$ は $Y_{ll}(\theta,\phi)$ に (6.84) を適用して求まる[*6)]．

この場合，(6.95) と空間の一価性 $Y_{lm}(\theta,\phi) = Y_{lm}(\theta,\phi+2\pi)$ とから，$m=$ "整数"になることは重要である．このため，$l = m_{\max}$ 自身が整数となり，軌道角運動量の固有値と固有状態の関係が，水素型原子模型で用いた (6.63), (6.64) に帰着する．

最後に，任意の大きさの角運動量の状態を，スピン 1/2 ($\hbar$単位) 状態から構成する方法を述べておく．通常の (6.87) の基底では，$|\uparrow\rangle = \begin{pmatrix}1\\0\end{pmatrix}, |\downarrow\rangle = \begin{pmatrix}0\\1\end{pmatrix}$ はそれぞれスピン up あるいは down の状態を表し，一般的な状態は

$$|\phi\rangle = |\uparrow\rangle\phi_1 + |\downarrow\rangle\phi_2 = \begin{pmatrix}\phi_1\\\phi_2\end{pmatrix} \tag{6.97}$$

[*6)] 例えば，文献 [9] を参照．ここには，(6.82) をルジャンドル方程式に帰着させて $\Theta_{lm}(\theta)$ を求める方法も，紹介されている．

と書くことができる．$\langle\phi|\phi\rangle = 1$ と規格化すれば，例えば $|\phi_1|^2$ は，状態 $|\phi\rangle$ の下で粒子のスピンが up である確率を表す．(6.97) のような 2 成分量は，**スピノール**と呼ばれる．

さて，2 成分の生成消滅演算子 $[\hat{a}_\alpha, \hat{a}_\beta^\dagger] = \delta_{\alpha\beta}, (\alpha, \beta = 1, 2)$ を導入し，$|\uparrow\rangle \leftrightarrow \hat{a}_1^\dagger |0\rangle, |\downarrow\rangle \leftrightarrow \hat{a}_2^\dagger |0\rangle$ と対応させることを考える (シュウィンガー，1952)．ただし，$\hat{a}_\alpha |0\rangle = 0, \langle 0|0\rangle = 1$ である．このような対応は実際可能で，まず

$$\hat{S}_i = \frac{\hbar}{2} \sum_{\alpha,\beta=1}^{2} \hat{a}_\alpha^\dagger (\sigma_i)_{\alpha\beta} \hat{a}_\beta \tag{6.98}$$

と定義すると，$\hat{S}_i$ は角運動量の交換関係

$$[\hat{S}_i, \hat{S}_j] = \left(\frac{\hbar}{2}\right)^2 \sum_{\alpha,\beta=1}^{2} \hat{a}_\alpha^\dagger [\sigma_i, \sigma_j]_{\alpha,\beta} \hat{a}_\beta = i\hbar \sum_{k=1}^{3} \epsilon_{ijk} \hat{S}_k \tag{6.99}$$

を満たす．また簡単な計算から

$$\hat{S}_i \hat{a}_\alpha^\dagger |0\rangle = \sum_{\beta=1}^{2} \hat{a}_\beta^\dagger |0\rangle \left(\frac{\hbar}{2} \sigma_i\right)_{\beta\alpha} \tag{6.100}$$

を得て，$\hat{S}_i$ の $\hat{a}_\alpha^\dagger |0\rangle$ の作用は，行列 $S_i = \frac{\hbar}{2}\sigma_i$ の $|\uparrow\rangle, |\downarrow\rangle$ への作用と同型になる．こうして $\hat{a}_\alpha^\dagger |0\rangle$ はスピン 1/2 ($\hbar$単位) の状態を表す．

このような (スピノール) 演算子を用いる利点は，励起状態が自動的に角運動量の**規約表現**になることである．調和振動子の場合と同様に，規格化された励起状態の形は明らかに

$$|j, m\rangle = \frac{(\hat{a}_1^\dagger)^{j+m} (\hat{a}_2^\dagger)^{j-m}}{\sqrt{(j+m)!(j-m)!}} |0\rangle \tag{6.101}$$

$$= \underbrace{\boxed{1}\boxed{1}\cdots\boxed{1}}_{j+m} \underbrace{\boxed{2}\cdots\boxed{2}}_{j-m} \tag{6.102}$$

である．ここで，箱の記号は $\boxed{i} \leftrightarrow \hat{a}_i^\dagger$ の対応を表し，それらが横一列に並んでいることは，状態が箱の並び換えに対して対称であることを表現している．(6.98) によれば，$\hat{S}_3 = \frac{\hbar}{2}(\hat{N}_1 - \hat{N}_2), (\hat{N}_i = \hat{a}_i^\dagger \hat{a}_i)$ であり，$\hat{N}_i$ は $\hat{a}_i^\dagger$ の個数を固有値にする演算子であるから，

6.6 角運動量の固有状態

$$\hat{S}_3|j,m\rangle = \hbar m|j,m\rangle \tag{6.103}$$

となる. 箱の総数 $2j$ を一定にして, m を変えると, 上の状態は $\boxed{1}\,\boxed{1}\cdots\boxed{1}$ から $\boxed{2}\,\boxed{2}\cdots\boxed{2}$ までの $2j+1$ 個の独立な基底となり, すべての箱が $+\frac{\hbar}{2}$ の固有値をもつ $\boxed{1}$ になるとき $\max(m) = j$ となる. 従って, (6.101) は, 角運動量の大きさが j の状態を表す.

こうして, 角運動量の大きさが $j > 1/2$ の一般の状態は高階のスピノールとなり,

$$\begin{aligned}|\phi, j\rangle &= \sum_{\alpha_1, \cdots, \alpha_{2j}} (\text{規格化因子}) \hat{a}^\dagger_{\alpha_1} \cdots \hat{a}^\dagger_{\alpha_{2j}} |0\rangle \phi_{\alpha_1 \cdots \alpha_{2j}} \\ &= \sum_{m=-j}^{j} |j,m\rangle \phi_{\underbrace{1\cdots 1}_{j+m}\underbrace{2\cdots 2}_{j-m}}\end{aligned} \tag{6.104}$$

と, 添字に関して完全対称な $\phi_{\alpha\cdots\beta}$ で展開される.

上の方法は, 角運動量表現の合成にも応用できる. いま, 角運動量 j_1 の状態 $\{|j_1, m_1\rangle\}$ が演算子 $\{\hat{a}^{(1)\dagger}_\alpha\}$ により生成され, j_2 の状態 $\{|j_2, m_2\rangle\}$ が演算子 $\{\hat{a}^{(2)\dagger}_\alpha\}$ から作られているとする. 二つの状態の直積は, 再び $\hat{a}^{(1)\dagger}_\alpha \cdots \hat{a}^{(2)\dagger}_\beta |0\rangle$ の形になるが, 今度は反対称な組み合わせ $\hat{a}^\dagger_{12} = \hat{\boldsymbol{a}}^{(1)\dagger}(i\sigma_2)\hat{\boldsymbol{a}}^{(2)\dagger} = \hat{a}^{(1)\dagger}_1 \hat{a}^{(2)\dagger}_2 - \hat{a}^{(1)\dagger}_2 \hat{a}^{(2)\dagger}_1 \neq 0$ が作れるため, スピノールの添字はすべて対称とはならない. ただし, 合成角運動量演算子が $\hat{\boldsymbol{S}} = \hat{\boldsymbol{S}}^{(1)} + \hat{\boldsymbol{S}}^{(2)}$ であることに注意して,

$$[\hat{\boldsymbol{S}}, \hat{a}^\dagger_{12}] = \frac{\hbar}{2} \hat{\boldsymbol{a}}^{(1)\dagger}[\boldsymbol{\sigma}(i\sigma_2) + (i\sigma_2)\boldsymbol{\sigma}^T]\hat{\boldsymbol{a}}^{(2)\dagger} = 0 \tag{6.105}$$

となり, 反対称成分は角運動量には寄与しない**スカラー成分**を生成するのみである. 結局, 全励起数が N の直積状態は

$$|N, J, M\rangle \propto (\hat{a}^\dagger_{12})^{\frac{N}{2}-J} (\hat{a}^{(\cdot)\dagger}_1)^{J+M} (\hat{a}^{(\cdot)\dagger}_2)^{J-M} |0\rangle \tag{6.106}$$

$$= \overbrace{\underbrace{\boxed{1}\,\boxed{1}\,\boxed{1}\,\boxed{1}\,\boxed{1}}_{\frac{N}{2}+M}\,\boxed{2}\,\boxed{2}\,\boxed{2}\,\boxed{2}}^{\frac{N}{2}+J}$$
$$\underbrace{\boxed{2}\,\boxed{2}\,\boxed{2}}_{\frac{N}{2}-J}$$

の構造をもつ．ここで $\hat{a}_i^{(\cdot)\dagger}$ は，$\hat{a}_i^{(1)\dagger}$ または $\hat{a}_i^{(2)\dagger}$ である．(6.106) で，縦に並べた箱は，スピノール添字が反対称化されていることを表し，角運動量には寄与しない．また，同じ添字は反対称化できないから，$\frac{N}{2} - J \leq \frac{N}{2} + M \leq \frac{N}{2} + J$ の不等式があり，従って $-J \leq M \leq J$ である．こうして，直積によって作られた角運動量の大きさは，一段目の反対称化されずに残っている箱の数 ($= 2J$) で決まる．$j_1 \geq j_2$ として，直積で作られる反対称化のパターン[*7] を書き出すと，

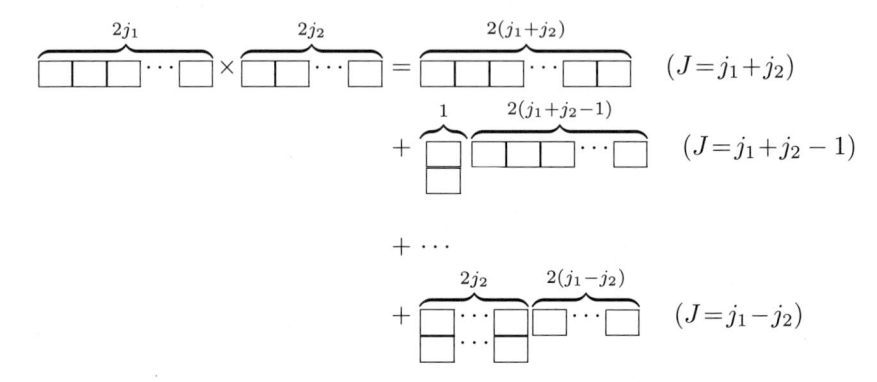

$$
\begin{aligned}
&\underbrace{\square\square\square\cdots\square}_{2j_1} \times \underbrace{\square\square\cdots\square}_{2j_2} = \underbrace{\square\square\square\cdots\square}_{2(j_1+j_2)} \quad (J = j_1 + j_2) \\
&\qquad + \underbrace{\square}_{1}\underbrace{\square\square\cdots\square}_{2(j_1+j_2-1)} \quad (J = j_1 + j_2 - 1) \\
&\qquad + \cdots \\
&\qquad + \underbrace{\square\cdots\square}_{2j_2}\underbrace{\square\cdots\square}_{2(j_1-j_2)} \quad (J = j_1 - j_2)
\end{aligned}
$$

と分類され，角運動量 j_1, j_2 から作られる合成角運動量の大きさは $J = j_1 + j_2, j_1 + j_2 - 1, \cdots, |j_1 - j_2|$ の範囲になる．

最も簡単な二つのスピン 1/2 状態の直積は，$\square \times \square = \square\square + \begin{array}{c}\square\\\square\end{array}$ と分解され，角運動量 1 の状態と，0 の状態の和となる．スピノール成分を直接分解する形で書けば，

$$\phi_\alpha \psi_\beta = \underbrace{\frac{1}{2}(\phi_\alpha \psi_\beta + \phi_\beta \psi_\alpha)}_{3 \text{ 成分 (ベクトル)}} + \underbrace{\frac{1}{2}(\phi_\alpha \psi_\beta - \phi_\beta \psi_\alpha)}_{1 \text{ 成分 (スカラー)}} \qquad (6.107)$$

の意味である．

[*7] この図形による角運動量の分類方法は，群の表現論でヤング (Young) 図として知られている方法の，特別な場合である．

演習問題

6.1 6.2節例2の，δ-関数型ポテンシャルによる束縛状態の問題を，p-表示で解け．

解 定常状態のシュレーディンガー方程式

$$\left[-\frac{\hbar^2}{2m}\frac{\partial^2}{\partial x^2} - \lambda\delta(x)\right]\phi_E(x) = E\phi_E(x),\ (E<0)$$

において，p-表示へのフーリエ変換

$$\tilde{\phi}_E(p) = \frac{1}{\sqrt{2\pi\hbar}}\int_{-\infty}^{\infty} dx e^{-ipx/\hbar}\phi_E(x)$$

を実行する．

$$\frac{1}{\sqrt{2\pi\hbar}}\int_{-\infty}^{\infty} dx e^{-ipx/\hbar}\left(-\frac{\hbar^2}{2m}\frac{\partial^2}{\partial x^2}\right)\phi_E(x) = \frac{p^2}{2m}\tilde{\phi}_E(p),$$

$$\frac{1}{\sqrt{2\pi\hbar}}\int_{-\infty}^{\infty} dx e^{-ipx/\hbar}\delta(x)\phi_E(x) = \frac{1}{\sqrt{2\pi\hbar}}\phi_E(0)$$

に注意すると，

$$\frac{p^2}{2m}\tilde{\phi}_E(p) - \frac{\lambda}{\sqrt{2\pi\hbar}}\phi_E(0) = E\tilde{\phi}_E(p)$$

より

$$\tilde{\phi}_E(p) = \frac{2m\lambda\phi_E(0)}{\sqrt{2\pi\hbar}}\frac{1}{p^2+(\hbar\kappa)^2},\ \left(\kappa = \frac{\sqrt{-2mE}}{\hbar}\right)$$

を得る．

これから，フーリエ逆変換により $\phi_E(x)$ が

$$\phi_E(x) = \frac{1}{\sqrt{2\pi\hbar}}\int_{-\infty}^{\infty} dp e^{ipx/\hbar}\tilde{\phi}_E(p) = \frac{m\lambda\phi_E(0)}{\hbar^2\kappa}\left\{\theta(x)e^{-\kappa x} + \theta(-x)e^{\kappa x}\right\}$$

と求まる．とくに，両辺で $x\to 0$ とおくと $m\lambda/(\hbar^2\kappa)=1$，すなわち接続の条件から求めた結果に一致するエネルギー固有値 $E = -m\lambda^2/(2\hbar^2)$ が得られる．

6.2 周期的ポテンシャル $V(x) = \sum_{n=-\infty}^{\infty} V_0\delta(x-na)$ は，1次元結晶の中にある電子の模型としてクローニ–ペニー (Kronig–Penney, 1931) により調べられた．領域 $R_n = (na, (n+1)a)$ の状態を $\phi_E^{(n)}(x)$ と書くとき，1周期ずれた位置の状態は位相を除いて一致すること $\phi_E^{(n+1)}(x) = e^{i\theta}\phi_E^{(n)}(x-a)$ に注意して，系のエネルギー固有値を決める関係を導け．

解 $x\ne na, (n=0,\pm 1,\pm 2,\cdots)$ では $V=0$ であるから，各領域 R_n におけるエネルギー $E = \frac{\hbar^2 k^2}{2m}$ の粒子の状態は

$$\phi_E^{(n)}(x) = A_n \sin k(x - na) + B_n \cos k(x - na), \quad (0 < x - na < a)$$

と書ける．この状態に $x = (n+1)a$ で接続の条件 (6.2) を適用すると，

$$\phi_E^{(n+1)}((n+1)a) = \phi_E^{(n)}((n+1)a)$$

より

$$B_{n+1} = A_n \sin ka + B_n \cos ka,$$
$$\phi_E^{(n+1)'}((n+1)a) - \phi_E^{(n)'}((n+1)a) = \frac{2mV_0}{\hbar} \phi_E^{(n+1)}((n+1)a)$$

より

$$kA_{n+1} - k(A_n \cos ka - B_n \sin ka) = 2KB_{n+1}, \quad \left(2K = \frac{2mV_0}{\hbar^2}\right)$$

が得られる．ここで周期性の条件 $\begin{pmatrix} A_{n+1} \\ B_{n+1} \end{pmatrix} = e^{i\theta} \begin{pmatrix} A_n \\ B_n \end{pmatrix}$ を用いると，上の関係式はさらに

$$\begin{pmatrix} \sin ka & \cos ka \\ -k\cos ka & k\sin ka \end{pmatrix} \begin{pmatrix} A_n \\ B_n \end{pmatrix} = \begin{pmatrix} 0 & 1 \\ -k & 2K \end{pmatrix} \begin{pmatrix} A_{n+1} \\ B_{n+1} \end{pmatrix}$$
$$= \begin{pmatrix} 0 & e^{i\theta} \\ -ke^{i\theta} & 2Ke^{i\theta} \end{pmatrix} \begin{pmatrix} A_n \\ B_n \end{pmatrix}$$

あるいは，

$$\begin{pmatrix} \sin ka & \cos ka - e^{i\theta} \\ -k\cos ka + ke^{i\theta} & k\sin ka - 2Ke^{i\theta} \end{pmatrix} \begin{pmatrix} A_n \\ B_n \end{pmatrix} = 0$$

と表せる．

よって，(A_n, B_n) が自明でない解をもつためには，この行列の行列式が 0 でなくてはならず，

$$\begin{aligned}
0 &= \begin{vmatrix} \sin ka & \cos ka - e^{i\theta} \\ -k\cos ka + ke^{i\theta} & k\sin ka - 2Ke^{i\theta} \end{vmatrix} \\
&= ke^{2i\theta} - 2(K\sin ka + k\cos ka)e^{i\theta} + k \\
&= e^{i\theta}\{2k\cos\theta - 2(K\sin ka + k\cos ka)\}.
\end{aligned}$$

こうして，エネルギー E あるいは $k = \sqrt{2mE}/\hbar$ は，関係式

演習問題   **117**

$$\cos\theta = \cos ka + \frac{Ka}{ka}\sin ka$$

により，決定されることになる．ここで，左辺が $|\cos\theta| \leq 1$ であるから，右辺の ka の許される領域が分割され，エネルギーにバンド構造が現れる．(とくに，境界条件 $\phi_E^{(N)} = \phi_E^{(0)}$ がある場合には，$\theta = \frac{2\pi}{N}$ となる．)

6.3 1次元調和振動子において，ハイゼンベルク形式の位置演算子 $\hat{q}(t)$ に対する $|n\rangle$ 表示の行列を求めよ．

解 (4.33), (6.33), および $\hat{H}t/\hbar = \omega\hat{N}t + \omega t/2$ に注意して，

$$\hat{a}(t) = e^{i\omega\hat{N}t}\hat{a}e^{-i\omega\hat{N}t} = \hat{a} - i\omega t\hat{a} + \frac{1}{2!}(-i\omega t)^2\hat{a} + \cdots = \hat{a}e^{-i\omega t}.$$

同様に，$\hat{a}^\dagger(t) = \hat{a}^\dagger e^{i\omega t}$ を得て，

$$\hat{q}(t) = \sqrt{\frac{\hbar}{2m\omega}}\left(\hat{a}^\dagger e^{i\omega t} + \hat{a}e^{-i\omega t}\right).$$

この演算子の $|n\rangle$ 表示の行列要素は，(6.41), (6.42) から

$$\langle n|\hat{q}(t)|n'\rangle = \sqrt{\frac{\hbar}{2m\omega}}\left(\sqrt{n'+1}\delta_{n,n'+1}e^{i\omega t} + \sqrt{n'}\delta_{n,n'-1}e^{-i\omega t}\right).$$

あるいは，行列の形に書けば

$$[\hat{q}(t)] = \sqrt{\frac{\hbar}{2m\omega}}\begin{bmatrix} 0 & 0 & 0 & 0 & \cdots \\ \sqrt{1} & 0 & 0 & 0 & \cdots \\ 0 & \sqrt{2} & 0 & 0 & \cdots \\ 0 & 0 & \sqrt{3} & 0 & \cdots \\ \vdots & \vdots & \vdots & \vdots & \end{bmatrix}e^{i\omega t}$$

$$+\sqrt{\frac{\hbar}{2m\omega}}\begin{bmatrix} 0 & \sqrt{1} & 0 & 0 & \cdots \\ 0 & 0 & \sqrt{2} & 0 & \cdots \\ 0 & 0 & 0 & \sqrt{3} & \cdots \\ 0 & 0 & 0 & 0 & \cdots \\ \vdots & \vdots & \vdots & \vdots & \end{bmatrix}e^{-i\omega t}$$

である．行列要素は，$\langle n|\hat{q}(t)|n'\rangle = \langle n'|\hat{q}|n\rangle e^{-i(E_{n'}-E_n)t/\hbar}$ とも表せる．

6.4 コヒーレント状態 $|z\rangle = e^{z\hat{a}^\dagger}|0\rangle$ の完全性を確かめよ．

解 $z = x+iy$, $d^2z = dxdy$ とおき，内積を伴わない記号の並べ方の約束 $\hat{A}|\psi\rangle\langle\phi|\hat{B} =$

$\langle \phi'|\hat{B}'\hat{A}|\psi\rangle$ に従うと，

$$\int \frac{d^2z}{\pi} e^{-|z|^2} |z\rangle\langle z|$$
$$= \frac{1}{\pi} \int_{-\infty}^{\infty} dx \int_{-\infty}^{\infty} dy\, e^{-x^2-y^2} \langle 0'|e^{(\hat{a}'+\hat{a}^\dagger)x + i(\hat{a}'-\hat{a}^\dagger)y}|0\rangle$$
$$= \frac{1}{\pi} \langle 0'| \left(\sqrt{\pi} e^{\frac{1}{4}(\hat{a}'+\hat{a}^\dagger)^2}\right) \left(\sqrt{\pi} e^{-\frac{1}{4}(\hat{a}'-\hat{a}^\dagger)^2}\right) |0\rangle$$
$$= \langle 0'|e^{a'a^\dagger}|0\rangle = \sum_{n=0}^{\infty} \frac{1}{n!} \hat{a}^{\dagger n}|0\rangle\langle 0|\hat{a}^n = \sum_{n=0}^{\infty} |n\rangle\langle n| = 1$$

となって，完全性が示された．

6.5 1次元調和振動子の基底 $\phi_n(q) = \langle q|n\rangle$ がエルミート多項式で表されること，すなわち (6.44) を確かめよ．

解 まず基底状態の形が，

$$\langle q|\hat{a}|0\rangle = \left(\sqrt{\frac{m\omega}{2\hbar}}q - \sqrt{\frac{\hbar}{2m\omega}}\frac{d}{dq}\right)\phi_0(q) = \frac{1}{\sqrt{2}}\left(\xi + \frac{d}{d\xi}\right)\phi_0(\xi) = 0$$

を解いて，$\phi_0(\xi) = \phi_0(q = \sqrt{\frac{\hbar}{m\omega}}\xi) = Ne^{-\frac{\xi^2}{2}}$ と決まる．規格化因子は，

$$\int_{-\infty}^{\infty} dq|\phi_0(q)|^2 = N^2 \sqrt{\frac{\hbar}{m\omega}} \int_{-\infty}^{\infty} d\xi\, e^{-\xi^2} = N^2 \sqrt{\frac{\pi\hbar}{m\omega}} = 1$$

から，$N = \sqrt[4]{\frac{m\omega}{\pi\hbar}}$ と定まる．さらに，$\left(\xi - \frac{d}{d\xi}\right)e^{\frac{\xi^2}{2}} = e^{\frac{\xi^2}{2}}\left(-\frac{d}{d\xi}\right)$ に注意すると，求める形が

$$\frac{1}{\sqrt{n!}} \langle q|\hat{a}^{\dagger n}|0\rangle = \frac{1}{\sqrt{n!}} \left\{\frac{1}{\sqrt{2}}\left(\xi - \frac{d}{d\xi}\right)\right\}^n \sqrt[4]{\frac{m\omega}{\pi\hbar}} e^{-\frac{\xi^2}{2}}$$
$$= \sqrt[4]{\frac{m\omega}{\pi\hbar}} \frac{1}{\sqrt{2^n n!}} e^{\frac{\xi^2}{2}} \left(-\frac{d}{d\xi}\right)^n e^{-\xi^2} = \sqrt[4]{\frac{m\omega}{\pi\hbar}} \frac{e^{-\frac{\xi^2}{2}}}{\sqrt{2^n n!}} H_n(\xi)$$

と得られる．

6.6 コヒーレント状態の下で，N, q, p の分散を計算せよ．

解 $\hat{a}\hat{a}^\dagger = \hat{a}^\dagger\hat{a} + 1$ に注意して

$$\langle N^2\rangle = \langle \tilde{z}|\hat{a}^\dagger\hat{a}\hat{a}^\dagger\hat{a}|\tilde{z}\rangle = |z|^2 \langle \tilde{z}|\hat{a}^\dagger\hat{a} + 1|\tilde{z}\rangle = |z|^2(|z|^2 + 1)$$

より

演習問題

$$(\Delta N)^2 = \langle N^2 \rangle - \langle N \rangle^2 = |z|^2 = \langle N \rangle.$$

$$\langle q \rangle^2 = \frac{\hbar}{2m\omega} \langle \tilde{z} | \hat{a}^{\dagger 2} + \hat{a}^\dagger \hat{a} + \hat{a} \hat{a}^\dagger + \hat{a}^2 | \tilde{z} \rangle = \frac{\hbar}{2m\omega} \left\{ (z^* + z)^2 + 1 \right\}$$

より

$$(\Delta q)^2 = \langle q^2 \rangle - \langle q \rangle^2 = \frac{\hbar}{2m\omega}.$$

$$\langle p \rangle^2 = -\frac{\hbar m\omega}{2} \langle \tilde{z} | \hat{a}^{\dagger 2} - \hat{a}^\dagger \hat{a} - \hat{a}\hat{a}^\dagger + \hat{a}^2 | \tilde{z} \rangle = -\frac{\hbar m\omega}{2} \left\{ (z^* - z)^2 - 1 \right\}$$

より

$$(\Delta p)^2 = \langle p^2 \rangle - \langle p \rangle^2 = \frac{\hbar m\omega}{2}.$$

注 $\Delta q, \Delta p$ の形から $\Delta q \Delta p = \frac{\hbar}{2}$ を得て，コヒーレント状態は不確定性関係の不等式を最小にする状態であることがわかる．

6.7 軌道角運動量の交換関係 $[\hat{L}_i, \hat{L}_j] = i\hbar \sum_k \epsilon_{ijk} \hat{L}_k$ を，成分を用いた直接の計算で確かめよ．

解
$$[\hat{L}_1, \hat{L}_2] = [\hat{x}_2 \hat{p}_3 - \hat{x}_3 \hat{p}_2, \hat{x}_3 \hat{p}_1 - \hat{x}_1 \hat{p}_3] = [\hat{x}_2 \hat{p}_3, \hat{x}_3 \hat{p}_1] + [\hat{x}_3 \hat{p}_2, \hat{x}_1 \hat{p}_3]$$
$$= i\hbar(-\hat{x}_2 \hat{p}_1 + \hat{x}_1 \hat{p}_2) = i\hbar \hat{L}_3.$$

他の成分についても同様である．

6.8 $\hat{\boldsymbol{L}}^2$ と $\hat{L}_i$ が可換になることを，直接の計算で確かめよ．

解 ϵ_{ijk} が完全反対称であること，および $S_{ij} = S_{ji}, A_{ij} = -A_{ji}$ なら，$\sum_{ij} S_{ij} A_{ij} = -\sum_{ij} S_{ji} A_{ji} = 0$ となることに注意して，

$$[\hat{L}_i, \hat{\boldsymbol{L}}^2] = \sum_j ([\hat{L}_i, \hat{L}_j] \hat{L}_j + \hat{L}_j [\hat{L}_i, \hat{L}_j]) = i\hbar \sum_{j,k} \epsilon_{ijk}(\hat{L}_k \hat{L}_j + \hat{L}_j \hat{L}_k) = 0.$$

6.9 (6.90) の表を，直接の計算で確かめよ．

解 直交座標と極座標の関係：
$(x_1, x_2, x_3) = (r \sin\theta \cos\phi, r \sin\theta \sin\phi, r \cos\theta)$,
$\nabla = \boldsymbol{e}_r \frac{\partial}{\partial r} + \boldsymbol{e}_\theta \frac{1}{r} \frac{\partial}{\partial \theta} + \boldsymbol{e}_\phi \frac{1}{r \sin\theta} \frac{\partial}{\partial \phi}$,
$\boldsymbol{e}_i = \nabla x_i, (i = 1, 2, 3)$

などから，例えば

$$\boldsymbol{e}_\theta \cdot \boldsymbol{e}_1 = \boldsymbol{e}_\theta \cdot \nabla x_1 = \frac{1}{r} \frac{\partial}{\partial \theta}(r \sin\theta \cos\phi) = \cos\theta \cos\phi,$$

$$\boldsymbol{e}_\phi \cdot \boldsymbol{e}_1 = \boldsymbol{e}_\phi \cdot \nabla x_1 = \frac{1}{r \sin\theta} \frac{\partial}{\partial \phi}(r \sin\theta \cos\phi) = -\sin\phi$$

のように求まる．他の方向余弦についても，同様である．

6.10 角運動量 j_1 の状態 $|j_1, m_1\rangle$ と j_2 の状態 $|j_2, m_2\rangle$ の合成で作られる，角運動

量 J の状態 $|J, M\rangle, (-J \leq M \leq J)$ を

$$|J, M\rangle = \sum_{m_1, m_2} C^{JM}_{m_1, m_2} |j_1, m_1\rangle |j_2, m_2\rangle$$

と書く．このとき，両辺の独立な状態数の比較から，合成角運動量の大きさが $J = j_1 + j_2, \cdots, |j_1 - j_2|$ に限られることを確かめよ．

解 角運動量演算子の合成は，ベクトルの合成 $\boldsymbol{J} = \boldsymbol{L}^{(1)} + \boldsymbol{L}^{(2)}$ で表される．この第 3 成分を上の状態の辺々に作用させることにより，条件 $M = m_1 + m_2$ が導かれる．そこで，合成角運動量が $J_a \leq J \leq J_b$ の範囲に得られるものとすれば，$J_b = max(M) = j_1 + j_2$ となる．このとき，合成系 $\{|J, M\rangle\}$ の可能な状態数は

$$\sum_{J_a}^{J_b} (2J+1) = 2 \times \frac{1}{2}(J_b + J_a)(J_b - J_a + 1) + (J_b - J_a + 1)$$
$$= \{(j_1 + j_2) + J_a\}\{(j_1 + j_2) - J_a + 1\} + \{(j_1 + j_2) - J_a + 1\}$$
$$= (j_1 + j_2)^2 + 2(j_1 + j_2) - J_a^2 + 1.$$

一方，角運動量 j_1, j_2 の系の全状態数は

$$(2j_1 + 1)(2j_2 + 1) = 4j_1 j_2 + 2(j_1 + j_2) + 1$$
$$= (j_1 + j_2)^2 - (j_1 - j_2)^2 + 2(j_1 + j_2) + 1.$$

従って，両者が一致することから $J_a = |j_1 - j_2|$ と決まる．

6.11 パウリ行列の性質：$(\boldsymbol{a} \cdot \boldsymbol{\sigma})(\boldsymbol{b} \cdot \boldsymbol{\sigma}) = \boldsymbol{a} \cdot \boldsymbol{b} + i\boldsymbol{\sigma} \cdot (\boldsymbol{a} \times \boldsymbol{b})$ を確かめよ．

解 $\{\sigma_i, \sigma_j\} = 2\delta_{ij}, [\sigma_i, \sigma_j] = 2i \sum_k \epsilon_{ijk} \sigma_k$ に注意して，

$$(\boldsymbol{a} \cdot \boldsymbol{\sigma})(\boldsymbol{b} \cdot \boldsymbol{\sigma}) = \sum_{i,j} a_i b_j \sigma_i \sigma_j = \sum_{i,j} a_i b_j \left(\frac{1}{2}\{\sigma_i, \sigma_j\} + \frac{1}{2}[\sigma_i, \sigma_j]\right)$$
$$= \sum_{i,j} a_i b_j \left(\delta_{ij} + i \sum_k \epsilon_{ijk} \sigma_k\right) = \boldsymbol{a} \cdot \boldsymbol{b} + i\boldsymbol{\sigma} \cdot (\boldsymbol{a} \times \boldsymbol{b}).$$

注 $\boldsymbol{n}$ が単位ベクトルなら，$(\boldsymbol{n} \cdot \boldsymbol{\sigma})^2 = 1$ である．

6.12 スピン 1/2 状態 $|\uparrow\rangle = \hat{a}_1^\dagger |0\rangle$ を，単位ベクトル $\boldsymbol{n} = \boldsymbol{e}_3, \boldsymbol{e}_2$ の周りに角度 θ だけ回転した座標系で観測し，スピンの第 3 成分が $S_3 = \frac{\hbar}{2}$ に見いだされる確率を求めよ．

解 スピノール演算子 $\hat{a}_\alpha^\dagger$ は，上の回転で

$$\hat{a}_\alpha^\dagger(\theta \boldsymbol{n}) = e^{\frac{i}{\hbar}\theta \boldsymbol{n} \cdot \hat{\boldsymbol{S}}} \hat{a}_\alpha^\dagger e^{-\frac{i}{\hbar}\theta \boldsymbol{n} \cdot \hat{\boldsymbol{S}}}$$
$$= \hat{a}_\alpha^\dagger + \frac{i\theta}{\hbar}[(\boldsymbol{n} \cdot \hat{\boldsymbol{S}}), \hat{a}_\alpha^\dagger] + \frac{1}{2!}\left(\frac{i\theta}{\hbar}\right)^2 [(\boldsymbol{n} \cdot \hat{\boldsymbol{S}}), [(\boldsymbol{n} \cdot \hat{\boldsymbol{S}}), \hat{a}_\alpha^\dagger]] + \cdots$$

$$= \hat{a}^\dagger \cdot \left[1 + \frac{i\theta}{2}(\boldsymbol{n} \cdot \boldsymbol{\sigma}) + \frac{1}{2!}\left(\frac{i\theta}{2}\right)^2 (\boldsymbol{n} \cdot \boldsymbol{\sigma})^2 + \cdots \right]_\alpha$$

$$= \hat{a}^\dagger \cdot \left[1\cos\left(\frac{\theta}{2}\right) + i(\boldsymbol{n} \cdot \boldsymbol{\sigma})\sin\left(\frac{\theta}{2}\right) \right]_\alpha$$

$$= \hat{a}^\dagger \cdot \begin{bmatrix} \cos\left(\frac{\theta}{2}\right) + in_3\sin\left(\frac{\theta}{2}\right) & i(n_1 - in_2)\sin\left(\frac{\theta}{2}\right) \\ i(n_1 + in_2)\sin\left(\frac{\theta}{2}\right) & \cos\left(\frac{\theta}{2}\right) - in_3\sin\left(\frac{\theta}{2}\right) \end{bmatrix}_\alpha.$$

ここで, $\hat{a}^\dagger = (\hat{a}_1^\dagger, \hat{a}_2^\dagger)$ である. 従って, 回転系でスピン up の状態は,

$$\hat{a}_1^\dagger(\theta\boldsymbol{n})|0\rangle = |\uparrow\rangle \left\{ \cos\left(\frac{\theta}{2}\right) + in_3\sin\left(\frac{\theta}{2}\right) \right\}$$
$$+ |\downarrow\rangle i(n_1 + in_2)\sin\left(\frac{\theta}{2}\right)$$
$$= \begin{cases} |\uparrow\rangle e^{i\frac{\theta}{2}} & (\boldsymbol{n} = \boldsymbol{e}_3) \\ |\uparrow\rangle\cos\left(\frac{\theta}{2}\right) - |\downarrow\rangle\sin\left(\frac{\theta}{2}\right) & (\boldsymbol{n} = \boldsymbol{e}_2). \end{cases}$$

これから, 求める確率 $|\langle\uparrow|\hat{a}_1^\dagger(\theta\boldsymbol{n})|0\rangle|^2$ は, $\boldsymbol{n} = \boldsymbol{e}_3$ なら 1, また $\boldsymbol{n} = \boldsymbol{e}_2$ なら $\cos^2\left(\frac{\theta}{2}\right)$ となる.

6.13 (6.84) を確めよ.

解 $|l, m\rangle = \frac{1}{N_m}\left(\frac{1}{\hbar}L_-\right)^{l-m}|l, l\rangle$ とおくと,

$$\frac{1}{\hbar}L_-|l, m\rangle = \frac{N_{m-1}}{N_m}|l, m-1\rangle = \sqrt{l(l+1) - m(m-1)}|l, m-1\rangle.$$

従って,

$$\frac{N_m}{N_{m+1}} = \sqrt{l(l+1) - m(m+1)m} = \sqrt{(l+m+1)}\sqrt{(l-m)}$$

から, $N_l = 1$ を考慮して

$$N_m = \frac{N_m}{N_{m+1}} \frac{N_{m+1}}{N_{m+2}} \cdots \frac{N_{l-1}}{N_l}$$
$$= \sqrt{(l+m+1)(l+m+2)\cdots(2l)}\sqrt{(l-m)(l-m-1)\cdots 1}$$
$$= \sqrt{\frac{(2l)!}{(l+m)!}}\sqrt{(l-m)!}.$$

第 7 章
基本的諸問題II — 荷電粒子〜粒子統計

前章の定常状態の基本的諸問題 I で取り上げた問題と関連して，物理的に興味深い，いくつかの補足すべき話題がある．本章では，荷電粒子とゲージ場の相互作用，電子のスピンと統計性，超対称性の 3 つの観点から，基本的な説明を補足する．

7.1 荷電粒子のシュレーディンガー方程式

第 2 章の問題 2.6 で調べたように，スカラーポテンシャル $\phi(\boldsymbol{r})$ およびベクトルポテンシャル $\boldsymbol{A}(\boldsymbol{r})$ で表される外部電磁場の中にある電荷 q の荷電粒子のハミルトニアンは $H = \frac{1}{2m}(\boldsymbol{p} - q\boldsymbol{A})^2 + q\phi(\boldsymbol{r})$ であった．従って，通常のポテンシャル $V(\boldsymbol{r})$ の他に外部電磁場と相互作用を行う荷電粒子のシュレーディンガー方程式の可能な形は

$$i\hbar\frac{\partial}{\partial t}\psi = \left\{\frac{1}{2m}\left(\hat{\boldsymbol{p}} - \frac{q}{c}\boldsymbol{A}\right)^2 + q\phi + V\right\}\psi \tag{7.1}$$

である．(7.1) のハミルトニアンは，電磁場の（第 2 種の）ゲージ変換の下での不変性を反映したラグランジアンから導かれたが，シュレーディンガー方程式の構造からも新しい観点を付け加えることができる．

いま，外部電磁場がなく $\phi = 0, \boldsymbol{A} = 0$ なら，(7.1) は通常のポテンシャル $V(\boldsymbol{r})$

7.1 荷電粒子のシュレーディンガー方程式

の下での粒子のシュレーディンガー方程式に帰着し，C を定数として $\psi(t,\boldsymbol{r})$ と $C\psi(t,\boldsymbol{r})$ は同等な解を表す．その際，$|\psi|^2$ と $|C\psi|^2$ が同じ観測量に結び付くことから，$C = e^{i\theta}$ の形となる．すなわち，状態 ψ は定数の位相の任意性があり，シュレーディンガー方程式はその位相変換の下で不変となっている．しかし，時空の各点ごとに異なる位相 $\theta(t,\boldsymbol{r})$ の変換が行われた場合には，

$$i\hbar\partial_t(e^{i\theta}\psi) = e^{i\theta}(i\hbar\partial_t - \hbar\dot{\theta})\psi,$$
$$\hat{\boldsymbol{p}}(e^{i\theta}\psi) = e^{i\theta}(\hat{\boldsymbol{p}} + \hbar\nabla\theta)\psi$$

であるから，明らかにシュレーディンガー方程式の形は変化する．

一方，$\phi \neq 0, \boldsymbol{A} \neq 0$ の場合，シュレーディンガー方程式で状態の位相変換

$$\psi \to e^{i\theta}\psi \tag{7.2}$$

を行い，$e^{i\theta}$ を微分演算子の一番左に移して除けば

$$\left(i\hbar\frac{\partial}{\partial t} - \hbar\dot{\theta}\right)\psi = \left\{\frac{1}{2m}\left(\hat{\boldsymbol{p}} + \hbar\nabla\theta - \frac{q}{c}\boldsymbol{A}\right)^2 + q\phi + V\right\}\psi$$

となる．従って，(7.2) と同時に $\phi, \boldsymbol{A}$ の変換

$$\phi \to \phi - \frac{\hbar}{q}\dot{\theta}, \quad \boldsymbol{A} \to \boldsymbol{A} + \frac{\hbar c}{q}\nabla\theta \tag{7.3}$$

を実行することにより，その形は (7.1) に戻る．結局，各時空点ごとの位相変換の下でシュレーディンガー方程式を不変にするには，微分演算子 ∂_t, ∇ を第 2 種のゲージ変換 (7.3) を受けるスカラー場とベクトル場を使って

$$D_t = \frac{\partial}{\partial t} + i\frac{q}{\hbar}\phi, \tag{7.4}$$

$$\boldsymbol{D} = \nabla - i\frac{q}{\hbar c}\boldsymbol{A} \tag{7.5}$$

の共変微分の形にしなくてはならず，**ゲージ場** $\phi, \boldsymbol{A}$ の導入を必要とする[*1)]．ψ

[*1)] 状態 (簡単のため $t = const.$ とする) の微分は，極めて近い 2 点間での状態の "差" に比例し $\psi(\boldsymbol{r}+d\boldsymbol{r}) - \psi(\boldsymbol{r}) = d\boldsymbol{r}\cdot\nabla\psi(\boldsymbol{r})$ と書けるが，位置が異なれば状態の位相変換が異なることから，シュレーディンガー方程式は位相変換の下での不変性を保てなかった．一方，$\psi_\parallel(\boldsymbol{r}+d\boldsymbol{r}) = \psi(\boldsymbol{r}+d\boldsymbol{r}) - i\frac{q}{\hbar c}d\boldsymbol{r}\cdot\boldsymbol{A}(\boldsymbol{r})\psi(\boldsymbol{r})$ とおくとき，$\psi_\parallel(\boldsymbol{r}+d\boldsymbol{r}) - \psi(\boldsymbol{r}) = d\boldsymbol{r}\cdot\boldsymbol{D}\psi(\boldsymbol{r})$ は $\psi(\boldsymbol{r})$ と同じ位相変換を受ける "差" となった．この意味で，$\psi_\parallel(\boldsymbol{r}+d\boldsymbol{r})$ は同じ位相変換を受ける近接点への状態の平行移動であり，ゲージ場は幾何学の**接続**の場に対応する．

の位相変換 (**第 1 種のゲージ変換**) は，複素平面の単位円周上の点を他の単位円周上の点に移す変換で，その全体は $U(1)$ と呼ばれる変換群を作る．言い換えれば，電磁場はシュレーディンガー方程式の $U(1)$ **対称性**に関連した，ゲージ場ということになる．

1954 年にヤン–ミルズ (Yang–Mills) は，中性子と陽子を同一粒子の異なる荷電状態と考える**アイソスピン**の考え方を念頭に置いた上で，2 成分の状態ベクトル $\boldsymbol{\psi} = \begin{pmatrix} \psi_\mathrm{n} \\ \psi_\mathrm{p} \end{pmatrix}$ の一般化された位相変換に結び付いたゲージ場を導入した．2 成分の状態の内積 $\boldsymbol{\psi}^\dagger \boldsymbol{\psi}$ を不変に保つ変換 $\boldsymbol{\psi} \to U\boldsymbol{\psi}$ は，パウリ行列と同じ成分をもつ 2×2 行列 τ_1, τ_2, τ_3 を用いて $U = e^{i \sum_{i=1}^{3} \tau_i \theta_i}$ と書ける．そこで，U を局所的な変換にした場合，$\nabla \boldsymbol{\psi}$ を共変的な微分にするためには 3 種類のゲージ場 $\boldsymbol{A}^{(i)}, (i = 1, 2, 3)$ を導入し

$$\boldsymbol{D}\boldsymbol{\psi} = \left\{ \nabla - i\frac{q}{\hbar c} \hat{\boldsymbol{A}} \right\} \boldsymbol{\psi}, \quad \left(\hat{\boldsymbol{A}} = \sum_{i=1}^{3} \boldsymbol{A}^{(i)} \tau_i \right) \tag{7.6}$$

と定義すればよい．このとき，変換

$$\boldsymbol{\psi} \to U\boldsymbol{\psi}, \tag{7.7}$$

$$\hat{\boldsymbol{A}} \to U\hat{\boldsymbol{A}}U^\dagger - i\frac{\hbar c}{q}(\nabla U)U^\dagger \tag{7.8}$$

の下で，$\boldsymbol{D}\boldsymbol{\psi} \to U\boldsymbol{D}\boldsymbol{\psi}$ と変換されることは，容易に確かめられる．この場合の行列 U は，$SU(2)$ と呼ばれる連続群に属し，その生成子は非可換な代数 $[\tau_i, \tau_j] = 2i \sum_k \epsilon_{ijk} \tau_k$ に従う．ヤン–ミルズにより導入されたゲージ場は，この意味で $SU(2)$ **非可換ゲージ場**と呼ばれる．

このような状態ベクトルの位相変換と，これと結び付いて微分演算子を共変微分にするためのゲージ場を考えることは，現在の素粒子物理において，素粒子間の力の構造を探る上での基本的な方法論の一つとなっている．

7.2　アハラノフ–ボーム効果

古典電気力学では，荷電粒子の運動方程式には，電場や磁束密度のようなゲージ変換の下で不変な物理量のみが現れ，この意味で，ポテンシャル場は直接の

7.2 アハラノフ–ボーム効果

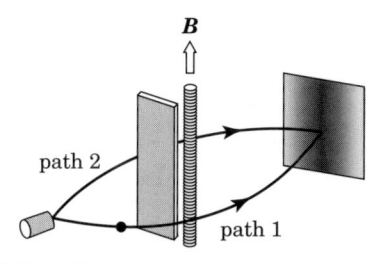

図 7.1 無限に長いソレノイドの磁場と電子の相互作用.

観測量とは考えられていなかった．一方，量子力学では，荷電粒子のシュレーディンガー方程式を書き下す上でゲージ場のポテンシャル $(\phi, \boldsymbol{A})$ は本質的な役割を果たしているが，電場 $\boldsymbol{E}(= -\nabla\phi - \frac{1}{c}\dot{\boldsymbol{A}})$ や磁束密度 $\boldsymbol{B}(= \nabla \times \boldsymbol{A})$ は，表には現れていなかった．このことは，ゲージ場のポテンシャルが $\boldsymbol{E}, \boldsymbol{B}$ よりも基本的な，直接の観測にかかわる物理量であることを示唆している．この点を明らかにする理論は，1949 年にエーレンブルグ–シデー (Ehrenburg–Siday) により見いだされたが，10 年後により詳細な検討を加えた形でアハラノフ–ボーム (Aharonov–Bohm) により再発見され，現在ではアハラノフ–ボーム効果 (AB-効果) として知られている．

いま，電子が十分密に巻かれた極めて細いソレノイドの外側を回って，path 1 および path 2 の経路でスクリーンに達する場合を想定する (図 7.1)．対応するシュレーディンガー方程式は，(7.1) で $V = 0$, $\phi = 0$, $q = -e$ とおいて，

$$i\hbar\frac{\partial}{\partial t}\psi = \frac{1}{2m}\left(\hat{\boldsymbol{p}} + \frac{e}{c}\boldsymbol{A}\right)^2 \psi \tag{7.9}$$

である．このとき，$-i\hbar\dot{\psi}^* = \frac{1}{2m}(\hat{\boldsymbol{p}} - \frac{e}{c}\boldsymbol{A})^2\psi^*$ に注意して，

$$\frac{\partial}{\partial t}\psi^*\psi = -\nabla\frac{\hbar}{2mi}(\psi^*\nabla\psi - \psi\nabla\psi^*)$$
$$- \frac{e}{mc}\left\{(\nabla \cdot \boldsymbol{A})|\psi|^2 + \boldsymbol{A} \cdot (\psi^*\nabla\psi + \psi\nabla\psi^*)\right\}. \tag{7.10}$$

従って，$\frac{\partial}{\partial t}|\psi|^2 + \nabla \cdot \boldsymbol{J} = 0$ を満たす確率の流れの密度は，

$$\boldsymbol{J} = \frac{\hbar}{2mi}(\psi^*\nabla\psi - \psi\nabla\psi^*) + \frac{e}{mc}\boldsymbol{A}|\psi|^2 \tag{7.11}$$

となる．エネルギー E の定常状態では，$\psi(t, \boldsymbol{r}) = e^{-iEt/\hbar}\psi_E(\boldsymbol{r})$ として，$\psi_E, \boldsymbol{J}$

はそれぞれ

$$E\psi_E(\boldsymbol{r}) = -\frac{\hbar^2}{2m}\left(\nabla + i\frac{e}{\hbar c}\boldsymbol{A}\right)^2 \psi_E(\boldsymbol{r}), \tag{7.12}$$

$$\nabla \cdot \boldsymbol{J} = 0 \tag{7.13}$$

を満たす．

さて，ソレノイドは十分に長く，電子が運動する領域に磁場はない ($\nabla\times\boldsymbol{A}=0$) とすれば，その領域で $\boldsymbol{A}(\boldsymbol{r}) = \nabla\chi(\boldsymbol{r})$, ($\chi(\boldsymbol{r}) = \int^{\boldsymbol{r}} d\boldsymbol{r}' \cdot \boldsymbol{A}(\boldsymbol{r}')$) と表せる．そこで，$\psi_E(\boldsymbol{r}) = e^{-i\frac{e}{\hbar c}\chi(\boldsymbol{r})}\tilde{\psi}_E(\boldsymbol{r})$ と位相変換を行えば，$\tilde{\psi}_E(\boldsymbol{r})$ は自由粒子のシュレーディンガー方程式

$$E\tilde{\psi}_E(\boldsymbol{r}) = -\frac{\hbar^2}{2m}\nabla^2 \tilde{\psi}_E(\boldsymbol{r}) \tag{7.14}$$

を満たし，$\boldsymbol{J}$ も (7.11) で $\boldsymbol{A}=0, \psi_E \to \tilde{\psi}_E$ とおいた，自由粒子の確率の流れの密度に帰着する．

この方程式の，図 7.1 の経路 1, 2 に沿った解を $\tilde{\psi}_E^{(1)}, \tilde{\psi}_E^{(2)}$ とし，位相変換を行う前の電子の状態 $\psi_E^{(1)}(\boldsymbol{r}), \psi_E^{(2)}(\boldsymbol{r})$ に戻せば，

$$\psi_E^{(1)}(\boldsymbol{r}) = \tilde{\psi}_E^{(1)}(\boldsymbol{r})\exp\left\{-i\frac{e}{\hbar c}\int_{\mathrm{path1}} d\boldsymbol{r}\cdot\boldsymbol{A}\right\}, \tag{7.15}$$

$$\psi_E^{(2)}(\boldsymbol{r}) = \tilde{\psi}_E^{(2)}(\boldsymbol{r})\exp\left\{-i\frac{e}{\hbar c}\int_{\mathrm{path2}} d\boldsymbol{r}\cdot\boldsymbol{A}\right\} \tag{7.16}$$

を得る．従って，スクリーン上の点 $\boldsymbol{r}$ での電子の確率密度は，$\tilde{\psi}_E^{(1)}(\boldsymbol{r})\tilde{\psi}_E^{(2)*}(\boldsymbol{r}) = |\tilde{\psi}_E^{(1)}(\boldsymbol{r})\tilde{\psi}_E^{(2)}(\boldsymbol{r})|e^{i\theta(\boldsymbol{r})}$ として，

$$\begin{aligned}|\tilde{\psi}_E^{(1)}(\boldsymbol{r}) + \tilde{\psi}_E^{(2)}(\boldsymbol{r})|^2 &= |\tilde{\psi}_E^{(1)}(\boldsymbol{r})|^2 + |\tilde{\psi}_E^{(2)}(\boldsymbol{r})|^2 \\ &\quad + 2|\tilde{\psi}_E^{(1)}(\boldsymbol{r})\tilde{\psi}_E^{(2)}(\boldsymbol{r})|\cos\left(\theta(\boldsymbol{r}) - \frac{e\Phi}{\hbar c}\right)\end{aligned} \tag{7.17}$$

となる．ここで Φ は，ソレノイドの断面 S を通過する磁束，

$$\Phi = \int_{\mathrm{path1}} d\boldsymbol{r}\cdot\boldsymbol{A} - \int_{\mathrm{path2}} d\boldsymbol{r}\cdot\boldsymbol{A} = \int_S d\boldsymbol{S}\cdot\boldsymbol{B} \tag{7.18}$$

を表す．最後の形は，磁場が存在しない領域で遮蔽板を回りこんでスクリーン

7.2 アハラノフ–ボーム効果

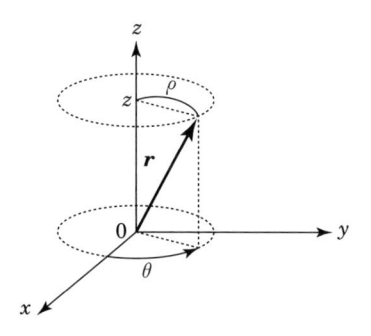

図 7.2 円柱座標.

に到達した電子の干渉縞が，ソレノイドの磁束に依存して変化する（AB–）効果を表し，これが確かめられれば，電子が直接ゲージ場のポテンシャル $\boldsymbol{A}$ と相互作用していることになる．

上の議論は直観的で，シュレーディンガー方程式を解いたものではないが，ソレノイドの磁束を δ–関数型に理想化した模型による厳密解から，自明でない電子の散乱断面積を導くこともできる（アハラノフ–ボーム）．いま，円柱座標（図 7.2）(ρ, θ, z) で，次の形に定義されたベクトルポテンシャル

$$\boldsymbol{A}(\boldsymbol{r}) = \frac{\Phi}{2\pi\rho}\boldsymbol{e}_\theta, \ (\Phi = const.) \tag{7.19}$$

を考える．このとき，$d\boldsymbol{r} = d\rho\boldsymbol{e}_\rho + \rho d\theta \boldsymbol{e}_\theta + dz\boldsymbol{e}_z$ から，z 軸を 1 周する経路 C に対して，

$$\int_C d\boldsymbol{r} \cdot \boldsymbol{A} = \frac{\Phi}{2\pi}\int_0^{2\pi} d\theta = \Phi \tag{7.20}$$

である．一方，$\rho \neq 0$ に対して，直接の計算から $\nabla \times \boldsymbol{A} = 0$ が確かめられる．これから，上のベクトルポテンシャルは，z 軸上に集中した磁束密度

$$\boldsymbol{B}(\boldsymbol{r}) = \Phi\delta(x)\delta(y)\boldsymbol{e}_z \tag{7.21}$$

を生成する．電子とベクトルポテンシャルの相互作用は，$\alpha = \frac{e\Phi}{2\pi\hbar c}$ として

$$\hat{\boldsymbol{p}} \to \hat{\boldsymbol{p}} + \frac{e}{c}\boldsymbol{A} = -i\hbar\left[\boldsymbol{e}_\rho\frac{\partial}{\partial\rho} + \boldsymbol{e}_\theta\frac{1}{\rho}\left(\frac{\partial}{\partial\theta} + i\alpha\right) + \boldsymbol{e}_z\frac{\partial}{\partial z}\right] \tag{7.22}$$

の手順でとり入れられる.

さて,電子の運動が (x,y) 平面に制限された場合を考える.このとき,エネルギー E の定常状態 $\psi_E(x,y)$ が満たすシュレーディンガー方程式は,$\rho \neq 0$ の下で

$$\left[\left\{e_\rho\frac{\partial}{\partial \rho}+e_\theta\frac{1}{\rho}\left(\frac{\partial}{\partial \theta}+i\alpha\right)\right\}^2+k^2\right]\psi_E(x,y)=0\ ,\ \left(k=\frac{\sqrt{2mE}}{\hbar}\right) \tag{7.23}$$

となる.そこで,$\psi_E(x,y)=e^{-i\alpha\theta}\tilde{\psi}_E(x,y)$ と置き換えると,

$$[\tilde{\nabla}^2+k^2]\tilde{\psi}_E(x,y)=0 \tag{7.24}$$

を得る.ここで,$\tilde{\nabla}$ は 2 次元の grad 演算子で

$$\tilde{\nabla}=e_\rho\frac{\partial}{\partial \rho}+e_\theta\frac{1}{\rho}\frac{\partial}{\partial \theta}=e_x\frac{\partial}{\partial x}+e_y\frac{\partial}{\partial y} \tag{7.25}$$

である.(7.24) は自由粒子のシュレーディンガー方程式であるから,x 軸正方向から負方向に向かう平面波 $\tilde{\psi}_E(x,y)=e^{-ikx}$ が解になり,従って形式的に

$$\psi_{\rm in}(x,y)=e^{-i\alpha\theta-ikx},\ (\rho \neq 0) \tag{7.26}$$

は (7.23) の解となる.ただし整数以外の α に対し,上の平面波は (x,y) の多価関数となり,一般的には物理的に排除される.ところで (7.23) はまた,

$$\psi_{\rm out}(x,y)=2\sqrt{\frac{i}{\pi}}e^{-i\alpha\theta-ikx}\int_0^{\sqrt{k(\rho+x)}}e^{i\xi^2}d\xi \tag{7.27}$$

を解として許すことが確かめられる[*2](問題 7.2).この場合,右辺の積分が $\sqrt{2k\rho}|\cos\frac{\theta}{2}|\int_0^1 e^{ik\rho(1+\cos\theta)\eta^2}d\eta$ と書けることに注意すると,(7.27) は $\alpha=n+\frac{1}{2},(n=整数)$ のとき $e^{-i\alpha\theta}$ の多価性が打ち消され,全体として 1 価関数となることがわかる.以下,α をこのような値に制限した,簡単な場合を考える.このときさらに,十分大きな ρ に対し,(7.27) の漸近形

[*2] 波動方程式 (7.23) の一般解は,ベッセル (Bessel) 関数を用いて $\psi(r,\theta)=\sum_m a_m J_{|m+\alpha|}e^{im\theta}$ と書ける.幅のない無限に長いソレノイドのある空間は,5.6 節で論じた多重連結空間に対応し,m の和はソレノイドへの巻き数にも対応する.一般形の扱いは複雑になるので,ここでは初等的な計算で断面積が計算できる特殊解に議論を限った.

7.2 アハラノフ–ボーム効果

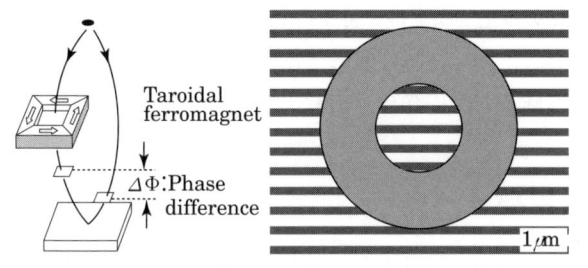

図 7.3 AB–効果の検証．磁場のないリング内外を通過したにもかかわらず，両者で磁場の影響による位相差が現れ，干渉模様がずれている．

$$\psi_{\text{out}}(x,y) \sim \underbrace{e^{-i\alpha\theta-ikx}}_{\psi_{\text{in}}} + \underbrace{\frac{1}{\sqrt{2\pi ik}\cos\frac{\theta}{2}}\frac{e^{ik\rho}}{\sqrt{\rho}}}_{\psi_{\text{scatt}}} \tag{7.28}$$

が導かれる (問題 7.3)．従って，物理的な解は単独の ψ_{in} ではなく，ソレノイドによる散乱波 ψ_{scatt} と重ね合わせた状態ということになる．さて，$\psi_{\text{in}}, \psi_{\text{scatt}}$ から計算される確率の流れの密度が

$$\boldsymbol{J}_{\text{in}} = \frac{\hbar}{m}\text{Im}\psi_{\text{in}}^*\nabla\psi_{\text{in}} = -\frac{\hbar k}{m}\boldsymbol{e}_x + O\left(\frac{1}{\rho}\right), \tag{7.29}$$

$$\boldsymbol{J}_{\text{scatt}} = \frac{\hbar k}{m}\frac{1}{2\pi k\cos^2\frac{\theta}{2}}\frac{e^{ik\rho}}{\rho}\boldsymbol{e}_\rho \tag{7.30}$$

となることは，容易に確かめられる．よって，電子が $\theta \sim \theta + d\theta, dz = 1,$ (面積 $dS = \rho d\theta \times 1$) の幅に散乱される際の**微分断面積**が

$$d\sigma = \frac{J_{\text{scatt}}}{J_{\text{in}}}dS = \frac{d\theta}{(2\pi k)\cos^2\frac{\theta}{2}} \tag{7.31}$$

と，自明でない形に求められる[*3)]．この結果は理想化されたポテンシャルに基づくもので，必ずしも物理的とは言い切れないが，電子がソレノイドに触れずに散乱を受ける実験と比較できるものである．

AB–効果を確かめる実験はいくつか行われたが，有限の長さのソレノイドを

[*3)] 一般的な α の場合は，(7.31) の分子に $\sin^2\pi\alpha$ が現れる形になる．

用いていることから完全な支持を得ることができなかった．しかし，外村 (1983) によってなされた，リング状の強磁性体を用いた実験 (図 7.3) では，それまでの問題点を取り除き，その存在に決着が付けられた．

7.3 磁気単極子

1931 年，ディラックは荷電粒子の波動関数の位相を注意深く分析し，古典電磁気学では存在の許されない磁気単極子が，量子力学の枠内では存在し得ることを論じた．まず，(7.15), (7.16) と同様の議論で，ベクトルポテンシャル $\boldsymbol{A}$ で記述される外部磁場 $\boldsymbol{B} = \nabla \times \boldsymbol{A}$ のなかにある荷電粒子 (電荷 $-e$) の状態 ψ_B は，位相変換

$$\psi_B(P) = \exp\left\{-i\frac{e}{\hbar c}\int_C^P d\boldsymbol{r}\cdot\boldsymbol{A}\right\}\psi_0(P) \qquad (7.32)$$

により，自由粒子の波動関数 ψ_0 と結び付けられる．(7.32) に現れる（ディラック）位相因子 $\beta(C) \equiv -\frac{e}{\hbar c}\int_C^P d\boldsymbol{r}\cdot\boldsymbol{A}$ は経路に依存する関数であるため，積分可能条件 $\frac{\partial}{\partial x_i}\frac{\partial}{\partial x_j}\beta(C) = \frac{\partial}{\partial x_j}\frac{\partial}{\partial x_i}\beta(C)$ を満たさない．また，経路を変えたときの変化は，閉路 $C - C'$ を縁とする曲面を S として (図 7.4)，

$$\Delta\beta = \beta(C) - \beta(C') = 2\pi n - \frac{e}{\hbar c}\int_S d\boldsymbol{S}\cdot\boldsymbol{B}, \ (n = 0, \pm 1, \pm 2, \cdots) \qquad (7.33)$$

となる．ここで右辺第 1 項は，波動関数に $2\pi n$ の位相の任意性があることから許される付加項である．しかし，現実に $n \neq 0$ の項が存在すると，経路 C と C' が僅かに異なる場合でも β は飛躍することになり，波動関数の連続性に反することになる．ただし，例外的に経路を C から C' へ変形する際波動関数の零点を通過するなら，そこでは位相が意味をもたないため β の不連続な変化が許される．波動関数は複素数であるから，零点の集合は条件 $\mathrm{Re}\psi = \mathrm{Im}\psi = 0$ を満たす 3 次元空間の二つの曲面が交差してできる曲線に対応する．ディラックはこのような曲線を " nodal line (零点曲線) " と呼んだ[*4]．

[*4] 決まった訳語はないが，本書では " 零点曲線 " としておく．

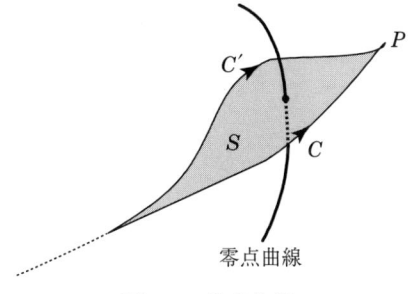

図 7.4 零点曲線.

さて，(7.33) は $C - C'$ を縁とする別の曲面 S' に対しても成立し，二つの差をとると S, S' がつくる閉曲面に渡る積分の意味で

$$\frac{e}{\hbar c} \oint d\boldsymbol{S} \cdot \boldsymbol{B} = \frac{e}{\hbar c} \times 4\pi g = 2\pi n \tag{7.34}$$

が成立する．ここで g は，閉曲面内にある磁荷の意味をもち，零点曲線が閉曲面内に端点をもつとき値が残る．従って，零点曲線の端点が磁気単極子の性格をもつことになり，磁荷と電荷の間に

$$\frac{eg}{\hbar c} = \frac{n}{2}, \ (n = 0, \pm 1, \pm 2, \cdots) \tag{7.35}$$

の（ディラック型）量子化条件[*5]が生じることになる．以上がディラック型の磁気単極子と呼ばれるもので，極めて魅力的な考え方であり，実験的な試みも続けられているが，その実体は発見されていない．

7.4 外部電磁場の中の原子と電子のスピン

外部電磁場の中に置かれた原子は，一般に回転対称性を失うため，これに起因するエネルギーの縮退が解ける．歴史的には，これに伴うスペクトル線の変化を調べることから，電子のスピン（自転の角運動量）の自由度も見いだされた．

まず，磁場がなく，一様な静電場 $\boldsymbol{\mathcal{E}}$ の中におかれた系の場合には，$\boldsymbol{A} =$

[*5] 零点曲線は一本とは限らない．シュヴィンガーは磁気単極子から逆向きに二本の零点曲線が出る場合を考え，$\frac{eg}{\hbar c} = n$ 型の量子化条件を調べた．

$0, \phi(\boldsymbol{r}) = -\boldsymbol{r} \cdot \boldsymbol{\mathcal{E}}$ とおけるから，ハミルトニアン演算子は

$$\hat{H} = \frac{1}{2m}\hat{\boldsymbol{p}}^2 + V(\boldsymbol{r}) - q\boldsymbol{r} \cdot \boldsymbol{\mathcal{E}} \tag{7.36}$$

の形となる．考えている系が水素（型）原子の場合，右辺第3項が回転対称性を破るため，エネルギー準位の縮退がとけることが予想される．この効果は実際に，シュタルクにより $\mathcal{E}/e$(ボーア半径) $\sim 10^{10}\mathrm{Vm}^{-1}$ 程度の電場の下で，水素原子のバルマー系列のスペクトル線の変化として観測され (1913)，(線形) **シュタルク効果**と呼ばれている．この大きさの近似的な評価は，後の章でもう一度考えることにする．

次に，電場がなく，一様で静的な磁束密度 $\boldsymbol{B}$ の中におかれた系の場合，ハミルトニアン演算子は

$$\hat{H} = \frac{1}{2m}\left(\hat{\boldsymbol{p}} - \frac{q}{c}\boldsymbol{A}\right)^2 + V(\boldsymbol{r}), \quad \left(\boldsymbol{A} = \frac{1}{2}\boldsymbol{B} \times \boldsymbol{r}\right) \tag{7.37}$$

である．ここでさらに，$m \to \mu$(換算質量)，$q = -e$，および $V = -\frac{Ze^2}{r}$ とおいた形が，一様な磁場の中におかれた水素（型）原子の場合に相当する．このとき，ハミルトニアンは

$$\begin{aligned}\hat{H} &= \frac{1}{2\mu}\left(\hat{\boldsymbol{p}}^2 + \frac{e}{c}\{\hat{\boldsymbol{p}}, \boldsymbol{A}\} + \frac{e^2}{c^2}\boldsymbol{A}^2\right) - \frac{Ze^2}{r} \\ &= \frac{1}{2\mu}\hat{\boldsymbol{p}}^2 - \frac{Ze^2}{r} + \frac{e}{2\mu c}\boldsymbol{B} \cdot \hat{\boldsymbol{L}} + \frac{e^2}{8\mu c^2}B^2 r_\perp^2 \end{aligned} \tag{7.38}$$

と変形される．ここで，右辺第3, 4項の $\hat{\boldsymbol{L}}$ と $r_\perp$ は，それぞれ粒子の軌道角運動量と $\boldsymbol{r}$ の磁場に垂直な成分を表し，

$$\{\hat{\boldsymbol{p}}, \boldsymbol{A}\} = \frac{1}{2}[\hat{\boldsymbol{p}} \cdot (\boldsymbol{B} \times \boldsymbol{r}) + (\boldsymbol{B} \times \boldsymbol{r}) \cdot \hat{\boldsymbol{p}}] = \boldsymbol{B} \cdot \hat{\boldsymbol{L}}, \tag{7.39}$$

$$\left(\frac{1}{2}\boldsymbol{B} \times \boldsymbol{r}\right)^2 = \frac{1}{4}[B^2 r^2 - (\boldsymbol{B} \cdot \boldsymbol{r})^2] = \frac{1}{4}B^2 r_\perp^2 \tag{7.40}$$

から導かれる．以下，$\boldsymbol{B} = B\boldsymbol{e}_3, \mu \simeq m_\mathrm{e}$ とおき，$\langle L_3 \rangle \sim \hbar$ と評価すると，ハミルトニアン (7.38) の右辺第4項は第3項に対して (第4項)/(第3項) $\simeq 10^{-14}B$(テスラ) 程度になり，外部磁場が強大ではない環境の下では無視できる．また，右辺第1, 2項と第3項は可換であるから同時に対角化され，結局系

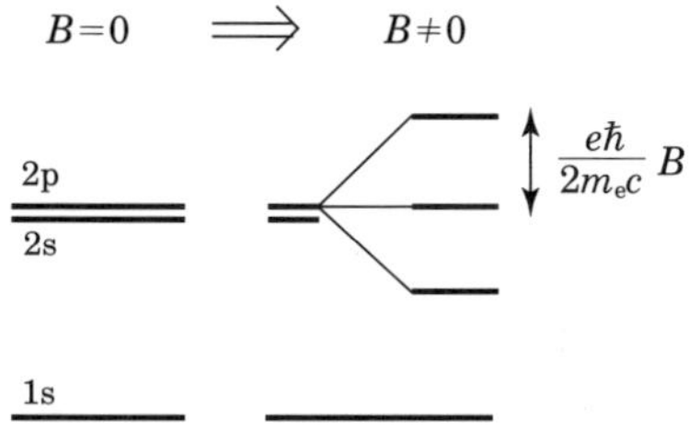

7.4 外部電磁場の中の原子と電子のスピン

図 7.5 正常ゼーマン効果による分離の例.

のエネルギー固有値が

$$E_{n,l,m} = -\frac{m_e Z^2 e^4}{\hbar^2}\frac{1}{n^2} + \mu_B B m, \quad \left(\mu_B = \frac{e\hbar}{2m_e c}\right), \quad (7.41)$$
$$(n \geq l+1 = 1, 2, \cdots; m = -l, \cdots, l)$$

となって,ハミルトニアンの回転対称性に基づくエネルギーの縮退,すなわち軌道角運動量 l の状態に対する $2l+1$ 重の縮退は,外部磁場の下で解ける(**正常ゼーマン (Zeeman) 効果**).これによる,エネルギー準位の分離幅は $\Delta E = \frac{e\hbar}{2m_e c}B$ で,例えば $l=1$ の 2p 状態は図 7.5 のように分離する.

原子が放出するスペクトル線は,エネルギー準位間の遷移 $E_{n,l,m} \to E_{n',l',m'}$ により生じるから,その振動数は

$$\hbar\omega = (\text{バルマー項}) + \mu_B B \Delta m, \; (\Delta m = m - m') \quad (7.42)$$

で決まる.原子の自発的な遷移の確率は,電子の状態に応じた原子の双極子モーメントの構造から評価され,遷移の**選択則** $\Delta m = 0, \pm 1$ が導かれる.従って,図の分離した 2p の準位から 1s の状態への遷移は実際に観測される.

一般に,l の縮退が解けることによりスペクトル線は奇数に分離するが,現実には偶数の分離も存在する.これを実現するためには,角運動量の最小の表現空間は 2 次元であるから,電子に軌道角運動量 $\hat{L}$ とは別の (6.87) の自転(スピン)角運動量を導入し,(7.38) の第 3 項を

$$\frac{e}{2\mu c}\boldsymbol{B}\cdot(\hat{\boldsymbol{L}} + g\boldsymbol{S}) \quad (7.43)$$

と拡張すれば可能である[*6].(7.43) の係数因子 g は非相対論的なシュレーディ

[*6] 電子が静止している座標系では,陽子が電子の周囲を回って電子の位置に内部磁場を生

ンガー方程式からは決まらないが，相対論的な電子のディラック方程式からは $g=2$ となる[*7]．電子が実際に**スピン 1/2**($\hbar$ 単位) をもつことは，直接実験により確かめることができる．歴史的には，電子のスピンの概念が提案される以前に，**シュテルン–ゲールラッハ (Stern–Gerlach**, 1921) が行った一様な磁場を垂直に通過する銀（後に水素）原子の軌道の分離の実験 (図 7.5) が，実際上電子のスピンを確認する実験となっていた．

電子以外にも，同じ軽粒子のニュートリノ，陽子や中性子などの核子もスピン 1/2 の粒子である．ところで，これらの粒子を記述する状態の特徴として，2 価性の問題がある．(6.97) によれば，スピン 1/2 粒子の任意の状態はスピノール $\phi_\pm$ を用いて，

$$|\psi\rangle = \begin{pmatrix} \phi_+ \\ \phi_- \end{pmatrix}, \quad \left(|\phi_\pm|^2 = S_3 \text{が} \pm \frac{\hbar}{2} \text{の確率}\right) \tag{7.44}$$

と表される．この状態を z 軸の周りに角度 φ 回転した座標系で記述すると

$$|\psi(\varphi)\rangle = e^{i\frac{\varphi}{\hbar}S_3}|\psi\rangle = \begin{pmatrix} e^{i\frac{\varphi}{2}} & 0 \\ 0 & e^{-i\frac{\varphi}{2}} \end{pmatrix} \begin{pmatrix} \phi_+ \\ \phi_- \end{pmatrix} \tag{7.45}$$

となる．この形から，空間的には同一点に戻るにもかかわらず明らかに $|\psi\rangle \neq |\psi(2\pi)\rangle$ であり，$\varphi = 4\pi$ の回転で初めて元の状態に戻る．回転によりこのような多価の行列因子が作用することがこの場合の 2 価性であり，$\phi_\pm$ 自体は，スピン以外の変数の関数として 1 価関数である．

さて，時刻 t_0 に，粒子が運動量の定まった $\phi_\pm = c_\pm e^{i\boldsymbol{k}\cdot\boldsymbol{r}}$ の状態にあるとす

成する．現実のスペクトル線の分離は，電子と磁場との相互作用にこのような内部磁場の効果も含む，より複雑なものになっている．電子のスピン（自転の角運動量）$\hbar/2$ の自由度は，歴史的には，このような内部磁場や相対論的効果を考慮してスペクトル線の問題を手探りで修正してゆく仮定で導入された (クローニッヒ (Kronig), ウーレンベック–ガウシュミット (Uhlenbeck–Goudsmit), 1925) [2]．

[*7] この値は裸の電子の場合であり，実際には電子の電荷により周囲の真空が分極して有効な g の値がずれる．量子電磁力学によれば，その差は極めて小さく，微細構造定数 $\alpha = \frac{e^2}{\hbar c} \simeq 1/(137.037)$ を用いて，

$$g = 2\left(1 + \frac{\alpha}{\pi} - 0.328478445\left(\frac{\alpha}{\pi}\right)^2 \cdots\right)$$

と表される．

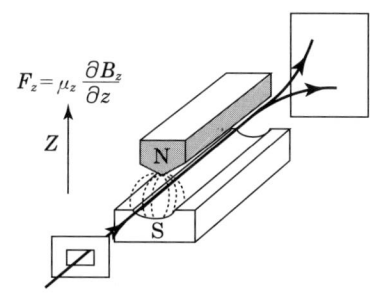

7.4 外部電磁場の中の原子と電子のスピン

図 7.6 シュテルン–ゲールラッハの実験. 外殻に s 状態の電子を一つもつ原子の磁気モーメント $\boldsymbol{\mu}$ は，電子のスピンで決まる. 磁場の中で，原子の位置エネルギーは $V = -\boldsymbol{\mu}\cdot\boldsymbol{B}$ であり，原子は装置の対称性から μ_z に比例する z–方向の力を受ける. 古典論と量子論では，μ_z が連続的な値をとるか，離散的な値をとるかの違いがある. 実験的には，ビームは二つに分離し，磁気モーメントが離散的な 2 値 $\pm\mu_B$ をとることを示す.

る. この粒子が 3 軸方向の外部磁場 B の中を通過するとき，ハミルトニアンが $\hat{H} = \frac{1}{2m}\hat{\boldsymbol{p}}^2 - \mu\sigma_3 B$ であるとして，

$$|\psi_t(\alpha)\rangle = e^{i\frac{\alpha}{\hbar}S_3}\begin{pmatrix} c_+ \\ c_- \end{pmatrix} e^{i(-\frac{\hbar}{2m}\boldsymbol{k}^2\Delta T + \boldsymbol{k}\cdot\boldsymbol{r})} \tag{7.46}$$

となる. ただし，$\Delta T = t - t_0, \alpha = 2\mu B\Delta T/\hbar$ である. そこで，第 3 章で述べた中性子干渉計の実験で歯車のかわりに磁石を置き，磁場を通過した粒子の状態 ψ_t^{I} と磁場の影響を受けない粒子の状態 ψ_t^{II} を干渉させると，$B=0$ の場合と $B\neq 0$ の場合の粒子の密度の比が

$$\begin{aligned}\frac{I(\alpha)}{I(0)} &= \frac{\langle\psi_t^{\mathrm{I}}(\alpha)+\psi_t^{\mathrm{II}}(0)|\psi_t^{\mathrm{I}}(\alpha)+\psi_t^{\mathrm{II}}(0)\rangle}{\langle\psi_t^{\mathrm{I}}(0)+\psi_t^{\mathrm{II}}(0)|\psi_t^{\mathrm{I}}(0)+\psi_t^{\mathrm{II}}(0)\rangle} \\ &= \frac{1+\cos\alpha}{2}\end{aligned} \tag{7.47}$$

の形に得られる. この α 依存性を確かめる実験は，実際ローチ等 (Rauch et. al., 1975) により行われ，予想と一致して (7.47) の意味での 2 価性を確認する結果が得られている.

7.5 多粒子系と粒子の統計

　原子を構成する電子系や，気体分子など多体系のあるものは，同種粒子の系として定式化できる．いま，N 粒子系のハミルトニアン演算子を，i 番目の粒子の変数を"i"と略記して $\hat{H} = \hat{H}(1, 2, \cdots, N)$ と書く．考えている系が同種粒子系であれば，任意の i, j の入れ替えの演算子を $\hat{\Pi}_{ij}$ として，

$$\hat{\Pi}_{ij}\hat{H}(1, \cdots, i, \cdots, j, \cdots, N)\hat{\Pi}_{ij}^{-1} = \hat{H}(1, \cdots, j, \cdots, i, \cdots, N)$$
$$= \hat{H}(1, \cdots, i, \cdots, j, \cdots, N) \tag{7.48}$$

である．従って，$[\hat{\Pi}_{ij}, \hat{H}] = 0$ を得て，エネルギーの固有状態は，同時に $\hat{\Pi}_{ij}$ の固有状態にもなる．定義より明らかに $\hat{\Pi}_{ij}^2 = 1$ であるから，$\hat{\Pi}_{ij}$ の固有値は ± 1 であり，その値は ij 対の選び方にも依存しない[*8]．こうして，定常状態は方程式

$$\hat{H}\phi_E^{(\pm)}(1, \cdots, N) = E\phi_E^{(\pm)}(1, \cdots, N), \tag{7.49}$$
$$\hat{\Pi}_{ij}\phi_E^{(\pm)}(1, \cdots, N) = \pm\phi_E^{(\pm)}(1, \cdots, N) \tag{7.50}$$

を満たす．(7.50) の $\pm$ 符号は，同種粒子に固有の量子数であり，自然界の粒子はこの符号により二つの集団に分類されることになる．(7.50) の符号が $+$ の集団は**ボース (Bose) 粒子**と呼ばれ，光子や中間子などの整数スピンの粒子がこれに属する．また，電子や陽子などの半整数スピンの粒子は**フェルミ (Fermi) 粒子**と呼ばれ，(7.50) の符号が $-$ の集団に属する[*9]．

　さて，電子がフェルミ粒子であることは，やはり原子のスペクトル線の分離の構造から明らかにされた．いま，ヘリウム原子の 2 電子系を考える．系の状態は，2 電子の重心変数位置 $\boldsymbol{R} = \frac{1}{2}(\boldsymbol{r}^{(1)} + \boldsymbol{r}^{(2)})$ と相対変数 $\boldsymbol{r}^{(1)} - \boldsymbol{r}^{(2)}$ を引数

[*8] 同種粒子の意味から，どの ab に対しても ϕ_E と $\hat{\Pi}_{ab}\phi_E$ は本来区別がつかず，$\hat{\Pi}_{ab}\phi_E \propto \phi_E$ である．そこで，特定の ij に対し $\hat{\Pi}_{ij}\phi_E = \eta_{ij}\phi_E$ とすると，定義により $\hat{\Pi}_{ik}^{-1}\hat{\Pi}_{kj}\hat{\Pi}_{ik} = \hat{\Pi}_{kj}$ であるから，$\hat{\Pi}_{ik}^{-1}\hat{\Pi}_{kj}\hat{\Pi}_{ik}\phi_E = \eta_{ij}\phi_E$．従って，$\hat{\Pi}_{kj}(\hat{\Pi}_{ik}\phi_E) = \eta_{ij}(\hat{\Pi}_{ik}\phi_E)$，あるいは $\hat{\Pi}_{kj}\phi_E = \eta_{ij}\phi_E$．同様にして，$ij$ 対の番号を入れ替えてゆけば，結局 η_{ij} は ij によらなくなる．

[*9] 粒子のスピンと統計性 ((7.50) の符号) の関係は，**パウリ (1940)** により証明された．

7.5 多粒子系と粒子の統計

に,またスピン成分 $\alpha_i, (i=1,2)$ を添字にもち,$\Phi_{\alpha_1,\alpha_2}(\boldsymbol{R},\boldsymbol{r})$ と書ける.とくに,電子が $L=0$ の S 状態にあれば,状態は相対変数の大きさのみに依存し,

$$\Phi_{\alpha_1,\alpha_2}(\boldsymbol{R},\boldsymbol{r}) \to \Phi_{\alpha_2,\alpha_1}(\boldsymbol{R},-\boldsymbol{r}) \, , \, (1 \leftrightarrow 2) \tag{7.51}$$

$$= \Phi_{\alpha_2,\alpha_1}(\boldsymbol{R},\boldsymbol{r}) \, , \, (S\text{ 状態の場合}) \tag{7.52}$$

$$= \begin{cases} +\Phi_{\alpha_1,\alpha_2}(\boldsymbol{R},\boldsymbol{r}) \cdots \text{ボース統計} \\ -\Phi_{\alpha_1,\alpha_2}(\boldsymbol{R},\boldsymbol{r}) \cdots \text{フェルミ統計} \end{cases} \tag{7.53}$$

となる.この式と,前章の角運動量の規約分解の関係 (6.107) とから,S 状態にあるヘリウム原子の2電子系は,電子がボース統計に従えばスピン成分に関して対称条件を満たし,3成分のベクトルとして変換する.一方,電子がフェルミ統計に従えば,反対称条件を満たし,1成分のスカラーとして変換することになる.実験によれば,合成スピンがベクトルのとき存在するスペクトル線の分離は見いだされず,電子はフェルミ統計に従う粒子と結論される.このとき,電子の状態は $\Phi_{\alpha,\alpha}(\boldsymbol{r},\boldsymbol{r})=0$ を満たし,"二つ(以上)の電子が同じ量子状態を占めることができない"構造になっている.この性質は,パウリにより,フェルミ粒子の**排他律**として掲げられた.

さて,互いに相互作用をしない同種 N 粒子系の場合,定常状態にある系の波動関数は,以下の手順で容易につくることができる.まず,系のハミルトニアン演算子の形は

$$\hat{H} = \hat{H}_1 + \hat{H}_2 + \cdots + \hat{H}_N \tag{7.54}$$

であり,各粒子のハミルトニアン演算子 $\hat{H}_i, (i=1,2,\cdots,N)$ は,それぞれの粒子の力学変数から構成されている他はまったく同じ形である.このとき,固有値方程式 $\hat{H}\Phi(1,2,\cdots,N) = E\Phi(1,2,\cdots,N)$, ("$i$" は,$i$ 番目の粒子の力学変数全体を表す) は,変数分離 $\Phi(1,2,\cdots,N) = \phi(1)\phi(2)\cdots\phi(N)$ を実行することにより,

$$E = \frac{\hat{H}_1\phi(1)}{\phi(1)} + \frac{\hat{H}_2\phi(2)}{\phi(2)} + \cdots + \frac{\hat{H}_N\phi(N)}{\phi(N)} \tag{7.55}$$

となり,左辺が定数であるから,右辺の各項が定数になるとき意味のある解を与える.従って,第 i 項を定数 E_{n_i} におき,改めて $\phi(i) = \phi_{n_i}(i)$ と書くなら,

$$\hat{H}_i \phi_{n_i}(i) = E_{n_i} \phi_{n_i}(i), \ (i=1,2,\cdots,N), \tag{7.56}$$

$$E = E_{n_1} + E_{n_2} + \cdots + E_{n_N} \tag{7.57}$$

を得る.

こうして,考えている系がボース粒子系であるなら,状態は$(1,2,\cdots,N) \to (i_1,i_2,\cdots,i_N)$の置換に関して完全対称となるから,

$$\Phi_S(1,2,\cdots,N) = \frac{1}{\sqrt{N!}} \sum_{(i_1,i_2,\cdots,i_N)} \Phi(i_1,i_2,\cdots,i_N) \tag{7.58}$$

$$= \frac{1}{\sqrt{N!}} \sum_{(j_1,j_2,\cdots,j_N)} \phi_{n_{j_1}}(1)\phi_{n_{j_2}}(2)\cdots\phi_{n_{j_N}}(N)$$

となる.ここで,$\sum_{(i_1,\cdots,i_N)}$ はすべての置換 $(1,\cdots,N) \to (i_1,\cdots,i_N)$ に関する和を表し,$\Phi(i_1,\cdots,i_N) = \phi_{n_1}(i_1)\cdots\phi_{n_N}(i_N) = \phi_{n_{j_1}}(1)\cdots\phi_{n_{j_N}}(N)$ である.同様に,フェルミ粒子系の場合は状態は完全反対称になり

$$\Phi_A(1,2,\cdots,N) = \frac{1}{\sqrt{N!}} \sum_{(i_1,i_2,\cdots,i_N)} \epsilon_{i_1,i_2,\cdots,i_N} \Phi(i_1,i_2,\cdots,i_N) \tag{7.59}$$

$$= \frac{1}{\sqrt{N!}} \sum_{(j_1,j_2,\cdots,j_N)} \epsilon_{j_1,\cdots,j_N} \phi_{n_{j_1}}(1)\phi_{n_{j_2}}(2)\cdots\phi_{n_{j_N}}(N)$$

$$= \frac{1}{\sqrt{N!}} \begin{vmatrix} \phi_{n_1}(1) & \phi_{n_2}(1) & \cdots & \phi_{n_N}(1) \\ \phi_{n_1}(2) & \phi_{n_2}(2) & \cdots & \phi_{n_N}(2) \\ \vdots & \vdots & & \vdots \\ \phi_{n_1}(N) & \phi_{n_2}(N) & \cdots & \phi_{n_N}(N) \end{vmatrix}.$$

例として,1次元の領域 $(0,a)$ に閉じ込められた自由粒子 (3.24) の2体系を考える.問題3.4で調べたように,各粒子 $(i=1,2)$ のエネルギーの固有値は $E_{n_i} = \frac{1}{2m}(\hbar k_{n_i})^2, (k_{n_i} = \frac{n_i \pi}{a}, n_i = 1,2,\cdots)$ の値をとり,対応する固有状態は $\phi_{n_i}(x) = \sqrt{\frac{2}{a}} \sin(k_{n_i}x), (i=1,2)$ であった.従って,$\Phi_S(x_1,x_2), \Phi_A(x_1,x_2)$ はそれぞれ

$$\Phi_S(x_1,x_2) = \frac{2}{\sqrt{2}a} \{\sin(k_{n_1}x_1)\sin(k_{n_2}x_2) + \sin(k_{n_2}x_1)\sin(k_{n_1}x_2)\}, \tag{7.60}$$

$$\Phi_A(x_1,x_2) = \frac{2}{\sqrt{2}a} \{\sin(k_{n_1}x_1)\sin(k_{n_2}x_2) - \sin(k_{n_2}x_1)\sin(k_{n_1}x_2)\} \tag{7.61}$$

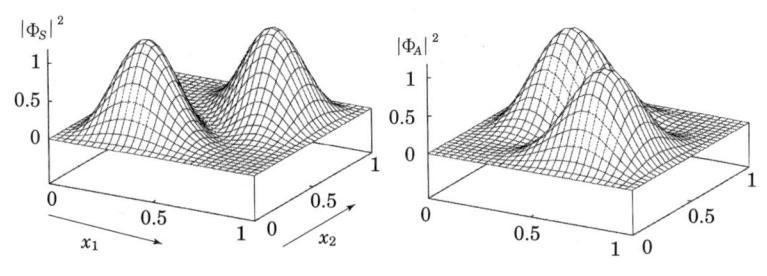

図 7.7 ボース/フェルミ粒子系の確率密度.

となり，$n_i = 1, 2$ の場合にその確率密度は図 7.7 のようになる．ボース粒子系では，何れの粒子も領域の同じ位置で確率密度が最大になるが，フェルミ粒子系の場合は一方の粒子が $x_1 > \frac{a}{2}$ の領域で確率密度が大きくなるとき，他方の粒子は $x_2 < \frac{a}{2}$ の領域で確率密度が大きくなり，排他律が満たされている．粒子間に相互作用がある場合は，状態はこのように単純な変数分離形の重ね合わせにはならないが，相互作用が弱い場合には，$\Phi_S(1, \cdots, N)$, $\Phi_A(1, \cdots, N)$ は近似計算を行う際の基底として有用である．

7.6 超対称量子力学

1次元調和振動子の固有状態を求めるために，交換関係 $[\hat{a}, \hat{a}^\dagger] = 1$ に従う消滅，生成演算子を用いることは，極めて有効な手段であった．この演算子のハイゼンベルク形式での運動方程式は，$[\hat{A}\hat{B}, \hat{C}] = \hat{A}[\hat{B}, \hat{C}] + [\hat{A}, \hat{C}]\hat{B}$ から簡単に導け，

$$\hat{H}_a = \frac{\hbar\omega}{2}\left\{\hat{a}^\dagger(t)\hat{a}(t) + \hat{a}(t)\hat{a}^\dagger(t)\right\}, \tag{7.62}$$

$$\frac{d}{dt}\hat{a}(t) = \frac{1}{i\hbar}[\hat{a}(t), \hat{H}_a] = -i\omega\hat{a}(t) \tag{7.63}$$

より

$$\begin{cases} \hat{a}(t) = e^{-i\omega t}\hat{a} \\ \hat{a}(t)^\dagger = e^{i\omega t}\hat{a}^\dagger \end{cases} \tag{7.64}$$

となる．(7.63) は，調和振動子の古典運動方程式に一致するが，実は反交換関係 $\{\hat{b}, \hat{b}^\dagger\} = 1, \{\hat{b}, \hat{b}\} = \{\hat{b}^\dagger, \hat{b}^\dagger\} = 0$ に従う生成，消滅演算子で定義されるハミ

ルトニアン

$$\hat{H}_b = \frac{\hbar\omega}{2}\left\{\hat{b}^\dagger(t)\hat{b}(t) - \hat{b}(t)\hat{b}^\dagger(t)\right\} \tag{7.65}$$

の場合も，$\{\hat{A}\hat{B},\hat{C}\} = \hat{A}\{\hat{B},\hat{C}\} - \{\hat{A},\hat{C}\}\hat{B}$ より $\hat{b}(t),\hat{b}^\dagger(t)$ が (7.63) と同じ形の運動方程式を満たし，その解は (7.64) と同じ形になることが確かめられる．これは，ハミルトニアン $\hat{H} = \hat{H}_a + \hat{H}_b$ で記述される系において，$\hat{Q} = \sqrt{\hbar\omega}\hat{a}^\dagger\hat{b}$ や $\hat{Q}^\dagger = \sqrt{\hbar\omega}\hat{b}^\dagger\hat{a}$ が保存量になり，従って $\hat{H}$ が $\hat{Q},\hat{Q}^\dagger$ で引き起こされる変換の下で対称であることを意味する．簡単な計算から，$\hat{Q},\hat{Q}^\dagger$ に引き起こす変換：

$$[\hat{Q},\hat{a}] = -\sqrt{\hbar\omega}\hat{b}, \ [\hat{Q}^\dagger,\hat{a}^\dagger] = \sqrt{\hbar\omega}\hat{b}^\dagger, \tag{7.66}$$

$$\{\hat{Q},\hat{b}^\dagger\} = \sqrt{\hbar\omega}\hat{a}^\dagger, \ \{\hat{Q}^\dagger,\hat{b}\} = \sqrt{\hbar\omega}\hat{a}, \tag{7.67}$$

(他は 0)，および $\hat{H},\hat{Q},\hat{Q}^\dagger$ の満たす代数

$$\{\hat{Q}^\dagger,\hat{Q}\} = \hat{H} = \hbar\omega(\hat{a}^\dagger\hat{a} + \hat{b}^\dagger\hat{b}), \tag{7.68}$$

$$\{\hat{Q},\hat{Q}\} = \{\hat{Q}^\dagger,\hat{Q}^\dagger\} = 0, \tag{7.69}$$

$$[\hat{Q},\hat{H}] = [\hat{Q}^\dagger,\hat{H}] = 0 \tag{7.70}$$

を確かめることができる．

演算子 $\hat{b},\hat{b}^\dagger$ は，$\hat{b}^{\dagger 2} = 0$ によりパウリの排他律に従う量子数を生成し，系のフェルミ的な自由度を表す．一方，$\hat{a},\hat{a}^\dagger$ は通常のボース的な自由度であるから，変換 (7.66),(7.67) はボース的自由度とフェルミ的自由度を混合する**超対称**の変換である．ハミルトニアン $\hat{H}$ は超対称性をもち，その結果として (7.68) から零点振動のエネルギーが消えることも，大きな特徴である[*10)]．

一般的な，エネルギー固有状態とその固有値は，

$$\left.\begin{array}{l}|n_a,n_b\rangle = \dfrac{(\hat{a}^\dagger)^{n_a}}{\sqrt{n_a!}}(\hat{b}^\dagger)^{n_b}|0,0\rangle \\ E = \hbar\omega(n_a + n_b)\end{array}\right\}, \begin{array}{l}n_a = 0,1,2,\cdots \\ n_b = 0,1\end{array} \tag{7.71}$$

[*10)] 無限の自由度をもつ量子場では，零点振動の総和は発散する．そこで，場の理論に超対称性をとり入れると，発散のあるものを消すことができ，理論的特性が改善される．ただし，量子力学の超対称性は励起状態の間の対称性であるが，場の量子論では粒子間の対称性となり，観測事実を反映した上での適用でなくてはならない．

7.6 超対称量子力学

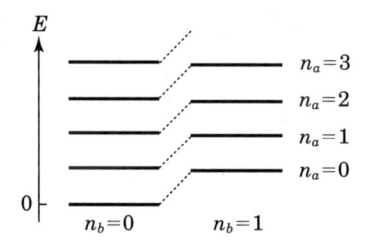

図 7.8 超対称なエネルギー固有値. $\hat{Q}|n,1\rangle \propto |n+1,0\rangle$, $[\hat{H},\hat{Q}] = 0$ であるから, $(n_a, n_b) = (n, 1), (n+1, 0)$. ただし $n = 0, 1, 2, \cdots$ の状態のエネルギー固有値が等しく, 2 重に縮退している. 唯一基底状態のみが, $\hat{Q}^\dagger|0,0\rangle = \hat{Q}|0,0\rangle = 0$ で, 超対称性の 1 重項をなす.

となり, 基底状態 $|0,0\rangle$, ($\hat{a}|0,0\rangle = \hat{b}|0,0\rangle = 0$, $\langle 0,0|0,0\rangle = 1$) を除いて, 励起状態はすべて 2 重に縮退している (図 7.8).

以上の議論は, 調和振動子を離れてより一般的なポテンシャルの場合にも拡張できる. いま, $\hat{a}, \hat{a}^\dagger$ を (6.29) を考慮した q-表示で表し, またフェルミ演算子を 2×2 行列を用いた $\hat{b} = \sigma_- = \begin{pmatrix} 0 & 0 \\ 1 & 0 \end{pmatrix}, \hat{b}^\dagger = \sigma_+ = \begin{pmatrix} 0 & 1 \\ 0 & 0 \end{pmatrix}$ で表現をするなら,

$$\hat{Q} = \frac{1}{\sqrt{2m}}(-i\hat{p} + m\omega q)\sigma_-, \tag{7.72}$$

$$\hat{Q}^\dagger = \frac{1}{\sqrt{2m}}(i\hat{p} + m\omega q)\sigma_+ \tag{7.73}$$

である. 次に, 右辺の $m\omega q$ を一般的な関数 $W(q)$ で置き換えた

$$\hat{Q} = \frac{1}{\sqrt{2m}}(-i\hat{p} + W(q))\sigma_-, \tag{7.74}$$

$$\hat{Q}^\dagger = \frac{1}{\sqrt{2m}}(i\hat{p} + W(q))\sigma_+ \tag{7.75}$$

から $\hat{H} = \{\hat{Q}^\dagger, \hat{Q}\}$ を計算すると,

$$\hat{H} = \underbrace{\begin{pmatrix} \hat{H}_+ & 0 \\ 0 & 0 \end{pmatrix}}_{\hat{Q}^\dagger \hat{Q}} + \underbrace{\begin{pmatrix} 0 & 0 \\ 0 & H_- \end{pmatrix}}_{\hat{Q}\hat{Q}^\dagger} \tag{7.76}$$

$$= \frac{1}{2m}(\hat{p}^2 + W(q)^2) + \frac{\hbar}{2m}W'(q)\sigma_3, \tag{7.77}$$

ただし,

$$\hat{H}_\pm = \frac{1}{2m}\hat{p}^2 + \frac{1}{2m}(W^2 \pm \hbar W') \tag{7.78}$$

である. $\hat{Q}, \hat{Q}^\dagger$ が $\hat{H}$ と可換になることは,明らかな関係 $\hat{Q}^2 = \hat{Q}^{\dagger 2} = 0$ と (7.76) から確かめられ,$m\omega q \to W(q)$ に拡張された系も超対称性をもつことがわかる.

上の拡張は,さらに超対称性の変換の下で 1 重項(=不変)であった基底状態に,次のような観点を付け加える. 上の表現では,基底状態は 2 成分のベクトルで,$\hat{Q}\Phi_0 = 0$ から $\Phi_0(q) = \begin{pmatrix} 0 \\ \phi_0(q) \end{pmatrix}$ とおける. このとき,さらに $\hat{Q}^\dagger \Phi_0 = 0$ から $(i\hat{p} + W(q))\phi_0(q) = 0$ が要求され,$\phi_0(q)$ の形が

$$\phi_0(q) = const. \times e^{-\frac{1}{\hbar}\int^q W(q')dq'} \tag{7.79}$$

と決まる. (7.79) は,超対称調和振動子の場合 $\int^q W(q')dq' = \frac{m\omega}{2}q^2 + const.$ であるから通常の基底状態 (6.44) に一致し,状態 Φ_0 は規格化可能になる. しかし $W(q)$ が q の偶関数であれば,これを積分した結果は奇関数になり,Φ_0 は q の何れかの無限遠方で発散して,規格化可能な基底状態は得られないことになる. 結局,ハミルトニアンが超対称であっても,超対称変換の下で不変な状態の有無は,ポテンシャルの形に依存して決まる(ウィッテン (Witten),1981).

最後に,(7.79) を逆に考えると,1 次元シュレーディンガー方程式の束縛状態の問題は,いつでも超対称なポテンシャル問題に帰着することを注意しておく. いま,ポテンシャル $V(q)$ の下で,シュレーディンガー方程式

$$\left(\frac{1}{2m}\hat{p}^2 + V(q)\right)\phi_0(q) = E_0\phi_0(q) \tag{7.80}$$

を満たす基底状態のエネルギー E_0 と,固有状態 $\phi_0(q)$ が解けたとする. こ

の方程式は虚数を含まないので，$\phi_0(q)$ はいつも実関数にとることができ，また基底状態は節（零点）がないから[*11] $\phi_0(q) > 0$ と仮定してよい．そこで，$U(q) = -\hbar \ln \phi_0(q)$ とおいて (7.80) に代入すると，

$$V - E_0 = \frac{1}{2m}(U'^2 - \hbar U'') \tag{7.81}$$

の関係が導かれる．結局，改めて $W = U'$ と書くなら，(7.80) は超対称なポテンシャル問題の基底状態 $\mathbf{\Phi}_0 = \begin{pmatrix} 0 \\ \phi_0 \end{pmatrix}$ を決める関係 $\hat{H}_- \phi_0 = 0$ に帰着する．同様に，励起状態のシュレーディンガー方程式 $\hat{H}\phi_n = E_n \phi_n, (n \geq 1)$ で，ポテンシャルの置き換え (7.81) を行えば，$\mathbf{\Phi}_n^- = \begin{pmatrix} 0 \\ \phi_n \end{pmatrix}, (n \geq 1)$ に対する固有値方程式

$$\hat{H}\mathbf{\Phi}_n^- = \hat{Q}\hat{Q}^\dagger \mathbf{\Phi}_n^- = \tilde{E}_n \mathbf{\Phi}_n^-, \quad (\tilde{E}_n = E_n - E_0) \tag{7.82}$$

が導かれる．このとき同時に，$\mathbf{\Phi}_n^+ = \hat{Q}^\dagger \mathbf{\Phi}_n^- = \begin{pmatrix} \frac{1}{\sqrt{2m}}(i\hat{p} + W)\phi_n \\ 0 \end{pmatrix}, (n \geq 1)$ は固有値方程式

$$\hat{H}\mathbf{\Phi}_n^+ = \hat{Q}^\dagger \hat{Q} \mathbf{\Phi}_n^+ = \hat{Q}^\dagger(\hat{Q}\hat{Q}^\dagger \mathbf{\Phi}_n^-) = \tilde{E}_n \mathbf{\Phi}_n^+ \tag{7.83}$$

を満たし，励起状態のエネルギー固有値 (> 0) は 2 重に縮退していることになる．

[*11] $\hat{H}\phi_n = E_n \phi_n, (n = 0, 1, 2, \cdots)$ の規格化された解の中で，ϕ_0 が節をもたない解であるとする．このとき，$\psi_0 = \phi_0'/\phi_0$ と定義すると，

$$\psi_0' = \frac{\phi_0''}{\phi_0} - \left(\frac{\phi_0'}{\phi_0}\right)^2 = \frac{2m}{\hbar^2}(V - E_0) - \psi_0^2.$$

そこで，$\hat{H}$ の中の V を上の関係で置き換えて，

$$E_n = \langle \phi_n | \hat{H} | \phi_n \rangle = \langle \phi_n | \frac{1}{2m}\hat{p}^2 + \frac{\hbar^2}{2m}(\psi_0' + \psi_0^2) + E_0 | \phi_n \rangle$$
$$= E_0 + \frac{\hbar^2}{2m}\int_{-\infty}^{\infty} dq\{(\phi_n' - \psi_0 \phi_n)^2 + (\psi_0 \phi^2)'\}.$$

完全微分項は遠方でなくなり，結局 $E_n - E_0 = \frac{\hbar^2}{2m}\|\phi_n' - \psi_0 \phi_n\|^2 \geq 0$ となる．よって，$\hat{H}$ の固有値は必ず E_0 より大きいか等しいことになり，等しい場合は，$\phi_n' - \psi_0 \phi_n = 0$ より $\phi_n \propto \phi_0$ である．また，ϕ_0 はただ一つ存在する．もう一つの解 $\bar{\phi}_0$ が存在すれば，$\phi_0 + c\bar{\phi}_0$ が零点をもつように c を調節できるからである．

第7章 基本的諸問題 II —荷電粒子〜粒子統計

演習問題

7.1 (7.25) で与えた2次元 grad 演算子 $\tilde{\nabla}$ に対し, $\tilde{\nabla}^2 = \frac{1}{\rho}\frac{\partial}{\partial\rho}\left(\rho\frac{\partial}{\partial\rho}\right) + \frac{1}{\rho^2}\frac{\partial^2}{\partial\theta^2}$ を確かめよ.

解 (7.25) から, $\tilde{r} = xe_x + ye_y$ として $e_\rho = \tilde{\nabla}\rho = \frac{\tilde{r}}{\rho}$ より

$$\tilde{\nabla}\cdot e_\rho = \frac{\tilde{\nabla}\cdot\tilde{r}}{\rho} - \frac{(\tilde{r})^2}{\rho^3} = \frac{1}{\rho}.$$

また, $e_\theta = \rho\tilde{\nabla}\theta = e_y\cos\theta - e_x\sin\theta$ に注意して,

$$\tilde{\nabla}\cdot e_\theta = -\sin\theta e_y\cdot\tilde{\nabla}\theta - \cos\theta e_x\cdot\tilde{\nabla}\theta = 0.$$

従って,

$$\tilde{\nabla}^2 = (\tilde{\nabla}\cdot e_\rho)\frac{\partial}{\partial\rho} + (e_\rho\cdot\tilde{\nabla})\frac{\partial}{\partial\rho} + (e_\theta\cdot\tilde{\nabla})\frac{1}{\rho}\frac{\partial}{\partial\theta}$$

$$= \frac{1}{\rho}\frac{\partial}{\partial\rho} + \frac{\partial^2}{\partial\rho^2} + \frac{1}{\rho^2}\frac{\partial^2}{\partial\rho^2} = \frac{1}{\rho}\frac{\partial}{\partial\rho}\left(\rho\frac{\partial}{\partial\rho}\right) + \frac{1}{\rho^2}\frac{\partial^2}{\partial\theta^2}.$$

7.2 (7.27) が, シュレーディンガー方程式 (7.23) の解であることを確かめよ.

解 (7.27) に演算子 $(\tilde{\nabla} + i\alpha e_\theta)^2$ を作用させると

$$(\tilde{\nabla}+i\alpha e_\theta)^2\psi_{\text{out}}(x,y) = 2\sqrt{\frac{i}{\pi}}e^{-i\alpha\theta-ikx}(\tilde{\nabla}-ike_x)^2\int_0^{\sqrt{k(\rho+x)}}e^{i\xi^2}d\xi.$$

ここで, (7.25) から $\tilde{\nabla}(\rho+x) = e_\rho + e_x$ に注意して,

$$-2ike_x\cdot\tilde{\nabla}\int_0^{\sqrt{k(\rho+x)}}e^{i\xi^2}d\xi = -ik\sqrt{k}\frac{e_x\cdot(e_\rho+e_x)}{\sqrt{\rho+x}}e^{ik(\rho+x)}$$

$$= -ik\sqrt{k}\frac{\cos\theta+1}{\sqrt{\rho+x}}e^{ik(\rho+x)}.$$

また, $\sqrt{\rho+x} = \sqrt{\rho}\cos\frac{\theta}{2}$ に円柱座標の $\tilde{\nabla}^2$ を適用すると $\tilde{\nabla}^2\sqrt{\rho+x} = 0$ が得られるから,

$$\tilde{\nabla}^2\int_0^{\sqrt{k(\rho+x)}}e^{i\xi^2}d\xi = \tilde{\nabla}\cdot\left[\sqrt{k}\left(\tilde{\nabla}\sqrt{\rho+x}\right)e^{ik(\rho+x)}\right]$$

$$= ik\sqrt{k}\frac{e_\rho+e_x}{2\sqrt{\rho+x}}\cdot(e_\rho+e_x)e^{ik(\rho+x)}$$

$$= ik\sqrt{k}\frac{\cos\theta+1}{\sqrt{\rho+x}}.$$

演 習 問 題   145

結局, $\tilde{\nabla}^2 - 2ik\boldsymbol{e}_x \cdot \tilde{\nabla}$ を積分に作用させたものは 0 になり,
$$(\tilde{\nabla} + i\alpha\boldsymbol{e}_\theta)^2 \psi_{\text{in}}(x,y) = -k^2 \psi_{\text{in}}(x,y).$$

7.3 十分大きな ρ に対する ψ_{out} の漸近形 (7.28) を確かめよ.

解
$$\begin{aligned}
\int_0^{\sqrt{k(\rho+x)}} e^{i\xi^2} d\xi &= \int_0^\infty e^{i\xi^2} d\xi - \int_{\sqrt{k(\rho+x)}}^\infty e^{i\xi^2} d\xi \\
&= \frac{1}{2}\sqrt{\frac{\pi}{i}} - \int_{\sqrt{k(\rho+x)}}^\infty \left(\frac{1}{2i\xi}\frac{d}{d\xi}e^{i\xi^2}\right) d\xi \\
&= \frac{1}{2}\sqrt{\frac{\pi}{i}} - \left[\frac{e^{i\xi^2}}{2i\xi}\right]_{\sqrt{k(\rho+x)}}^\infty - \int_{\sqrt{k(\rho+x)}}^\infty \frac{e^{i\xi^2}}{2i\xi^2}d\xi \\
&= \frac{1}{2}\sqrt{\frac{\pi}{i}}\left[1 + \frac{e^{ik(\rho+x)}}{\sqrt{\pi ik(\rho+x)}}\right] + O\left(\frac{1}{\rho}\right)
\end{aligned}$$

より明らか.

7.4 磁場の中の荷電粒子のハミルトニアン (7.37) で, $V = 0$ とおいた場合のエネルギー固有値を求めよ.

解 一般性を失うことなく, $\boldsymbol{B} = B\boldsymbol{e}_3$ と選ぶことができる. このとき, ハミルトニアンは

$$\begin{aligned}
\hat{H} &= \frac{1}{2m}\left\{\left(\hat{p}_1 + \frac{qB}{2c}x_2\right)^2 + \left(\hat{p}_2 - \frac{qB}{2c}x_1\right)^2 + \hat{p}_3^2\right\} \\
&= \frac{1}{2m}\hat{\Pi}^2 + \frac{m\Omega^2}{2}\hat{Q}^2 + \frac{1}{2m}\hat{p}_3^2 \\
&= \hbar\Omega\left(\hat{A}^\dagger\hat{A} + \frac{1}{2}\right) + \frac{1}{2m}\hat{p}_3^2, \quad \left(\Omega = \frac{qB}{mc}\right)
\end{aligned}$$

と書ける. ここで, $\hat{Q}, \hat{\Pi}$ は $x_3, \hat{p}_3$ と可換な演算子で

$$\hat{\Pi} = \left(\hat{p}_2 - \frac{qB}{2c}x_1\right) = i\sqrt{\frac{\hbar m\Omega}{2}}(\hat{A}^\dagger - \hat{A}),$$

$$\hat{Q} = \frac{c}{qB}\left(\hat{p}_1 + \frac{qB}{2c}x_2\right) = \sqrt{\frac{\hbar}{2m\Omega}}(\hat{A}^\dagger + \hat{A})$$

で定義される. 容易に確かめられるように, $\hat{Q}, \hat{\Pi}$ は交換関係

$$[\hat{Q}, \hat{\Pi}] = i\hbar, \ (\Leftrightarrow \ [\hat{A}, \hat{A}^\dagger] = 1)$$

を満たし, ハミルトニアンは 3 軸方向の自由運動と, 1 次元調和振動子と等価な 1, 2 軸平面内の運動の項に分解される. Ω は磁場の中での荷電粒子のラーマー

回転の角速度に他ならず,これを使ってこの系のエネルギー固有値が,明らかに $E = \hbar\Omega(n + \frac{1}{2}) + \frac{\hbar^2 k^2}{2m}, (n = 0, 1, 2, \cdots; k = 実数)$ と求まる。

7.5 反交換関係 $\{\hat{b}, \hat{b}^\dagger\} = 1, \{\hat{b}, \hat{b}\} = \{\hat{b}^\dagger, \hat{b}^\dagger\} = 0$ で定義されるフェルミ演算子 $\hat{b}$ の,固有値と固有状態(ボース型消滅演算子におけるコヒーレント状態に対応する)を調べよ.

解 固有値方程式 $\hat{b}|\theta\rangle = \theta|\theta\rangle$ に左から $\hat{b}$ を作用させ, $\{\hat{b}, \theta\} = 0$ を仮定すると, $0 = \hat{b}^2|\theta\rangle = -\theta^2|\theta\rangle$. 従って,固有値は $\theta^2 = 0$ を満たす自明でない "数", すなわちグラスマン (Grassmann) 数でなくてはならない. このような "数" と,完全系 $|0\rangle, |1\rangle = \hat{b}^\dagger|0\rangle, (\hat{b}|0\rangle = 0, \langle 0|0\rangle = 1)$ を使うと,

$$\hat{b}(|0\rangle - \theta|1\rangle) = \theta\hat{b}|1\rangle = \theta|0\rangle = \theta(|0\rangle - \theta|1\rangle)$$

を得て, $|\theta\rangle \propto |0\rangle - \theta|1\rangle = e^{-\theta\hat{b}^\dagger}|0\rangle$ であることがわかる. さらに, グラスマン数のエルミート共役を $\theta^\dagger = \bar{\theta}$ と書くと, $\|e^{-\theta\hat{b}^\dagger}|0\rangle\|^2 = 1 + \bar{\theta}\theta = e^{\bar{\theta}\theta}$ となり, 結局規格化された固有状態の形が

$$|\theta\rangle = e^{-\frac{1}{2}\bar{\theta}\theta - \theta\hat{b}^\dagger}|0\rangle, (\langle\theta|\theta\rangle = 1)$$

と得られることになる.

7.6 前問で得られた固有状態に対し, $\int d\theta d\bar{\theta}|\theta\rangle\langle\theta| = 1$ となるように, グラスマン変数の積分を決めよ.

解 θ の任意関数は $f(\theta) = f_0 + \theta f_1$ と書けて, $\theta f(\theta) = \theta f_0 = \theta f(0)$ を満たす. この性質は,実変数 x の関数における δ-関数の性質 $\delta(x)f(x) = \delta(x)f(0)$ に類似するものであり, $\int dx \delta(x) = 1$ に対応させて $\int d\theta\theta = 1$ を要求することは自然であろう. これと積分演算の線形性とから,結局

$$\int d\theta(\cdots) = \frac{\partial}{\partial\theta}(\cdots)$$

とおけばよい. この場合の微分は, グラスマン変数 θ を左に出して取り除くという操作である. このような了解の下で,

$$|\theta\rangle\langle\theta| = (1 - \bar{\theta}\theta)|0\rangle\langle 0| - |0\rangle\langle 1|\bar{\theta} - \theta|1\rangle\langle 0| + \theta\bar{\theta}|1\rangle\langle 1|$$

に注意して, $\int d\bar{\theta}d\theta|\theta\rangle\langle\theta| = \frac{\partial}{\partial\bar{\theta}}\frac{\partial}{\partial\theta}|\theta\rangle\langle\theta| = |0\rangle\langle 0| + |1\rangle\langle 1| = 1$ は明らかである.

7.7 ハミルトニアン $H = \hbar\omega\hat{b}^\dagger\hat{b}$ に対して,経路積分の微小区間におけるグリーン関数の意味で

$$\langle\theta'|e^{-\frac{i}{\hbar}\Delta tH}|\theta\rangle \simeq \exp\left(\frac{i}{\hbar}\Delta tL\right), \ (\theta' = \theta + \Delta\theta)$$

とおいて，グラスマン変数に対する古典的ラグランジアンを求めよ．

解 $\Delta\theta, \Delta t$ を同じオーダーの微小量と考えると，その 1 次近似で $\langle\theta'|\theta\rangle = e^{\frac{1}{2}(\Delta\bar{\theta}\theta - \bar{\theta}\Delta\theta)}$ となることに注意して，

$$\langle\theta'|e^{-\frac{i}{\hbar}\Delta tH}|\theta\rangle \simeq \langle\theta'|1 - \frac{i}{\hbar}\Delta t(\hbar\omega\bar{\theta}'\theta)|\theta\rangle$$
$$\simeq \exp\left[\frac{i}{\hbar}\Delta t\{\hbar\omega\theta\bar{\theta} - \frac{i\hbar}{2}(\dot{\bar{\theta}}\theta - \bar{\theta}\dot{\theta})\}\right].$$

これから，求めるラグランジアンが

$$L = \hbar\omega\theta\bar{\theta} - \frac{i\hbar}{2}(\dot{\bar{\theta}}\theta - \bar{\theta}\dot{\theta})$$

であることがわかる．

補足 完全微分項を落として $L = \hbar\omega\theta\bar{\theta} + i\hbar\bar{\theta}\dot{\theta}$ と書くと，$\pi = \frac{\partial}{\partial\dot{\theta}}L = -i\hbar\bar{\theta}$ となる．そこで，量子化 $\{\pi, \theta\} = -i\hbar\{\bar{\theta}, \theta\} = -i\hbar$ を仮定すれば，$\{\bar{\theta}, \theta\} = 1$ となり，$\bar{\theta} \to \hat{b}, \theta \to \hat{b}^\dagger$ と対応させると，量子化されたハミルトニアンは出発点の形に帰着する．

7.8 磁気単極子の (古典的) 角運動量は，$\boldsymbol{L} = \boldsymbol{r} \times m\boldsymbol{v} - \frac{eg}{c}\frac{\boldsymbol{r}}{r}$ の形で保存することを示せ．

解 ローレンツの運動方程式 $\frac{d}{dt}(m\boldsymbol{v}) = \frac{e}{c}\boldsymbol{v} \times \frac{g\boldsymbol{r}}{r^3}$ に注意して

$$\frac{d}{dt}(\boldsymbol{r} \times m\boldsymbol{v}) = \frac{eg}{c}\boldsymbol{r} \times \frac{(\boldsymbol{v} \times \boldsymbol{r})}{r^3} = \frac{eg}{c}\left(\frac{\boldsymbol{v}}{r} - \frac{\boldsymbol{r}(\boldsymbol{r}\cdot\boldsymbol{v})}{r^3}\right) = \frac{d}{dt}\frac{eg}{c}\frac{\boldsymbol{r}}{r}$$

より明らか．

注 この形から $\boldsymbol{L}\cdot\boldsymbol{e}_r = \frac{eg}{c}$ となり，ディラックの量子化条件を角運動量の量子化条件と結びつける試みもある．

7.9 微小な磁気モーメント $gd\boldsymbol{l}$ を $z = -\infty$ から $z = 0$ まで並べてできるソレノイドの作る磁場は，古典的な磁気単極子と z 軸負方向にある特異点との和になることを示せ．

解 位置 $\boldsymbol{l} = z'\boldsymbol{e}_z, (z' < 0)$ にある微小磁気モーメントが観測点 $\boldsymbol{r}$ に作るベクトルポテンシャルは，$d\boldsymbol{A} = \frac{gd\boldsymbol{l}\times\boldsymbol{R}}{R^3}, (\boldsymbol{R} = \boldsymbol{r} - \boldsymbol{l})$ である．$d\boldsymbol{l} \times \boldsymbol{R} = dz'(-y\boldsymbol{e}_x + x\boldsymbol{e}_y)$ に注意して，このベクトルポテンシャルを z 軸負方向で積分すると，直交座標あるいは極座標で

$$\boldsymbol{A} = g\int_{-\infty}^{0}\frac{d\boldsymbol{l}\times\boldsymbol{R}}{R^3} = \frac{g}{r}\frac{-y}{r+z}\boldsymbol{e}_x + \frac{g}{r}\frac{x}{r+z}\boldsymbol{e}_y$$

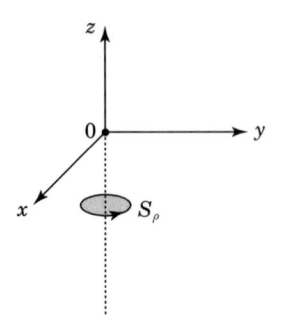

図 7.9 ソレノイドを表す特異点.

$$= \frac{g}{r}\frac{1-\cos\theta}{\sin\theta}e_\varphi = \frac{g}{r}\frac{\sin\theta}{1+\cos\theta}e_\varphi$$

の表式を得る．ベクトルポテンシャル A は，明らかに z 軸負方向に特異点をもつ．これを，$dr\cdot e_\varphi = r\sin\theta d\varphi$ に注意して z 軸に垂直な半径 $\rho = r\sin\theta$ の微小な円板 S_ρ の周に沿って積分し，$\theta\to 0, \pi$ の極限をとると (図 7.9)，

$$\oint dr\cdot A = \int_{S_\rho} dS\cdot(\nabla\times A) = 2\pi g(1-\cos\theta) = \begin{cases} 4\pi g & (\theta\to\pi) \\ 0 & (\theta\to 0). \end{cases}$$

一方，$r\neq 0, -z$ の位置では，A の直交座標表示から

$$\nabla\times A = g\frac{r}{r^3}, \quad (r\neq 0, -z).$$

従って，二つの結果を総合すると

$$\nabla\times A = g\frac{r}{r^3} + 4\pi g\delta(x)\delta(y)\theta(-z)e_z$$

となる．これから A は，z 軸負方向にのびた幅のないソレノイドの端点 (原点) を磁束の湧き出しとし，あたかも磁気単極子のように振る舞うベクトルポテンシャルであることがわかる．

7.10 上記ベクトルポテンシャルの下にある，エネルギー E の荷電粒子のシュレーディンガー方程式を書き下し，波動関数を $\psi_E(r) = f(r)S(\theta,\varphi)$ と変数分離してそれぞれの関数が満たす方程式を導け．

解 シュレーディンガー方程式の形式的な形は

$$-\frac{\hbar^2}{2m}\left(\nabla + i\frac{e}{\hbar c}A\right)^2\psi_E(r) = E\psi_E(r)$$

であるが，$\boldsymbol{A}$ の直交座標の形から $(\nabla \cdot \boldsymbol{A}) = 0$ が確かめられ，また極座標で $\nabla = \boldsymbol{e}_r \frac{\partial}{\partial r} + \boldsymbol{e}_\theta \frac{1}{r}\frac{\partial}{\partial \theta} + \boldsymbol{e}_\varphi \frac{1}{r\sin\theta}\frac{\partial}{\partial \varphi}$ であることに注意して，

$$\nabla^2 = \Delta = \frac{1}{r^2}\frac{\partial}{\partial r}\left(r^2 \frac{\partial}{\partial r}\right) + \frac{1}{r^2 \sin\theta}\frac{\partial}{\partial \theta}\left(\sin\theta \frac{\partial}{\partial \theta}\right) + \frac{1}{r^2 \sin^2\theta}\frac{\partial^2}{\partial \theta^2},$$

$$\boldsymbol{A} \cdot \nabla = \frac{g}{r^2}\frac{1-\cos\theta}{\sin^2\theta}\frac{\partial}{\partial \varphi},$$

$$\boldsymbol{A}^2 = \left(\frac{g}{r}\frac{1-\cos\theta}{\sin\theta}\right)^2$$

と書ける．従って，極座標でのシュレーディンガー方程式は

$$\left\{\frac{1}{r^2}\frac{\partial}{\partial r}\left(r^2 \frac{\partial}{\partial r}\right) + \frac{1}{r^2}\Lambda\right\}\psi_E = -\frac{2mE}{\hbar}\psi_E.$$

ただし，

$$\Lambda \equiv \frac{1}{\sin\theta}\frac{\partial}{\partial \theta}\left(\sin\theta \frac{\partial}{\partial \theta}\right) + \frac{1}{r^2 \sin^2\theta}\frac{\partial^2}{\partial \theta^2}$$
$$+ i\frac{eg}{\hbar c}\sec^2\left(\frac{\theta}{2}\right)\frac{\partial}{\partial \varphi} - \left(\frac{eg}{\hbar c}\right)^2 \tan^2\left(\frac{\theta}{2}\right)$$

となる．ここで，Λ は角度 θ, φ のみに作用する演算子であるから，$\psi_E(\boldsymbol{r}) = f(r)S(\theta,\varphi)$ と変数分離を行うことにより，方程式は連立方程式

$$\left\{\frac{1}{r^2}\frac{\partial}{\partial r}\left(r^2 \frac{\partial}{\partial r}\right) - \frac{1}{r^2}\lambda\right\}f(r) = -\frac{2mE}{\hbar}f(r)$$
$$\Lambda S(\theta,\varphi) = -\lambda S(\theta,\varphi)$$

に分離する．

注 Λ の固有値方程式は，ディラック量子化条件の $n=1$ に相当する $\frac{eg}{\hbar c} = \frac{1}{2}$ の場合，$\lambda = \frac{1}{2}$ の固有値解が存在し，その独立解は

$$S_a = \cos\frac{\theta}{2}, \quad S_b = \sin\frac{\theta}{2}e^{-i\varphi}$$

であることが確かめられる．期待されるように，S_a は z 軸負方向が波動関数の零曲線となり，いたるところ連続である．一方，S_b は z 軸正方向では 0 になり，z 軸負方向を一周すると，いかに小さな経路であっても 2π の位相差を生じ，不連続性が生じる．しかし，この変化は β の変化により打ち消すことができ，(7.32) の波動関数はいたるところ連続となる．結局，この状態の下で $\nabla \times \boldsymbol{A}$ の特異点は原点の磁気単極子のみとなり，量子力学の本質である位相の性質から，磁気単極子の存在が許されることになる．

第 8 章
近似法の諸問題

シュレーディンガー方程式が正確に解けない問題では，何等かの近似法を用意する必要がある．このような近似法は，単に実用上の意味だけではなく，量子力学の本質にかかわる内容を明らかにする場合もある．

8.1 時間に依存しない摂動

摂動論は，ハミルトニアンが正確に固有状態の解ける部分と残りの微小部分（摂動項）に分けられる場合に，エネルギー固有値とその固有状態を求める，典型的な近似方法である．いま，時間に依存しない系のハミルトニアンが，

$$\hat{H} = \hat{H}_0 + \lambda \hat{H}_1, \ (|\lambda| \ll 1) \tag{8.1}$$

と分解され，$\hat{H}_0$ の固有値 $\{E_n^{(0)}\}$ に縮退はなく，それぞれの固有値に属する固有状態が，

$$\hat{H}_0 |\phi_n^{(0)}\rangle = E_n^{(0)} |\phi_n^{(0)}\rangle, \tag{8.2}$$

$$\langle \phi_n^{(0)} | \phi_m^{(0)} \rangle = \delta_{nm}, \ (n, m = 0, 1, 2, \cdots) \tag{8.3}$$

の形に求められているとする．このとき，ハミルトニアン $\hat{H}$ の固有値と固有状態は，λ が十分小さければ

$$\hat{H} |\phi_n\rangle = E_n |\phi_n\rangle, \tag{8.4}$$

8.1 時間に依存しない摂動

$$E_n = E_n^{(0)} + \lambda E_n^{(1)} + \lambda^2 E_n^{(2)} + \cdots, \tag{8.5}$$

$$|\phi_n\rangle = |\phi_n^{(0)}\rangle + \lambda|\phi_n^{(1)}\rangle + \lambda^2|\phi_n^{(2)}\rangle + \cdots \tag{8.6}$$

の展開形をもち，条件 $\lim_{\lambda \to 0} E_n = E_n^{(0)}, \lim_{\lambda \to 0} |\phi_n\rangle = |\phi_n^{(0)}\rangle$ を満たすと考えるのが，基本的仮定である．

(8.5),(8.6) を (8.4) に代入し，λ の次数ごとにまとめると

$$(\hat{H} - E_n)|\phi_n\rangle = \sum_{k=0}^{\infty} \lambda^k (k\,\text{次})_n = 0, \tag{8.7}$$

ただし，

$$\begin{aligned}
(0\,\text{次})_n &= (\hat{H}_0 - E_n^{(0)})|\phi_n^{(0)}\rangle, \\
(1\,\text{次})_n &= (\hat{H}_0 - E_n^{(0)})|\phi_n^{(1)}\rangle + (\hat{H}_1 - E_n^{(1)})|\phi_n^{(0)}\rangle, \\
(2\,\text{次})_n &= (\hat{H}_0 - E_n^{(0)})|\phi_n^{(2)}\rangle + (\hat{H}_1 - E_n^{(1)})|\phi_n^{(1)}\rangle - E_n^{(2)}|\phi_n^{(0)}\rangle, \\
&\vdots
\end{aligned} \tag{8.8}$$

となる．また，状態 $|\phi_n\rangle$ の規格化条件は

$$\begin{aligned}
\langle \phi_n | \phi_n \rangle &= 1 + \lambda \{\langle \phi_n^{(0)} | \phi_n^{(1)} \rangle + \langle \phi_n^{(1)} | \phi_n^{(0)} \rangle\} + \cdots \\
&= 1
\end{aligned} \tag{8.9}$$

である．固有値方程式 (8.7) の解は，λ の小さい次数から順に，$(0\,\text{次})_n = 0$, $(1\,\text{次})_n = 0$, $(2\,\text{次})_n = 0, \cdots$ を要請することにより，正確な解に近づいてゆく．まず，$(0\,\text{次})_n = 0$ は $\hat{H}_0$ の固有値方程式 (8.2) そのものである．次に，$\langle \phi_n^{(0)} | (1\,\text{次})_n = 0$ から

$$E_n^{(1)} = \langle \phi_n^{(0)} | \hat{H}_1 | \phi_n^{(0)} \rangle \tag{8.10}$$

が，また $\langle \phi_m^{(0)} | (1\,\text{次})_n = 0, (m \neq n)$ から，

$$\langle \phi_m^{(0)} | \phi_n^{(1)} \rangle = -\frac{\langle \phi_m^{(0)} | \hat{H}_1 | \phi_n^{(0)} \rangle}{E_m^{(0)} - E_n^{(0)}} \tag{8.11}$$

が得られる．さらに，$\langle \phi_n^{(0)} | \phi_n^{(1)} \rangle$ が実数になるように $|\phi_n\rangle$ の位相を調節する

と，(8.9) より $\langle \phi_n^{(0)} | \phi_n^{(1)} \rangle = 0$ となり，上式と合わせて

$$\begin{aligned}|\phi_n^{(1)}\rangle &= \sum_{m \neq n} |\phi_m^{(m)}\rangle \langle \phi_m^{(0)} | \phi_n^{(1)} \rangle \\ &= -\sum_{m \neq n} |\phi_m^{(0)}\rangle \frac{\langle \phi_m^{(0)} | \hat{H}_1 | \phi_n^{(0)} \rangle}{E_m^{(0)} - E_n^{(0)}}\end{aligned} \quad (8.12)$$

が導かれる．(8.10), (8.12) が，定常状態への第 1 次近似の結果である．この形から明らかに，近似の手順に矛盾がないためには，$|\langle \phi_m^{(0)} | \hat{H}_1 | \phi_n^{(0)} \rangle| \ll |E_m^{(0)} - E_n^{(0)}|$ でなくてはならない．

同様に，エネルギー固有値への 2 次補正についても，$\langle \phi_n^{(0)} | (2 次)_n = 0$ から直ちに，

$$E_n^{(2)} = \langle \phi_n^{(0)} | \hat{H}_1 | \phi_n^{(1)} \rangle = -\sum_{m \neq n} \frac{|\langle \phi_m^{(0)} | \hat{H}_1 | \phi_n^{(0)} \rangle|^2}{E_m^{(0)} - E_n^{(0)}} \quad (8.13)$$

と計算される．以下，基本的には同様の手順で，高次の補正項が求められる．

上の近似法の有効性を確かめるために，実際には正確に解ける以下の 1 次元調和振動子のハミルトニアンを考える．

$$\hat{H} = \underbrace{\frac{1}{2m}\hat{p}^2 + \frac{m\omega^2}{2}\hat{q}^2}_{\hat{H}_0} + \lambda \underbrace{\frac{m\omega^2}{2}\hat{q}^2}_{\hat{H}_1} \quad (8.14)$$

$$= \frac{1}{2m}\hat{p}^2 + \frac{m\Omega^2}{2}\hat{q}^2, \ (\Omega = \omega\sqrt{1+\lambda}). \quad (8.15)$$

ハミルトニアン (8.15) の固有値は，第 6 章で解いた調和振動子の固有値で $\omega \to \Omega$ と置き換えれば求まり，n 番目の励起状態では

$$\begin{aligned}E_n &= \hbar\Omega \left(n + \frac{1}{2}\right) \\ &= \hbar\omega \left(n + \frac{1}{2}\right)\left(1 + \frac{\lambda}{2} - \frac{\lambda^2}{8} + \cdots\right)\end{aligned} \quad (8.16)$$

となっている．一方，摂動論の方法では，調和振動子 $\hat{H}_0$ の固有値 $E_n^{(0)} = \hbar\omega(n+\frac{1}{2})$ と (6.38) の固有状態 $|n\rangle = (\hat{a}^\dagger)^n |0\rangle / \sqrt{n!}$ を，出発点の第 0 近似とする．このとき，$\hat{a}^{\dagger 2} |n\rangle = \sqrt{(n+1)(n+2)} |n+2\rangle$, $\hat{a}^2 |n\rangle = \sqrt{n(n-1)} |n-2\rangle$,

8.1 時間に依存しない摂動

および (6.30) 等に注意すると，

$$\langle m|\hat{H}_1|n\rangle = \frac{\hbar\omega}{4}\langle m|\hat{a}^{\dagger 2} + \hat{a}^2 + (2\hat{a}^\dagger\hat{a} + 1)|n\rangle \tag{8.17}$$
$$= \frac{\hbar\omega}{4}\{\sqrt{(n+1)(n+2)}\delta_{m,n+2} + \sqrt{n(n-1)}\delta_{m,n-2} + (2n+1)\delta_{m,n}\}$$

が得られる．これから，

$$E_n^{(1)} = \langle n|\hat{H}_1|n\rangle = \frac{1}{2}\times\hbar\omega\left(n+\frac{1}{2}\right) \tag{8.18}$$

および，

$$E_n^{(2)} = -\frac{|\langle n+2|\hat{H}_1|n\rangle|^2}{E_{n+2}^{(0)} - E_n^{(0)}} - \frac{|\langle n-2|\hat{H}_1|n\rangle|^2}{E_{n-2}^{(0)} - E_n^{(0)}}$$
$$= -\frac{1}{8}\times\hbar\omega\left(n+\frac{1}{2}\right) \tag{8.19}$$

となり，近似の各項が正確な解を再現していることがわかる．なお，エネルギー固有値の第 2 次近似の補正項が，負になることは注意すべきである．任意の n に対して負になることは，考えている模型の特殊性であるが，基底状態 $E_0^{(0)}(<E_n^{(0)})$ に関しては，(8.13) の構造から一般的に負の値となる．

以上は，$\hat{H}_0$ の固有値に縮退がない場合の議論であり，縮退がある場合には，以下のような修正が必要である．いま，$E_n^{(0)}$ が N 重に縮退し，正規直交化された一次独立な固有状態 $|\phi_{n,1}^{(0)}\rangle,\cdots,|\phi_{n,N}^{(0)}\rangle$ が存在したとする．このとき，これまで $|\phi_n^{(0)}\rangle$ と書いていた状態は，

$$|\phi_n^{(0)}\rangle = \sum_{j=1}^{N} c_j(n)|\phi_{n,j}^{(0)}\rangle \tag{8.20}$$

と考えなくてはならない．上の展開形を (8.8) に適用すると，$(1\,\text{次})_n = 0$ から

$$\langle\phi_{n,i}^{(0)}|(1\,\text{次})_n = \sum_{j=1}^{N}\left(H_1(n)_{ij}c_j(n) - E_n^{(1)}\delta_{ij}c_i(n)\right) = 0, \tag{8.21}$$
$$(\,H_1(n)_{ij} = \langle\phi_{n,i}^{(0)}|\hat{H}_1|\phi_{n,j}^{(0)}\rangle\,)$$

が導かれる．従って，自明でない $\{c_i(n)\}$ が得られるためには，$E_n^{(1)}$ は固有値方程式

$$\begin{vmatrix} H_1(n)_{11} - E_n^{(1)} & H_1(n)_{12} & \cdots & H_1(n)_{1N} \\ H_1(n)_{21} & H_1(n)_{22} - E_n^{(1)} & \cdots & H_1(n)_{2N} \\ \vdots & \vdots & & \vdots \\ H_1(n)_{N1} & H_1(n)_{N2} & \cdots & H_1(n)_{NN} - E_n^{(1)} \end{vmatrix} = 0 \tag{8.22}$$

の解でなくてはならない. $N=1$ のとき, (8.22) は (8.10) に帰着する. また, $N=2$ であれば,

$$E_n^{(1)} = \frac{1}{2} \left[(H_1(n)_{11} + H_1(n)_{22}) \pm \sqrt{(H_1(n)_{11} - H_1(n)_{22})^2 + 4|H_1(n)_{12}|^2} \right] \tag{8.23}$$

となり, $H_1(n)_{11} = H_1(n)_{22}, H_1(n)_{12} = 0$ でなければ, エネルギー固有値の縮退は λ の 1 次で分離する. 一般的には, $\sqrt{\cdots} = 0$ となることもあり, その場合は同じような方法で $E_n^{(2)}$ を解かなくてはならない.

摂動論の実際的な応用の一つとして, 3 方向の外部電場の中におかれた水素原子のシュタルク効果を評価しよう. この場合, $\hat{H}_0$ は水素原子のハミルトニアン (6.61) であり, また $\hat{H}_1$ は, 外部電場の大きさを $\mathcal{E}$ として,

$$\lambda \hat{H}_1 = e\mathcal{E}\hat{x}_3 \tag{8.24}$$

である. さて, $\hat{H}_0$ の固有状態を, 主量子数 n, 方位量子数 l, 磁気量子数 m を使って $|n,l,m\rangle$ と書き, $\lambda = e\mathcal{E}$ と考えるとき, (8.24) による基底状態 $|1,0,0\rangle$ のエネルギー E_1 への補正は,

$$E_{1,0,0}^{(1)} = \langle 1,0,0|\hat{x}_3|1,0,0\rangle = 0, \tag{8.25}$$

$$E_{1,0,0}^{(2)} = -\sum_{n=2}^{\infty} \frac{|\langle n,1,0|\hat{x}_3|0,1,0\rangle|^2}{E_n^{(0)} - E_1^{(0)}} \tag{8.26}$$

となる. (8.25) は, 空間反転の下で基底状態が不変で, $\hat{x}_3$ が符号を変えることによる, (5.24) の帰結である. また (8.26) の行列要素は, $\hat{x}_3|1,0,0\rangle$ が角運動量 1 と 0 の状態の積であるから角運動量 1 の状態で, $[\hat{L}_3, \hat{x}_3] = 0$ により $\hat{L}_3$ の固有値は不変であることを考慮している. 結局, シュタルク効果による基底状態への補正は摂動の 2 次補正であり, $E_n^{(0)} - E_1^{(0)} \sim e^2/a_0, |\langle n,1,0|\hat{x}_3|0,1,0\rangle| \sim a_0$

から，$\lambda^2 E_{1,0,0}^{(2)} \sim -a_0^3 \mathcal{E}^2$ と評価される．

一方，$n=2$ の励起状態には，$(l,m) = (0,0), (1,0), (1,\pm 1)$ の 4 つの状態が縮退している．この場合，$\hat{x}_3$ の行列要素は $\{|2,0,0\rangle, |2,1,0\rangle\}$ の間で存在するから (8.23) の形が適用でき，1 次補正項からの縮退の分離も可能となる．

8.2 時間に依存する摂動

ハミルトニアンの摂動項が時間に依存し，$\hat{V}(t)$ と書ける場合のシュレーディンガー方程式の形式解は，すでに第 5 章で調べたように，ディラック形式で $|\psi_D(t)\rangle = U(t,t_0)|\psi_D(t_0)\rangle$ と書けた．ここで時刻 t_0 の初期状態 $|\psi_D(t)\rangle$ はシュレーディンガー形式の状態に一致し，(8.2),(8.3) に与えた $\hat{H}_0$ の固有状態 $|\phi_n^{(0)}\rangle$ であるとする．このとき，時刻 t の状態は

$$|\psi_D(t)\rangle = |\phi_n^{(0)}\rangle + \frac{1}{i\hbar}\int_{t_0}^{t} dt' \hat{V}_D(t')|\phi_n^{(0)}\rangle + \cdots \quad (8.27)$$

となる．初期状態は完全系を作るから $|\psi_D(t)\rangle = \sum_m |\phi_m^{(0)}\rangle\langle\phi_m^{(0)}|\psi_D(t)\rangle$ と展開され，$|\langle\phi_m^{(0)}|\psi_D(t_1)\rangle|^2$ は時刻 t_1 に系の状態が $|\phi_m^{(0)}\rangle$ に見いだされる確率，すなわち $n \to m$ の**遷移確率**を与える．$\hat{V}_D(t) = e^{i\hat{H}_0(t-t_0)/\hbar}\hat{V}(t)e^{-i\hat{H}_0(t-t_0)/\hbar}$ に注意すると，この遷移確率は

$$\begin{aligned}&P(n \to m) \\ &= \left| \delta_{mn} + \frac{1}{i\hbar}\int_{t_0}^{t_1} dt\, e^{i(E_m^{(0)}-E_n^{(0)})(t-t_0)/\hbar}\langle\phi_m^{(0)}|\hat{V}(t)|\phi_n^{(0)}\rangle + \cdots \right|^2 \end{aligned}$$
(8.28)

となる．

以下，遷移を引き起こす典型的な例として，

(i) $\hat{V}(t) = \hat{V}^0 \cos\omega t$,

(ii) $\hat{V}(t) = \begin{cases} \hat{V}^0, (|t| < \frac{\Delta t}{2}) \\ 0, (|t| > \frac{\Delta t}{2}) \end{cases} \quad \cdots \quad (t_0 < -\Delta t/2 \text{ とする})$

の二つの場合を，$m \neq n$ の場合につき，$\hat{V}^0$ の1次近似の範囲で考える．

まず (i) は，振動する外場で系を小さく揺さぶる場合で，

$$P(n \to m) = \frac{|V_{mn}^0|^2}{4\hbar^2} \left| \int_{t_0}^{t_1} dt \left(e^{i(\omega_{mn}+\omega)t} + e^{i(\omega_{mn}-\omega)t} \right) \right|^2, \tag{8.29}$$

ただし，

$$\hbar\omega_{mn} = (E_m^{(0)} - E_n^{(0)}), \quad V_{mn}^0 = \langle \phi_m^{(0)} | \hat{V}^0 | \phi_n^{(0)} \rangle$$

となる．そこで，$T = (t_1 + t_0)/2, \Delta t = t_1 - t_0$ として，

$$\int_{t_0}^{t_1} dt e^{i\omega t} = 2\pi e^{i\omega T} \delta_\Delta(\omega) \tag{8.30}$$

とおくと，$\delta_\Delta(\omega)$ が十分大きな Δt に対して δ–関数で近似できること，従って $\delta_\Delta(\omega)^2 \simeq \delta_\Delta(0)\delta_\Delta(\omega) = (\Delta t/2\pi)\delta_\Delta(\omega)$ など[*1)]に注意して，単位時間あたりの遷移確率 $\tilde{P} = P/\Delta t$ が，

$$\tilde{P}(n \to m) \simeq \sum_\pm \frac{\pi}{2\hbar^2} |V_{mn}^0|^2 \delta_\Delta(\omega_{mn} \pm \omega) \tag{8.31}$$

$$= \sum_\pm \frac{\pi}{2\hbar} |V_{mn}^0|^2 \delta_\Delta(E_m^{(0)} - E_n^{(0)} \pm \hbar\omega) \tag{8.32}$$

と求められる．(8.31), (8.32) はフェルミの黄金則 (**golden rule**) として知られている形である．

(ii) の場合はもっと簡単で，

$$P(n \to m) = \frac{|V_{mn}^0|^2}{\hbar^2} \left| \int_{-\Delta t/2}^{\Delta t/2} dt e^{i\omega_{mn} t} \right|^2. \tag{8.33}$$

従って，積分を $2\pi\delta_\Delta(\omega_{mn})$ で置き換えると，

$$\tilde{P}(n \to m) \simeq \frac{2\pi}{\hbar^2} |V_{mn}^0|^2 \delta_\Delta(\omega_{mn}) \tag{8.34}$$

[*1)] $\delta_\Delta(\omega) = \frac{1}{2\pi} \int_{-\Delta t/2}^{\Delta t/2} dt e^{i\omega t} = \frac{\sin(\omega \Delta t/2)}{\pi \omega}$ であるが，
$\delta_\Delta(\omega) \simeq \frac{2\pi}{\Delta t} \delta_\Delta(\omega)^2 = \frac{\sin^2(\omega \Delta t/2)}{\pi \omega^2 \Delta t/2}$ と考えてもよい．

8.3 断熱近似とベリーの位相

$$\delta_\Delta(\omega) = \frac{\sin(\omega\Delta t/2)}{\pi\omega}$$

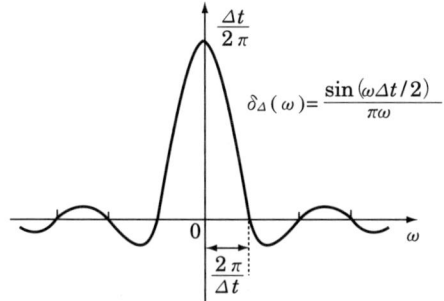

図 8.1 ω と Δt の不確定性関係. Δt が大きくなれば, $\delta_\Delta(\omega) \neq 0$ の領域は $\omega \simeq 0$ になり, Δt が小さくなればその領域は広がる. $\delta_\Delta(\omega)$ の最初の零点は, $\omega\Delta t/2 = \pi$ の位置であるから, $\delta_\Delta(\omega) \neq 0$ の領域はほぼ $\Delta t\Delta\omega \sim 2\pi$, あるいは $\Delta t\Delta E \sim h$ の関係で制限される.

$$\simeq \frac{2\pi}{\hbar}|V_{mn}^0|^2\delta_\Delta(E_m^{(0)} - E_n^{(0)}) \tag{8.35}$$

を得る. ここに現れる $\delta_\Delta(\omega)$ は, 近似的な δ-関数である. このため, $\hat{V}(t)$ による相互作用の時間 Δt が十分長ければ状態は $E_m^{(0)} = E_n^{(0)}$ にとどまるが, 相互作用の時間が短いインパクト型であれば, $\Delta\omega\Delta t \sim 2\pi$ あるいは $\Delta t\Delta E \sim h$ の不確定性関係の範囲で (図 8.1), 他の状態への遷移が許されることになる.

8.3 断熱近似とベリーの位相

前節までは, 非摂動ハミルトニアン $\hat{H}_0$ の固有値や固有状態が, 小さな摂動項の導入によりどのように補正され, 変化し得るかに注目した. 一方, ゆるやかに時間に依存する全ハミルトニアンの固有値や固有状態が, 時間とともにどのように変化するかに注目する場合もある. いま, 時間に依存するハミルトニアン

$$\hat{H}(t) = \hat{H}_0 + \hat{V}(t) \tag{8.36}$$

が, 各時刻 t ごとに離散的で縮退のない固有値と固有状態

$$\hat{H}(t)|\phi_n(t)\rangle = E_n(t)|\phi_n(t)\rangle, \tag{8.37}$$

第 8 章　近似法の諸問題

$$\langle \phi_n(t)|\phi_m(t)\rangle = \delta_{nm}, \ (n,m = 0,1,2,\cdots) \tag{8.38}$$

を導くものとする．このとき，シュレーディンガー方程式

$$i\hbar\frac{\partial}{\partial t}|\psi(t)\rangle = \hat{H}(t)|\psi(t)\rangle \tag{8.39}$$

の解 $|\psi(t)\rangle$ は，$\{|\phi_n(t)\rangle\}$ の重ね合わせで

$$|\psi(t)\rangle = \sum_n |\phi_n(t)\rangle\langle\phi_n(t)|\psi(t)\rangle \tag{8.40}$$

と表すことができる．(8.40) を (8.39) に代入して，

$$\sum_n \left[\left\{i\hbar\frac{\partial}{\partial t}|\phi_n(t)\rangle\right\}\langle\phi_n(t)|\psi(t)\rangle + |\phi_n(t)\rangle\left\{i\hbar\frac{\partial}{\partial t}\langle\phi_n(t)|\psi(t)\rangle\right\}\right]$$
$$= \sum_n E_n(t)|\phi_n(t)\rangle\langle\phi_n(t)|\psi(t)\rangle. \tag{8.41}$$

そこで，改めて

$$\langle\phi_n(t)|\psi(t)\rangle = c_n(t)e^{-\frac{i}{\hbar}\int_{t_0}^{t}dt'E_n(t')} \tag{8.42}$$

とおき，(8.41) に左から $\langle\phi_n(t)|$ を内積して整理すると

$$\frac{d}{dt}c_n(t)$$
$$= i\sum_m \langle\phi_n(t)|i\frac{\partial}{\partial t}|\phi_m(t)\rangle c_m(t) \times e^{-\frac{i}{\hbar}\int_{t_0}^{t}dt'(E_m(t')-E_n(t'))} \tag{8.43}$$

が得られる．右辺の m に関する和で，$m = n$ と $m \neq n$ の項は，注意深く分けて考える必要がある．まず $m \neq n$ の項に対しては，(8.37) の時間微分から

$$0 = \langle\phi_n(t)|i\frac{\partial}{\partial t}\left[(\hat{H}(t) - E_m(t))|\phi_m(t)\rangle\right]$$
$$= (E_n(t) - E_m(t))\langle\phi_n(t)|i\frac{\partial}{\partial t}|\phi_m(t)\rangle$$
$$+ i\langle\phi_n(t)|\dot{\hat{V}}(t)|\phi_m(t)\rangle \tag{8.44}$$

を得て，

8.3 断熱近似とベリーの位相

$$\langle \phi_n(t)|i\frac{\partial}{\partial t}|\phi_m(t)\rangle = -\frac{i\langle \phi_n(t)|\dot{\hat{V}}(t)|\phi_m(t)\rangle}{E_n(t)-E_m(t)}, \quad (8.45)$$
$$(m \neq n)$$

と書くことができる．一方，$m = n$ の項に対しては，$\langle \phi_n(t)|\phi_n(t)\rangle = 1$ の時間微分から，

$$0 = i\frac{\partial}{\partial t}\langle \phi_n(t)|\phi_n(t)\rangle = 2\mathrm{Im}\langle \phi_n(t)|i\frac{\partial}{\partial t}|\phi_n(t)\rangle$$

より

$$\langle \phi_n(t)|i\frac{\partial}{\partial t}|\phi_n(t)\rangle = 実数 \quad (8.46)$$

になるが，これ以上の制限は導かれない．

さて，$\hat{V}(t)$ がゆるやかに時間に依存するという条件は，具体的には (8.45) が 0 と見なせるという条件で表現できる．これは，$\hat{V}(t)$ の有意な変化が引き起こされる時間を ΔT として，$\langle \phi_m|\dot{\hat{V}}|\phi_n\rangle/(E_m - E_n) = \frac{1}{\hbar}\langle \phi_m|\Delta \hat{V}|\phi_n\rangle/\{\frac{1}{\hbar}\Delta T(E_m - E_n)\}$ から，

$$|E_m - E_n| \gg \frac{\hbar}{\Delta T} \quad (8.47)$$

とも表現され，ΔT の時間では $E_m \leftrightarrow E_n$ の遷移に必要な大きさのエネルギーが供給できないことに対応する．この意味で，(8.45) を 0 と見なす近似が**断熱近似**であり，このとき (8.43) は c_n だけの方程式になり

$$c_n(t) = e^{i\gamma_n(t)}c_n(t_0),$$
$$\gamma_n(t) = \int_{t_0}^{t} dt' \langle \phi_n(t')|i\frac{\partial}{\partial t'}|\phi_n(t')\rangle \quad (8.48)$$

と解ける．後に述べるように，一般的には上式の $\gamma_n(t)$ は位相変換により状態に吸収できるが，系の構造に応じて自明でない位相として残ることがある．この場合の $\gamma_n(t)$ が，ベリー (**Berry**) の位相，あるいは**幾何学的な位相**と呼ばれる因子である．こうして，断熱近似の下では，任意の時刻の状態は

$$|\psi(t)\rangle \simeq \sum_n |\phi_n(t)\rangle c_n(t_0) e^{i\gamma_n(t) - \frac{i}{\hbar}\int_{t_0}^t dt' E_n(t')} \qquad (8.49)$$

となる．これから，初期時刻において $c_n(t_0) = \delta_{nk}$ であれば，任意の時刻において $|\psi(t)\rangle \propto |\phi_k(t)\rangle$ であることがわかる．

さて，上に求めた状態 (8.49) は，5章で求めた規格化条件 $\langle\phi|\phi\rangle = 1$ を満たす完全系 $1 = d\mu(\phi)|\phi\rangle\langle\phi|$ による確率振幅の経路積分表示に類似した構造をもつ．経路積分は近似形ではなく，正確な波動関数が

$$|\psi(t)\rangle = \int d\mu(\phi_1) \int d\mu(\phi_0) |\phi_1\rangle\langle\phi_1|e^{-\frac{i}{\hbar}HT}|\phi_0\rangle\langle\phi_0|\psi(t_0)\rangle \qquad (8.50)$$

ただし，

$$\langle\phi_1|e^{-\frac{i}{\hbar}HT}|\phi_0\rangle = \int_{\phi_0}^{\phi_1} \mathcal{D}\mu(\phi) e^{\frac{i}{\hbar}\int_{t_0}^{t_1} dt \langle\phi|i\hbar\frac{\partial}{\partial t} - H|\phi\rangle} \qquad (8.51)$$

であることを主張する．ここで，$\{\phi\}$ としてエネルギーの固有状態 $\{\phi_n\}$ を使おうとすると，規格化条件 $\langle\phi_n|\phi_n\rangle = 1$ は満たされるが，完全性は離散和 $1 = \sum_n |\phi_n\rangle\langle\phi_n|$ となり，経路積分表示に持ち込めない．しかし断熱近似の意味で各量子状態は安定であり，汎関数積分を関数の和 $\int d\mu(\phi) \to \sum_n$ に，また (8.51) $\to \delta_{n,m} e^{i\gamma_n(t) - \frac{i}{\hbar}\int_{t_0}^t dt' E_n(t')}$ と置き換えることができるなら，(8.50) は (8.49) に帰着する．これは，断熱近似に対する経路積分からの考え方ともいえる．

例 1 断熱近似の状態が簡単に計算できる例として，時間とともにゆるやかに変化する一様な外力 $-g\xi(t)$ の下にある1次元調和振動子を考える．この系のハミルトニアンは

$$\hat{H}(t) = \underbrace{\frac{1}{2m}\hat{p}^2 + \frac{m\omega^2}{2}\hat{x}^2}_{\hat{H}_0} + g\xi(t)\hat{x}. \qquad (8.52)$$

であり，$\hat{H}(t)$ は1次元調和振動子のハミルトニアン $\hat{H}_0$ と次のユニタリ変換で結ばれる．

8.3 断熱近似とベリーの位相

$$\hat{H} = e^{\frac{i}{\hbar}\left(\frac{g\xi(t)}{m\omega^2}\right)\hat{p}}\left[\hat{H}_0 - \frac{g^2\xi(t)^2}{2m\omega^2}\right]e^{-\frac{i}{\hbar}\left(\frac{g\xi(t)}{m\omega^2}\right)\hat{p}}. \tag{8.53}$$

従って，$\hat{H}(t)$ の固有値と固有状態は，調和振動子の固有状態 (6.38) を用いて正確に解け，

$$E_n(t) = \hbar\omega\left(n + \frac{1}{2}\right) - \frac{g^2\xi(t)^2}{2m\omega^2}, \tag{8.54}$$

$$|\phi_n(t)\rangle = e^{\frac{i}{\hbar}\left(\frac{g\xi(t)}{m\omega^2}\right)\hat{p}}|n\rangle \tag{8.55}$$

と表せる．このとき，断熱近似の成立条件 (8.47) は，$\langle n|\hat{x}|m\rangle$ が $m = n \pm 1$ で値をもつことから $|E_n - E_m| = \hbar\omega \gg \hbar/\Delta T$，すなわち $1/\omega \ll \Delta T$ となり，固有振動から決まる時間のスケールが，外力が変化する時間のスケールに比べて十分小さいという，古典力学の断熱条件に一致する．この場合はまた，

$$\langle\phi_n(t)|i\frac{\partial}{\partial t}|\phi_n(t)\rangle = -\frac{1}{\hbar}\frac{g\dot{\xi}}{m\omega^2}\langle n|\hat{p}|n\rangle = 0 \tag{8.56}$$

となり，ベリーの位相は現れない．

例 2 次に，2 次元の等方調和振動子が，二つの外部パラメーター $\xi_1(t), \xi_2(t)$ を通して時間に依存する場合，

$$\begin{aligned}\hat{H}(t) =& \sum_{i=1}^{2}\left[\frac{1}{2m}\hat{p}_i^2 + \frac{m\omega^2}{2}\hat{x}_i^2\right] \\ &+ g\left[\xi_1(t)\left(m\omega\hat{x}_1\hat{x}_2 + \frac{1}{m}\hat{p}_1\hat{p}_2\right) + \xi_2(t)\omega(\hat{x}_1\hat{p}_2 - \hat{x}_2\hat{p}_1)\right]\end{aligned} \tag{8.57}$$

を考える．この形は一見複雑であるが，生成消滅演算子を使うと

$$\begin{aligned}\hat{H}(t) =& \hbar\omega\left[\sum_{i=1}^{2}\left(\hat{a}_i^\dagger\hat{a}_i + \frac{1}{2}\right) + g\xi(t)\left(e^{i\theta(t)}\hat{a}_1^\dagger\hat{a}_2 + e^{-i\theta(t)}\hat{a}_2^\dagger\hat{a}_1\right)\right] \\ =& e^{i\theta(t)\hat{a}_1^\dagger\hat{a}_1}\left[\sum_{i=1}^{2}\left(\hat{a}_i^\dagger\hat{a}_i + \frac{1}{2}\right) + g\xi(t)(\hat{a}_1^\dagger\hat{a}_2 + \hat{a}_2^\dagger\hat{a}_1)\right]e^{-i\theta(t)\hat{a}_1^\dagger\hat{a}_1}\end{aligned} \tag{8.58}$$

と表すことができる．ここで，

$$\xi = \sqrt{\xi_1^2 + \xi_2^2},\ \theta = \tan^{-1}\left(\frac{\xi_2}{\xi_1}\right) \tag{8.59}$$

である．最後の等式の右辺の $[\cdots]$ の固有値を求めるために，次のように演算子を組み換える．

$$\hat{a}_\pm = \frac{1}{\sqrt{2}}(\hat{a}_1 \pm \hat{a}_2). \tag{8.60}$$

$\hat{a}_\pm$ については次の (8.59)〜(8.61) が成り立つ．

$$[\hat{a}_\pm, \hat{a}_\pm^\dagger] = 1,\ [\hat{a}_\pm, \hat{a}_\mp^\dagger] = 0, \tag{8.61}$$

$$\hat{a}_1^\dagger \hat{a}_1 + \hat{a}_2^\dagger \hat{a}_2 = \hat{a}_+^\dagger \hat{a}_+ + \hat{a}_-^\dagger \hat{a}_-, \tag{8.62}$$

$$\hat{a}_1^\dagger \hat{a}_2 + \hat{a}_2^\dagger \hat{a}_1 = \hat{a}_+^\dagger \hat{a}_+ - \hat{a}_-^\dagger \hat{a}_-. \tag{8.63}$$

これらの関係と (8.58) とから，$\hat{H}(t)$ の固有値と固有状態は

$$\begin{aligned}
E_{n_+,n_-}(t) &= \hbar\omega[(n_+ + n_- + 1) + g\xi(t)(n_+ - n_-)], \\
|\phi_{n_+,n_-}(t)\rangle &= e^{i\theta(t)\hat{a}_1^\dagger \hat{a}_1}|n_+,n_-\rangle, \\
\left(|n_+,n_-\rangle \right. &= \left. \frac{(\hat{a}_+^\dagger)^{n_+}}{\sqrt{n_+!}} \frac{(\hat{a}_-^\dagger)^{n_-}}{\sqrt{n_-!}}|0\rangle \right)
\end{aligned} \tag{8.64}$$

となる．また，対応する (8.48) の位相は

$$\begin{aligned}
\langle \phi_{n_+,n_-}|i\frac{\partial}{\partial t}|\phi_{n_+,n_-}\rangle &= -\dot{\theta}(t)\langle n_+,n_-|\hat{a}_1^\dagger \hat{a}_1|n_+,n_-\rangle \\
&= -\dot{\theta}(t)\frac{n_+ + n_-}{2}
\end{aligned} \tag{8.65}$$

から，

$$\gamma_n(t) = -\int_{t_0}^{t} dt'\dot{\theta}(t')\frac{n_+ + n_-}{2} \tag{8.66}$$

と求まる．

ところで，従来は，このような $\gamma_n(t)$ は無視されていた．これは，新しく状態 $|\tilde{\phi}_n\rangle = e^{i\gamma_n}|\phi_n\rangle$ を定義すると，$\{|\tilde{\phi}_n\rangle\}$ は $\{|\phi_n\rangle\}$ と同じ固有値方程式 (8.37) の解になり，かつ

8.3 断熱近似とベリーの位相

$$\langle\tilde{\phi}_n|i\frac{\partial}{\partial t}|\tilde{\phi}_n\rangle = -\dot{\gamma}_n + \langle\phi_n|i\frac{\partial}{\partial t}|\phi_n\rangle = 0 \tag{8.67}$$

を満たすため，各時刻のエネルギー固有状態を $\{|\tilde{\phi}_n\rangle\}$ に選べば，(8.46) が 0 にできるように見えるからである．この点をもう少し注意深く検討するために，一般にハミルトニアンがパラメーターの組 $\xi(t) = (\xi_1(t), \xi_2(t), \cdots, \xi_n(t))$ を通して時間的に変化する場合を考える．このとき，固有状態 $|\phi_n(t)\rangle$ は $\{\xi_i(t)\}$ を通して時間に依存するから，

$$\begin{aligned}\gamma_n(C) &= \int_{t_0}^{t} dt' \sum_i \dot{\xi}_i(t') A_i(\xi(t')) \\ &= \int_C d\xi \cdot A(\xi), \end{aligned} \tag{8.68}$$

ただし，

$$A_i(\xi) = \langle\phi_n(\xi)|i\frac{\partial}{\partial \xi_i}|\phi_n(\xi)\rangle \tag{8.69}$$

と書ける．ここで，C は $\xi(t_0)$ と $\xi(t)$ を結ぶパラメーター空間上の経路である．このようにして導入された $A_i(\xi)$ は，状態の位相の変換 $|\tilde{\phi}_n(\xi)\rangle = e^{i\chi(\xi)}|\phi_n(\xi)\rangle$ を実行することにより，

$$\begin{aligned}\tilde{A}_i(\xi) &= \langle\phi_n|e^{-i\chi}i\frac{\partial}{\partial \xi}e^{i\chi}|\phi_n\rangle \\ &= \langle\phi_n|i\frac{\partial}{\partial \xi_i}|\phi_n\rangle - \frac{\partial\chi}{\partial \xi_i} = A_i - \frac{\partial\chi}{\partial \xi_i} \end{aligned} \tag{8.70}$$

と，あたかも $U(1)$ ゲージ場のベクトルポテンシャルのように変換される．(8.67) で γ_n を消去したのは，このようなゲージ変換の自由度を使ったものであった．

さて，一定の時間後 $\xi_i(t)$ がもとの点にもどり，パラメーター空間の経路 C が閉じる場合を考えよう．このとき，(8.66) はストークス (Stokes) の定理により

$$\gamma_n(C) = \oint_C d\xi \cdot A(\xi) = \iint_S \sum_{i,j} d\sigma_{ij} F_{ij} \tag{8.71}$$

となる．ここで，S は閉路 C を縁とする面，$d\sigma_{ij}$ は面要素の (ξ_i, ξ_j) 空間での成分，また F_{ij} はゲージ場の強さ

$$F_{ij}(\xi) = \frac{\partial A_j(\xi)}{\partial \xi_i} - \frac{\partial A_i(\xi)}{\partial \xi_j} \tag{8.72}$$

を表す．この形は，ゲージ変換 (8.70) の下で不変であり，A_i が領域 S で $F_{ij} = 0$ を導く構造であれば，$\gamma_n(C) = 0$ となる．逆に，上の面積分が 0 と異なるゲージ場のフラックスを与えれば，自明でない "ベリーの位相" が残る．後者の可能性を調べるために，F_{ij} が次の形に書き換えられることに注意する (問題 8.2)．

$$F_{ij} = i \sum_{m(\neq n)} \left[\frac{\langle \phi_n | \frac{\partial \hat{V}}{\partial \xi_i} | \phi_m \rangle \langle \phi_m | \frac{\partial \hat{V}}{\partial \xi_j} | \phi_n \rangle}{(E_n - E_m)^2} - (i \leftrightarrow j) \right]. \tag{8.73}$$

この形から，エネルギー $E_n(\xi)$ に縮退が生じて**準位交差**が起きる ξ_i の位置で，F_{ij} が不定になることがわかる．

具体的に，例 2 で導いたベリーの位相では，$\dot{\theta} = \frac{\dot{\xi}_2 \xi_1 - \dot{\xi}_1 \xi_2}{\xi_1^2 + \xi_2^2}$ に注意すると，対応するベクトルポテンシャルが

$$A_1(\xi) = \frac{\xi_2}{\xi_1^2 + \xi_2^2} \frac{n_+ + n_-}{2}, \tag{8.74}$$

$$A_2(\xi) = -\frac{\xi_1}{\xi_1^2 + \xi_2^2} \frac{n_+ + n_-}{2} \tag{8.75}$$

の形に得られる．このベクトルポテンシャルは $\xi = 0$ を特異点としてもち，これから作られるゲージ場の強さは，

$$F_{12}(\xi) = -2\pi \delta^{(2)}(\xi) \frac{n_+ + n_-}{2} \tag{8.76}$$

である．従って，領域 S が原点を含まなければ $\gamma_n(C) = 0$ である，特異点を含めば自明でない値 $\gamma_n(C) = -\pi(n_+ + n_-)$ になる．また，この特異点が，エネルギー準位 $E_{n_+,n_-} = E_{n,m}, E_{m,n}$ 間の交差を生じさせる位置になることも，明らかである．

8.4 準古典近似

シュレーディンガー方程式が確立される以前に，古典力学にボーア–ゾンマーフェルトの量子化条件を導入して $\hbar$ の世界を探ろうとした前期量子論の段階があった．それらの試みでは，零点エネルギー等の項を半経験的に調整する必要

8.4 準古典近似

があったが，正確なシュレーディンガー方程式から逆に $\hbar$ を摂動パラメーターと見て古典的世界に近づくことにより，それらの項を正しい形で含む準古典近似の理論形式が導かれる．このような近似法は，また，量子論そのものへのいくつかの観点を付け加える．

いま，1次元の定常状態のシュレーディンガー方程式

$$\left[\frac{1}{2m}\left(\frac{\hbar}{i}\frac{d}{dx}\right)^2 + V(x) - E\right]\psi_E(x) = 0 \tag{8.77}$$

の解を次の形に書き，S を定義する．

$$\psi_E(x) = e^{\frac{i}{\hbar}S(x)}. \tag{8.78}$$

このとき，$\frac{\hbar}{i}\psi'_E = S'\psi_E$, $\left(\frac{\hbar}{i}\right)^2 \psi''_E = \left[\frac{\hbar}{i}S'' + S'^2\right]\psi_E$ に注意すると，S の満たす方程式

$$\frac{1}{2m}\left[\frac{\hbar}{i}\frac{d^2 S}{dx^2} + \left(\frac{dS}{dx}\right)^2\right] + V - E = 0 \tag{8.79}$$

が導かれる．この方程式は微小パラメーター $\hbar$ を含む微分方程式であり，$\hbar \to 0$ の極限でハミルトン–ヤコビの方程式に帰着する．そこで，解 S が以下の意味での摂動展開

$$S(x) = S_0(x) + \left(\frac{\hbar}{i}\right)S_1(x) + \left(\frac{\hbar}{i}\right)^2 S_2(x) + \cdots \tag{8.80}$$

の形をもつとして，方程式に代入すると

$$\begin{aligned}&\frac{1}{2m}\frac{\hbar}{i}\left[\frac{d^2 S_0}{dx^2} + \left(\frac{\hbar}{i}\right)\frac{d^2 S_1}{dx^2} + \cdots\right] \\&+ \frac{1}{2m}\left[\left(\frac{dS_0}{dx}\right)^2 + 2\left(\frac{\hbar}{i}\right)\frac{dS_1}{dx}\frac{dS_0}{dx} + \cdots\right] \\&+ V - E = 0\end{aligned} \tag{8.81}$$

となる．この方程式が，$\hbar$ の次数ごとに成り立つと考えると，

$$\hbar^0 \text{次} \quad \frac{1}{2m}\left(\frac{dS_0(x)}{dx}\right)^2 + V(x) - E = 0, \tag{8.82}$$

$\hbar^1$ 次
$$\frac{d^2 S_0(x)}{dx^2} + 2\frac{dS_0(x)}{dx}\frac{dS_1(x)}{dx} = 0, \qquad (8.83)$$

$\vdots$

等々が得られる．

(8.82) は，古典力学のハミルトン–ヤコビの方程式であり，$E > V(x)$ の領域でハミルトン–ヤコビの主関数に対応する

$$S_0(x) = \pm \int^x dx' p(x'), \qquad (8.84)$$

ただし，

$$p(x) = \sqrt{2m(E - V(x))} \qquad (8.85)$$

を与える．また，$S_0(x)$ が求まれば (8.83) は $S_1(x)$ に関する線形微分方程式であるから，容易に積分できて

$$S_1(x) = \ln |p(x)|^{-1/2} + const. \qquad (8.86)$$

となる．結局，$\hbar$ の 1 次近似 (**WKB 近似**) の範囲内で，1 次元のシュレーディンガー方程式の解は，

$$\psi_E(x) \simeq \frac{C_-}{\sqrt{p(x)}} e^{\frac{i}{\hbar} \int_{x_0}^{x} p(x')dx'} + \frac{C_+}{\sqrt{p(x)}} e^{-\frac{i}{\hbar} \int_{x_0}^{x} p(x')dx'} \qquad (8.87)$$

の形に解ける．

上の近似が有効であるのは，(8.79) より明らかに，$\hbar |S''| \ll |S'|^2$ が成り立つ場合である．あるいは，

$$\left| \hbar \frac{p'}{p^2} \right| = \left| \frac{d\lambda}{dx} \right| \ll 1, \quad \left(\lambda = \frac{\hbar}{p} \right) \qquad (8.88)$$

であり，考えている領域で波長 λ の変化が十分にゆるやかであることが要求される．

さて，$x > 0$ 方向と $x < 0$ 方向に進む波の重ね合わせの係数は，考えている問題の境界条件から決められる．いま，束縛状態に対応する図 8.2 のようなポテンシャルの下での，WKB 近似の解を考える．領域 II の解は，すでに求めた (8.87) で $x_0 = x_1$ とおいた形と考え，また領域 I, III での解はそれぞれ，

8.4 準古典近似

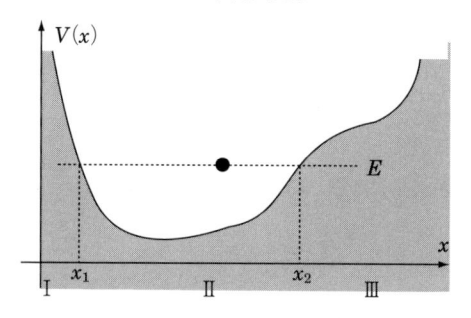

図 8.2 WKB 近似解.

$$\psi_E^{(\mathrm{I})}(x) = \frac{C_{\mathrm{I}}}{\sqrt{\tilde{p}(x)}} e^{\frac{1}{\hbar}\int_{x_1}^{x} dx'\, \tilde{p}(x')}, \tag{8.89}$$

$$\psi_E^{(\mathrm{III})}(x) = \frac{C_{\mathrm{III}}}{\sqrt{\tilde{p}(x)}} e^{-\frac{1}{\hbar}\int_{x_2}^{x} dx'\, \tilde{p}(x')} \tag{8.90}$$

と書ける. ここで,

$$\tilde{p}(x) = \sqrt{2m(V(x)-E)} \tag{8.91}$$

である. さて, $x = x_1, x_2$ では $p=0$ となり, WKB 近似は有効ではない. そこで, x の全領域にわたって定義された状態を決めるために, まず $\psi_E^{(\mathrm{I})}(x)$ を複素平面上の関数と考え, x_1 の近接点 $x = x_1+\epsilon$ で実軸から離れて $x = x_1$ を上あるいは下に迂回して実軸上の点 $x = x_1-\epsilon$ に至る経路に沿った解析接続を考える. さて, x_1 を $E-V(x)$ の 1 次の零点として $z = x_1+\epsilon e^{i\theta}$ と置くと, $p(z) \propto e^{i\theta/2} \times$ (実数) に注意して $\tilde{p}(x_1-\epsilon) \leftrightarrow e^{-i\pi/2}p(x_1+\epsilon)$, ($\theta=\pi \leftrightarrow \theta=0$：上から), あるいは $\tilde{p}(x_1-\epsilon) \leftrightarrow e^{i\pi/2}p(x_1+\epsilon)$, ($\theta=-\pi \leftrightarrow \theta=0$：下から) と接続される. 従って,

$$\frac{1}{\sqrt{\tilde{p}(x)}} e^{\frac{1}{\hbar}\int_{x_1}^{x} dx'\, \tilde{p}(x')} \overset{\text{接続}}{\longleftrightarrow} \frac{e^{\pm i\frac{\pi}{4}}}{\sqrt{p(x)}} e^{\mp \frac{i}{\hbar}\int_{x_1}^{x} dx'\, p(x')} \tag{8.92}$$

となり, $\psi_E^{(\mathrm{I})}(x)$ の上を迂回して接続した形と, 下を迂回して接続した形を $x_1 < x < x_2$ の領域で合成すれば,

$$\psi_E^{(\mathrm{I})}(x) \to 2C_{\mathrm{I}} \cos\left(\frac{1}{\hbar}\int_{x_1}^{x} dx'\, p(x) - \frac{\pi}{4}\right). \tag{8.93}$$

これから，$C_\pm = C_\mathrm{I} e^{\mp i \frac{\pi}{4}}$ と決まる．

同様に，$\psi_E^{(\mathrm{III})}(x)$ の半分を x_2 の上を迂回させ，残りの半分を下を迂回させて $x > x_2$ から $x_1 < x < x_2$ の領域に接続すると，

$$\psi_E^{(\mathrm{III})}(x) \to 2C_\mathrm{III} \cos\left(\frac{1}{\hbar} \int_{x_2}^{x} dx' p(x) + \frac{\pi}{4}\right). \tag{8.94}$$

を得て，これと (8.93) から，$|C_\mathrm{I}| = |C_\mathrm{III}|$ および

$$\left(\frac{1}{\hbar} \int_{x_1}^{x} dx' p(x) - \frac{\pi}{4}\right) - \left(\frac{1}{\hbar} \int_{x_2}^{x} dx' p(x) + \frac{\pi}{4}\right)$$
$$= \frac{1}{\hbar} \int_{x_1}^{x_2} dx' p(x') - \frac{\pi}{2}$$
$$= n\pi, \ (n = 0, 1, 2, \cdots) \tag{8.95}$$

となる．これからまた，$h = 2\pi\hbar$ として，前期量子論で用いられたボーア–ゾンマーフェルトの量子化条件の形

$$\oint dx p(x) = h\left(n + \frac{1}{2}\right), \ (n = 0, 1, 2, \cdots) \tag{8.96}$$

が導かれる．

最後に経路積分の観点から，WKB 近似の解について触れておく．経路積分によりグリーン関数を求めるには，作用 $S[q]$ を古典解 q_c のまわりで (5.39) の形に展開し，η についての経路積分を実行すればよい．このとき，(5.39) の展開を η の 2 次で打ち切り，(5.40) の形に近似したものが，WKB 近似（$S[q]$ が q の 2 次式であれば正確な関係）に対応する．すなわち，

$$\langle t_b, q_b | t_a, q_a \rangle \simeq e^{\frac{i}{\hbar} S[q_c]} \int_a^b \mathcal{D}\eta \, e^{\frac{i}{2\hbar} \int_{t_a}^{t_b} dt \int_{t_a}^{t_b} dt' \eta(t) \left(\frac{\delta^2 S[q]}{\delta q(t) \delta q(t')}\right)_c \eta(t')} \tag{8.97}$$

である[*2]．ここで，古典解からのずれ η は境界条件 $\eta(t_a) = \eta(t_b) = 0$ を満たし，また $\frac{\delta S}{\delta q(t)} = -[m\ddot{q}(t) + V'(q(t))]$ から，

[*2] 係数因子は，$N \times N$ 行列に対して成立する $\int d^n \eta \, e^{i\alpha \sum_{i,j} \eta_i A_{ij} \eta_j} = \left[\det\left(\frac{i\alpha}{\pi} A\right)\right]^{-1/2}$ の連続極限と考えれば，形式的に

8.4 準古典近似

$$\left(\frac{\delta^2 S}{\delta q(t)\delta q(t')}\right)_c = -m\left\{\frac{d^2}{dt^2} + \frac{1}{m}V''(q_c(t))\right\}\delta(t-t') \quad (8.98)$$

である。$e^{\frac{i}{\hbar}S[q_c]}$ は η 展開 (5.39) の第 1 項であり，WKB 近似 (8.80) の第 1 項に対応する。η 展開の第 2 項は，古典解のまわりの量子論的ゆらぎの効果であり，WKB 近似の第 2 項に対応する因子を生成する。

さて，η 積分を評価するために，$f(t)$ を方程式

$$\left\{\frac{d^2}{dt^2} + \frac{1}{m}V''(q_c(t))\right\}f(t) = 0 \quad (8.99)$$

の解として，関数変換

$$\eta(t) = \xi(t) + f(t)\int_{t_a}^t \frac{\dot{f}(t')}{f^2(t')}\xi(t')dt' \quad (8.100)$$

あるいは，

$$\xi(t) = \eta(t) - \int_{t_a}^t \frac{\dot{f}(t')}{f(t')}\eta(t')dt' \quad (8.101)$$

を実行する[*3]。このとき，(8.99) を用いて

$$\dot{\xi}^2 = \left(\dot{\eta}^2 - \frac{V_c''}{m}\eta^2\right) - \frac{d}{dt}\left(\frac{\dot{f}}{f}\eta^2\right) \quad (8.102)$$

が確かめられ，η の境界条件を考慮して，

$$e^{\frac{i}{2\hbar}\int_{t_a}^{t_b}dt\int_{t_a}^{t_b}dt'\eta(t)\left(\frac{\delta^2 S[q]}{\delta q(t)\delta q(t')}\right)_c\eta(t')} = e^{i\frac{m}{2\hbar}\int_{t_a}^{t_b}dt\dot{\xi}^2} \quad (8.103)$$

となる。η の被積分関数は ξ に関するガウス型関数に置き換えられるが，(8.100),(8.101) から ξ の関数としての η は境界条件 $\eta(t_b) = 0$ を自然には満たさないため，積分測度の変換に境界条件を取り入れて，

$$\langle t_b, q_b | t_a, q_a \rangle \simeq \frac{1}{\sqrt{\det\left(\frac{i}{2\pi\hbar}\frac{\delta^2 S}{\delta q(t)\delta q(t')}\right)_c}} e^{\frac{i}{\hbar}S[q_c]}$$

と書くこともできる。

[*3] $\dot{\eta} = \dot{\xi} + \dot{f}\int_{t_a}^t \frac{\dot{f}}{f^2}\xi dt' + f\frac{\dot{f}}{f^2}\xi = \dot{\xi} + \dot{f}\frac{\eta-\xi}{f} + \frac{\dot{f}}{f}\xi = \dot{\xi} + \frac{\dot{f}}{f}\eta$ から，$\dot{\xi} = \dot{\eta} - \frac{\dot{f}}{f}\eta$ を得て，これを積分した形が逆変換の式である。

$$\mathcal{D}\eta = N\mathcal{D}\xi \left|\frac{\delta\eta}{\delta\xi}\right| \delta\left(\eta(t_b) + f(t_b)\int_{t_a}^{t_b} dt' \frac{\dot{f}(t')}{f(t')^2}\right) \tag{8.104}$$

と考えなくてはならない. このときの変換のヤコビアンは, $\frac{\delta\xi(\tau)}{\delta\xi(t')} = \delta(\tau - t')$, 階段関数 $\theta(0) = \frac{1}{2}$ などに注意して,

$$\left|\frac{\delta\eta}{\delta\xi}\right| = \exp\left[\text{Tr}\,\log\left(\frac{\delta\eta}{\delta\xi}\right)\right] = \sqrt{\frac{f(t_b)}{f(t_a)}} \tag{8.105}$$

と求められる. 従って, $f(t)$ は (8.99) を満たし, $f(t_a) \neq 0$ となる任意関数である. 以上の準備の下で, WKB 近似のグリーン関数は,

$$\begin{aligned}
\langle t_b, q_b | t_a, q_a \rangle &\simeq e^{\frac{i}{\hbar}S_c} \sqrt{\frac{f(t_b)}{f(t_a)}} \int_{-\infty}^{\infty} \frac{dk}{2\pi\hbar} N \int \mathcal{D}\xi \\
&\quad \times e^{\frac{i}{\hbar}\left\{\int_{t_a}^{t_b} dt \frac{m}{2}\dot{\xi}^2 + k\left(\xi(t_b) + f(t_b)\int_{t_a}^{t_b} dt \frac{\dot{f}(t)}{f(t)^2}\xi(t)\right)\right\}} \\
&= e^{\frac{i}{\hbar}S_c} \sqrt{\frac{f(t_b)}{f(t_a)}} \int_{-\infty}^{\infty} \frac{dk}{2\pi\hbar} e^{-\frac{ik^2}{2m\hbar}\int_{t_a}^{t_b} dt \frac{f(t_b)^2}{f(t)^2}} \\
&\quad \times N \int \mathcal{D}\xi\, e^{\frac{i}{\hbar}\int_{t_a}^{t_b} dt \frac{m}{2}\left(\dot{\xi} + \frac{k}{m}\frac{f(t_b)}{f(t)}\right)^2} \tag{8.106} \\
&= e^{\frac{i}{\hbar}S_c} \sqrt{\frac{m}{2\pi i\hbar f(t_b)f(t_a)\int_{t_a}^{t_b}\frac{dt}{f(t)^2}}} \tag{8.107}
\end{aligned}$$

となる. ここで $(t_a, t_b$ に依存する) 定数 N は, (8.106) の ξ 積分が 1 になるように規格化された. WKB 近似は, $S[q]$ が q の 2 次式の場合に正確なグリーン関数を与えるが, 自由粒子と調和振動子の場合, それぞれ $f(t) = 1$ および $f(t) = \cos(\omega(t - t_a))$ に選べるから, 上の規格化の下でそれぞれの場合の正しい係数の形が導かれる.

$$\sqrt{\frac{m}{2\pi i\hbar f(t_b)f(t_a)\int_{t_a}^{t_b}\frac{dt}{f(t)^2}}} = \begin{cases} \sqrt{\frac{m}{2\pi i\hbar(t_b - t_a)}} & \text{自由粒子} \\ \sqrt{\frac{m\omega}{2\pi i\hbar \sin\omega(t_b - t_a)}} & \text{調和振動子}. \end{cases} \tag{8.108}$$

演習問題

8.1 時間に依存しない摂動項がある場合のハミルトニアン (8.1) の固有値を，グリーン関数の特異点の観点から調べよ．

解 演算子 $\hat{A}$ の逆演算子が存在する場合

$$(\hat{A} + \hat{B})^{-1} = \{\hat{A}(1 + \hat{A}^{-1}\hat{B})\}^{-1} = (1 + \hat{A}^{-1}\hat{B})^{-1}\hat{A}^{-1}$$
$$= \sum_{k=0}^{\infty} (-1)^k (\hat{A}^{-1}\hat{B})^k \hat{A}^{-1}$$

と展開できることに注意して，グリーン関数の対角要素の和が

$$\mathrm{Tr}\left(\frac{1}{\hat{H} - E - i\epsilon}\right) = \mathrm{Tr}\left(\frac{1}{(\hat{H}_0 - E - i\epsilon) + \hat{H}_1}\right), \quad (\epsilon = +0)$$
$$= \sum_n \langle \phi_n^{(0)} | \left[\sum_{k=0}^{\infty} (-1)^k \left\{\frac{1}{\hat{H}_0 - E - i\epsilon}\hat{H}_1\right\}^k \frac{1}{\hat{H}_0 - E - i\epsilon}\right] | \phi_n^{(0)} \rangle$$
$$= \sum_n \left[1 - \frac{(H_1)_{nn}}{E_n - E - i\epsilon}\right.$$
$$\left. + \frac{1}{E_n^{(0)} - E - i\epsilon} \sum_m \frac{(H_1)_{nm}(H_1)_{mn}}{E_n^{(0)} - E - i\epsilon} + \cdots\right] \frac{1}{E_n^{(0)} - E - i\epsilon}$$
$$= \sum_n f_n(E)$$

の形に表せる．ただし，$(H_1)_{nm} = \langle \phi_n^{(0)} | \hat{H}_1 | \phi_m^{(0)} \rangle$ である．
固有値 $E_n^{(0)}$ を補正した値は，$f_n(E)$ の特異点であるから

$$(f_n(E))^{-1} = E_n^{(0)} - E + \Sigma_n(E) = 0$$

を満たす E として求まると考えられる．ここで，簡単な計算から，

$$\Sigma_n(E) = (H_1)_{nn} - \sum_{m(\neq n)} \frac{(H_1)_{nm}(H_1)_{mn}}{E_m^{(0)} - E - i\epsilon} + \cdots.$$

従って，グリーン関数の特異点としての E_n は，

$$E_n = E_n^{(0)} + \Sigma_n(E_n^{(0)}) + \cdots$$
$$= E_n^{(0)} + (H_1)_{nn} - \sum_{m(\neq n)} \frac{(H_1)_{nm}(H_1)_{mn}}{E_m^{(0)} - E_n^{(0)} - i\epsilon} + \cdots$$

となり，すでに求めた結果に一致する．

8.2 ベリーの位相に関係するゲージ場の強さが,

$$F_{ij} = i \sum_{m(\neq n)} \left[\frac{\langle \phi_n | \frac{\partial \hat{V}}{\partial \xi_i} | \phi_m \rangle \langle \phi_m | \frac{\partial \hat{V}}{\partial \xi_j} | \phi_n \rangle}{(E_n - E_m)^2} - (i \leftrightarrow j) \right]$$

と書けることを説明せよ.

解 完全性 $\sum_m |\phi_m\rangle\langle\phi_m| = 1$ に注意して,

$$F_{ij} = \frac{\partial}{\partial \xi_i} \langle \phi_n | i \frac{\partial}{\partial \xi_j} | \phi_n \rangle - (i \leftrightarrow j)$$

$$= i \left[\left\langle \frac{\partial \phi_n}{\partial \xi_i} \middle| \frac{\partial \phi_n}{\partial \xi_j} \right\rangle - (i \leftrightarrow j) \right]$$

$$= i \sum_m \left[\left\langle \frac{\partial \phi_n}{\partial \xi_i} \middle| \phi_m \right\rangle \left\langle \phi_m \middle| \frac{\partial \phi_n}{\partial \xi_j} \right\rangle - (i \leftrightarrow j) \right]$$

$$= -i \sum_{m(\neq n)} \left[\left\langle \phi_n \middle| \frac{\partial \phi_m}{\partial \xi_i} \right\rangle \left\langle \phi_m \middle| \frac{\partial \phi_n}{\partial \xi_j} \right\rangle - (i \leftrightarrow j) \right].$$

ただし,最後の等式で $\langle \frac{\partial \phi_n}{\partial \xi_i} | \phi_m \rangle = -\langle \phi_n | \frac{\partial \phi_m}{\partial \xi_i} \rangle$ を用いた. ここで, (8.45) の t による微分を ξ_i による微分で置き換えると,

$$\langle \phi_n | \frac{\partial}{\partial \xi_i} | \phi_m \rangle = -\frac{\langle \phi_n | \frac{\partial \hat{V}}{\partial \xi_i} | \phi_m \rangle}{E_n - E_m}$$

が得られる. この形を上の結果に代入したものが, 求める関係である.

8.3 (8.87) の WKB 近似の状態に時間因子を付けて $e^{-\frac{i}{\hbar}Et}\psi_E(x)$ と書くとき, $x > 0$ の方向に進む波の位置と時間の関係を求めよ.

解 (8.87) から, $x > 0$ 方向に進む波の位相因子は,

$$\theta(x) = \int^x dx' \sqrt{2m(E - V(x'))} - Et.$$

位相因子の停留点を波の目印と考えると, その位置を決める条件は

$$\frac{\partial \theta(x)}{\partial E} = \int^x dx' \frac{m}{p(x')} - t = 0.$$

よって, 粒子の速度が $v(x) = p(x)/m$ であることに注意し, $t = t_0$ に $x = x_0$ を通過するとすれば

$$t - t_0 = \int_{x_0}^x \frac{dx'}{v(x')}$$

となる.

8.4 ヤコビアン (8.105) を確かめよ.

解 (8.100) の汎関数微分から，

$$\frac{\delta \eta(t)}{\delta \xi(t')} = \delta(t-t') + \int_{t_a}^{t} \frac{\dot{f}(\tau)}{f(\tau)^2} \delta(\tau - t') d\tau = \langle t | 1 + \hat{\Theta} | t' \rangle.$$

ここで，右辺の状態は $\langle t|t'\rangle = \delta(t-t')$ で定義され，また演算子 $\hat{\Theta}$ は階段関数 $\theta(t-t')$ を用いて

$$\langle t|\hat{\Theta}|t'\rangle = \frac{f(t)\dot{f}(t')}{f(t')^2}\theta(t-t'), \ (t_a < t, t' < t_b)$$

と定義される．このとき，階段関数の定義により，

$$\mathrm{Tr}\,(\hat{\Theta}^2) \propto \int_{t_a}^{t_b}\int_{t_a}^{t_b} dt_1 dt_2 \theta(t_1 - t_2)\theta(t_2 - t_1) = 0.$$

同様に，$\mathrm{Tr}\,(\hat{\Theta}^n) = 0, \ (n > 1)$ となるから，$\theta(0) = \frac{1}{2}$ に注意して，

$$\left|\frac{\delta\eta}{\delta\xi}\right| = e^{\mathrm{Tr}\,\log(1+\hat{\Theta})} = e^{\frac{1}{2}\int_{t_a}^{t_b} dt \frac{\dot{f}(t)}{f(t)}} = \sqrt{\frac{f(t_b)}{f(t_a)}}.$$

8.5 $\varphi(t) = f(t)f(t_a)\int_{t_a}^{t}\frac{d\tau}{f(\tau)^2}$ は，微分方程式 (8.99) の解で，初期条件 $\varphi(t_a) = 0, \dot{\varphi}(t_a) = 1$ を満たすものになることを確かめよ．

解 $\varphi(t)$ を t で微分すると，

$$\dot{\varphi}(t) = \dot{f}(t)f(t_a)\int_{t_a}^{t}\frac{d\tau}{f(\tau)^2} + \frac{f(t_a)}{f(t)},$$

$$\ddot{\varphi}(t) = \ddot{f}(t)f(t_a)\int_{t_a}^{t}\frac{d\tau}{f(\tau)^2}.$$

従って，初期条件 $\varphi(t_a) = 0, \dot{\varphi}(t_a) = 1$ を満たすことは明らかであり，また

$$\left\{\frac{d^2}{dt^2} + \frac{1}{m}V''(q_c(t))\right\}\varphi(t)$$
$$= \left[\left\{\frac{d^2}{dt^2} + \frac{1}{m}V''(q_c(t))\right\}f(t)\right]f(t_a)\int_{t_a}^{t}\frac{d\tau}{f(\tau)^2}$$
$$= 0$$

である．

8.6 $p = \frac{\partial L}{\partial \dot{q}} = m\dot{q}$ をラグランジアン $L = \frac{m}{2}\dot{q}^2 - V(q)$ から定義された粒子の正準運動量，$q(t, p_a)$ を初期条件 $q(t_a, p_a) = q_a, p(t_a) = p_a$ の下での運動方程式の古典解とする．このとき，関数

$$J(t, p_a) = m\frac{\partial q(t, p_a)}{\partial p_a}$$

が，前問の $\varphi(t)$ と同じ初期条件，同じ運動方程式を満たす解（従って同一関数）であることを確かめよ．

解 $p(t) = m\dot{q}(t)$，および q_a, p_a が独立変数であることから，J が φ と同じ境界条件を満たすことは明らか．また，q の満たす運動方程式

$$\frac{d}{dt}\frac{\partial L}{\partial \dot{q}} - \frac{\partial L}{\partial q} = 0$$

を，$J = m\frac{\partial \dot{q}}{\partial p_a}$ に注意して p_a で微分すると，

$$\frac{d}{dt}\left(\frac{\partial^2 L}{\partial \dot{q}^2}\frac{\dot{J}}{m}\right) + \left\{\frac{d}{dt}\left(\frac{\partial^2 L}{\partial q \partial \dot{q}}\right) - \frac{\partial^2 L}{\partial q^2}\right\}\frac{J}{m}$$
$$= \left\{\frac{d^2}{dt^2} + \frac{1}{m}V''(q)\right\}J = 0.$$

注 第 2 章の議論によれば，$S_c = \int_{t_a}^{t_b} dt L(q, \dot{q})$ を古典解の軌道に沿った積分で定義された作用積分とするとき，$p_a = -\frac{\partial S_c}{\partial q_a}$ であった．従って，

$$J(t_b, p_a) = -m\left(\frac{\partial^2 S_c}{\partial q_b \partial q_a}\right)^{-1}$$

に注意して，準古典近似のグリーン関数は

$$\langle t_b, q_b | t_a, q_a \rangle \simeq e^{\frac{i}{\hbar}S_c}\sqrt{-\frac{1}{2\pi i\hbar}\frac{\partial^2 S_c}{\partial q_b \partial q_a}}$$

とも表せることになる．この形は，第 5 章で議論したファンブレック行列式を用いた準古典近似解に対応し，これを別の方法で導いたことになっている．

8.7 調和振動子の場合，前問の最後に与えられた表式から，正確なグリーン関数が得られることを確かめよ．

解 問題 5.6 で求めたように，古典軌道に沿った積分で定義された調和振動子の作用積分は，$T = t_b - t_a$ として

$$S_c = \frac{m\omega}{2\sin(\omega T)}\left\{(q_b^2 + q_a^2)\cos(\omega T) - 2q_b q_a\right\}$$

であった．これから，

$$\frac{\partial^2 S_c}{\partial q_a \partial q_b} = -\frac{m\omega}{\sin(\omega T)}$$

を得て，これらの形を前問の表式に代入すれば，直ちに求める結果となる．

第 9 章
シュレーディンガー方程式と認識

　行列力学が提唱され，波動力学が発見され，量子力学が完成されていく過程は，近代科学史上の中でも最もドラマチックな要素に満ちた時期といえる．それぞれの学者が，自分の試みに確信をもちながらも，なお立ちはだかる問題点にもどかしさを感じつつ，手探りで奮迅している時代である．とりわけ，だれよりも早く量子力学の最も有効な理論形式を見いだしながら，自身の提案した解釈を放棄しなくてはならなくなったシュレーディンガーの場合は，そのようなもどかしさを多く感じていたようである．

　シュレーディンガーによる波動方程式の歴史的な導出法は，自然な着想とは言い切れないものがある．研究ノートに残されている方法は，ド・ブロイの論文で提唱された波と粒子の二重性と，そこで用いられた相対論関係から始めるものであった．一方，第 1 論文では，シュレーディンガーはまず時間に依存しない水素原子のハミルトン–ヤコビの方程式 (2.21) の主関数を

$$W(\boldsymbol{r}) = K \ln \psi(\boldsymbol{r}), \ (K = const.) \tag{9.1}$$

とおき，これから

$$H\left(\boldsymbol{r}, \frac{K}{\psi}\frac{\partial \psi}{\partial \boldsymbol{r}}\right) = E \tag{9.2}$$

より

第9章 シュレーディンガー方程式と認識

$$(\nabla\psi)^2 - \frac{2m}{K^2}\left(E + \frac{e^2}{r}\right)\psi^2 = 0 \tag{9.3}$$

を書き下す.この方程式は,ハミルトン–ヤコビの方程式そのものであり,ψ に関する**重ね合わせ**の可能な線形方程式でもない.そこで,次のステップとして,古典的な方程式は $\hbar$ の世界の最も安定な状態として存在すると考え,極値条件

$$\delta\int dV\left\{(\nabla\psi)^2 - \frac{2m}{K^2}\left(E + \frac{e^2}{r}\right)\psi^2\right\} = 0 \tag{9.4}$$

を要請する.この ψ に関する変分を実行することにより,$\delta(\nabla\psi)^2 = 2\nabla\cdot(\delta\psi\nabla\psi) - 2\delta\psi\nabla^2\psi$ を使って線形方程式

$$\nabla^2\psi + \frac{2m}{K^2}\left(E + \frac{e^2}{r}\right)\psi = 0 \tag{9.5}$$

を導く.この方程式の形から,K は作用の次元をもつ定数である.シュレーディンガーはこれを $K = \hbar$ とおくことにより,エネルギースペクトルを求めるべき波動方程式を導いたが,その手法は多分に形式的で,波と粒子の二重性も表には現れていない.

　シュレーディンガーの論文発表後,アインシュタインと交わされた手紙の内容は[*1)],波動方程式の発見の興奮を伝え,興味深いものがある.当初,アインシュタインは小さな誤解から"シュレーディンガー方程式"を自分なりに再検討して意見を求めたが,実はその結果がシュレーディンガーの結論であったことを知り,改めてシュレーディンガーの天才性をたたえている.シュレーディンガーは,ド・ブロイの考え方の重要性をアインシュタインの気体論の仕事を通して認識しており,その他ならぬアインシュタインが自分の"方程式"に加担したことで,さらに自信を深めたようである.しかしながら,この後シュレーディンガーは,ψ に対する実在波の解釈でしだいに行き詰まり,これを放棄しなくてはならなくなる.一方,アインシュタインも ψ の確率解釈に関係して,量子力学を不完全な理論とする立場にまわり,終生そのような解釈に対立し続ける.

　量子力学の標準的な考え方においても,一歩踏み込んだ解釈を与えようとす

---

*1) プルチブラム (K. Przibram) "波動力学形成史(江沢洋 訳・解説)" [4] に集められている.

ると，量子力学はたちまち複雑な側面を見せる．標準的な考え方では，観測は状態の収縮という非ユニタリな変化を引き起こす．一方，シュレーディンガー方程式に従う時間発展はユニタリな変換である．従って，量子力学自身が状態の収縮を説明できるかどうかは不明である．そこで，ノイマン–ウイグナーは観測対象と測定装置を共に量子力学の対象と考えた上で，対象と装置の相互作用が何段階も繰り返されて，最終的な観測者の認識の段階に状態の収縮があるとした．

観測が引き起こす状態の収縮の考え方に，シュレーディンガーが突き付けた**猫のパラドクス** (1935) は有名である．箱の中に猫を入れ，猫の近寄れない場所に 1 時間に 1/2 の確率で崩壊する放射性物質の崩壊に合わせて青酸ガスの入ったビンを壊す装置をセットして，蓋をする．ノイマン–ウィグナーによれば，1 時間後の猫は生きている状態と死んでいる状態の同等の重ね合わせの状態にあり，蓋を開けて観測者が箱の中を認識してやっと状態が収縮し[*2)]，その生死が決まるという奇妙なことになる．1939 年，アインシュタインはシュレーディンガーへの手紙の中で，このパラドクスによせて次のように書いている[*3)]．『…私は，前にもまして，物質の波動表現というものは事態の不完全な表現だと確信しております．それが実際上どんなに役立つとしても，です．このことを，あなたの猫の考察（放射性崩壊とそれに結び付いた爆発）が最もみごとにしめしています．』

1957 年，エヴェレット (H. Everett III) は確率解釈をユニタリ変換の枠組みで理解する試みを提案した．この考え方では，まず観測対象と観測装置をそれぞれ波動関数 $|\psi\rangle, |\Phi\rangle$ で記述し，$|\psi\rangle$ を観測対象の物理量に結びついた完全系 $\{|s\rangle\}$ で，$|\psi\rangle = \sum_s C_s |s\rangle, (C_s = \langle s|\psi\rangle)$ と展開する．このとき，観測は合成

[*2)] 猫のような巨視的な系の場合，環境との相互作用により量子論的な干渉効果は失われ（デコヒーレンス），生死は古典的に確定しているという考え方もある．放射性物質の崩壊の有無を表す状態を $|\text{on}\rangle, |\text{off}\rangle$，また猫の生死に対応する状態を $|\Phi[\text{dead}]\rangle, |\Phi[\text{live}]\rangle$ とすると，時間発展により放射性物質と猫の系はエンタングル（縺れ合った）状態 $\frac{1}{\sqrt{2}}|\text{on}\rangle|\Phi'[\text{dead, on}]\rangle + \frac{1}{\sqrt{2}}|\text{off}\rangle|\Phi'[\text{live, off}]\rangle$ に移行する．ここで，Φ' はマクロな環境体の力学変数も取り入れた状態であり，この効果によりもはや第 1 項と第 2 項の間の干渉効果は失われ，状態の和は単純な古典確率の和に帰着する．ただし，これも単純化された模型での議論はあるが，純粋に量子力学の中から得られる一般的な結論であるかどうかは，十分に明らかにはされていない．

[*3)] 訳文は，文献 [4]（前出）による．

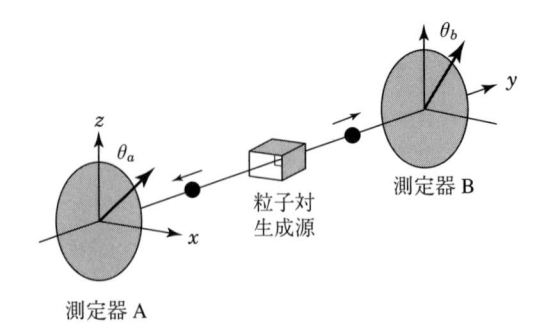

図 9.1 粒子対のスピンを測る実験.

系の状態 $|\Psi\rangle = |\psi\rangle|\Phi\rangle$ に

$$|\Psi\rangle \to |\Psi'\rangle = \sum_s C_s |s\rangle |\Phi[s]\rangle \tag{9.6}$$

の形で作用し,装置の状態に $\Phi \to \Phi[s]$ の意味で対象のスタンプを押すユニタリ変換であるとする[*4]. 次に,繰り返される観測のように,このような系のコピーを N 組用意し,観測前の状態を

$$|\Psi_N\rangle = |\psi_1\rangle|\psi_2\rangle \cdots |\psi_N\rangle|\Phi\rangle, \ (C_s = \langle s|\psi_i\rangle; 共通) \tag{9.7}$$

とおく. このとき N 組の観測は,(9.6) に従って $|\Psi_N\rangle$ に対する変化

$$|\Psi_N\rangle \to |\Psi'_N\rangle = \sum_{s_1, s_2, \cdots, S_N} C_{s_1} C_{s_2} \cdots C_{s_N} |s_1\rangle|s_2\rangle \cdots |s_N\rangle |\Phi[s_1, s_2, \cdots]\rangle \tag{9.8}$$

をもたらす. エヴェレットの主張は,$\Phi[s_1, s_2, \cdots, s_n]$ のスタンプで $s_i = s$ となる頻度が $|\langle s|\psi\rangle|^2$ からずれるような Ψ'_N は $N \to \infty$ で消えて,統計集団にわたる古典的な確率から量子論的確率が導かれる[*5]というものである. この考え方は,量子力学の枠組みからすべてを説明できるという利点があり多くの反

[*4] 装置の観測に関わる物理量の完全系を $|A\rangle$ とするとき,$U|s\rangle|A\rangle = |s\rangle|A+gs\rangle$, ($g$: 結合定数) で定義される演算は,このようなユニタリ変換の例となっている.

[*5] この表現は,ドウィット (DeWitt) による. ドウィットはまた,観測のたびに $N \to \infty$ と増えてゆく波動関数の統計集団の定式化を,"多世界解釈" と呼んだが,これはエヴェレットの考え方に,不用意な哲学的解釈を持ち込む原因ともなった.

響を呼んだが，無限に多くの系のコピーを伴う観測の本質は，現在においても十分に明らかにはされていない．

さて，量子力学の確率解釈を疑問視するアインシュタインは，1935 年にポドルスキー (B. Podolsky) およびローゼン (N. Rosen) と連名で量子力学の"完全性"を問う論文 (3 人の頭文字から EPR と呼ばれる) を発表し，今日まで継続する量子力学の本質に関わる論争を引き起こした．EPR の問題点を，ボーム (D. Bohm) により提案された形で述べると，以下のようになる．いま，スピン 1/2 の粒子 1,2 の対が，合成スピン = 0 の状態で粒子源により生成され，互いに y 軸に沿って遠ざかるものとする．この状態のスピン依存性は (6.106) で $N = 2, J = M = 0$ とおいた形になり，規格化因子を考慮して，

$$|\Psi_{\rm EPR}\rangle = \frac{1}{\sqrt{2}}(|\uparrow\rangle_1|\downarrow\rangle_2 - |\downarrow\rangle_1|\uparrow\rangle_2) \tag{9.9}$$

と書ける．

さて，y 軸上の十分離れた 2 点 A, B に，z 軸からそれぞれ θ_a, θ_b だけ傾いた軸方向の粒子のスピン成分を，$\frac{\hbar}{2}$ 単位で測る測定器を用意する．それぞれの軸方向の単位ベクトルを $\boldsymbol{a}, \boldsymbol{b}$ として，状態 $|\Phi_{\rm EPR}\rangle$ の下でのスピン成分の相関は[*6)]

$$\begin{aligned} C(\boldsymbol{a}, \boldsymbol{b}) &= \langle \Phi_{\rm EPR}|(\boldsymbol{a}\cdot\boldsymbol{\sigma}^{(1)})(\boldsymbol{b}\cdot\boldsymbol{\sigma}^{(2)})|\Phi_{\rm EPR}\rangle \\ &= -\boldsymbol{a}\cdot\boldsymbol{b} = -\cos(\theta_b - \theta_a) \end{aligned} \tag{9.10}$$

となる．従って，例えば $\theta_a = \theta_b$ と調整してあれば，測定器 A の観測値が $+1(-1)$ に応じて測定器 B の値は $-1(+1)$ のはずであり，観測により初めてスピンの値を知るにもかかわらず，測定器 A, B の観測結果は完全な負の相関をもつ．そこで EPR は，これが A での波束の収縮が瞬時に B に及ぼした効果であるな

---

*6) 行列表示 $|\uparrow\rangle = \begin{pmatrix}1\\0\end{pmatrix}, |\downarrow\rangle = \begin{pmatrix}0\\1\end{pmatrix}$ に注意すると，${}_1\langle\uparrow|\boldsymbol{a}\cdot\boldsymbol{\sigma}^{(1)}|\uparrow\rangle_1 = (\boldsymbol{a}\cdot\boldsymbol{\sigma}^{(1)})_{11} = a_z$ となる．同様に，$(\boldsymbol{a}\cdot\boldsymbol{\sigma}^{(1)})_{12} = (\boldsymbol{a}\cdot\boldsymbol{\sigma}^{(1)})_{21} = a_x, (\boldsymbol{a}\cdot\boldsymbol{\sigma}^{(1)})_{22} = -a_z$ であるから，

$$\begin{aligned} C(\boldsymbol{a},\boldsymbol{b}) = \frac{1}{2}\Big[&(\boldsymbol{a}\cdot\boldsymbol{\sigma}^{(1)})_{11}(\boldsymbol{b}\cdot\boldsymbol{\sigma}^{(2)})_{22} + (\boldsymbol{a}\cdot\boldsymbol{\sigma}^{(1)})_{22}(\boldsymbol{b}\cdot\boldsymbol{\sigma}^{(2)})_{11}\\ &-(\boldsymbol{a}\cdot\boldsymbol{\sigma}^{(1)})_{12}(\boldsymbol{b}\cdot\boldsymbol{\sigma}^{(2)})_{21} - (\boldsymbol{a}\cdot\boldsymbol{\sigma}^{(1)})_{21}(\boldsymbol{b}\cdot\boldsymbol{\sigma}^{(2)})_{12}\Big]\\ =&-(a_xb_x + a_zb_z) = -\boldsymbol{a}\cdot\boldsymbol{b}. \end{aligned}$$

ら，超光速での影響の波及という認めがたい結果であり，波動関数を用いた物理の記述が不完全であるか，あるいはスピンは古典的実在で，隠れた変数の情報不足により確率的な予測に導くものの，すでにスピンの値は観測前に決定していると考えた．EPR の論文に対し，シュレーディンガーは 1935 年の手紙で大いに賛同の意を示し，『私の解釈では，我々はまだすべての作用が有限の速さで伝達する相対性理論と矛盾のない量子力学を手にしていないように思います…』と述べている．

現在では，A の測定から B を判定することが，直ちに A, B 間の影響の波及（情報の伝達）に結びつかないと考えられているが，EPR が投げかけた問題の影響は大きく，この研究を通して量子力学がもつ非局所性の本質が，改めて明らかになった．1964 年，ベル (J.S. Bell) は EPR 問題の分析に関連して，次のような不等式を提出した．いま，測定器 A, B の設定をそれぞれ a, a', b, b' の二通りに選択した場合の実験結果を基に，観測値の相関

$$S = C(a,b) + C(a,b') + C(a',b) - C(a',b') \tag{9.11}$$

を考える．ここで，A, B での観測値が装置の設定 $a, b, \cdots$ と**隠れた変数** λ に依存して決まるとして相関を計算すると，不等式 $|S| \leq 2$ が導かれるのである（付録 C）．一方，例えば $\theta_a = \theta_b = 0, \theta_{b'} = -\theta_{a'} = \theta$ のような角度に装置を設定すれば，(9.10) から量子力学は

$$S = 1 + 2\cos\theta - \cos 2\theta \tag{9.12}$$

を予言し，$0 < \theta < \frac{\pi}{2}$ に対して**ベルの不等式**を破る $|S| > 2$ を導く．アスペ (A. Aspect, 1982) らによる実験で，実際にベルの不等式の破れていることが確かめられ[*7]，この意味で隠れた変数の考え方は否定されたが，量子力学が許す"観測結果の相関"という非局所性が残ることになった．

これより以前に，フォン・ノイマン (von Neumann, 1932) により隠れた変数の存在に結び付いた"分散"のない観測結果を導く系の存在しないことが，"確からしい"前提の下で証明されている．この結果は，標準的な確率解釈を支持する立場からは，その立場を強固にするものとして歓迎されたが，隠れた

[*7] アスペの実験を含めて，多くの実験は光子対の偏向の相関を測定している．

変数の意味を問う論争の出発点ともなった．とくにノイマンの前提には，物理量 $R, S, \cdots$ の和の期待値が対応する演算子の交換可能性の如何にかかわらず $\langle aR+bS+\cdots \rangle = a\langle R\rangle + b\langle S\rangle + \cdots , (a, b, \cdots 実数)$ とする"線形性"の要請が含まれており，すでに隠れた変数の性格を制限するものであることが指摘された．

実際，量子論を決定論的な考え方と融合させる試みは一通りではなく，よく知られたボーム (D. Bohm, 1951) の理論も，隠れた変数，あるいは波と粒子の二重性に対する興味ある考えとして多くの論議を引き起こした．いま，量子力学の状態ベクトルを $\psi = Re^{iS}, (R, S ; 実関数)$ と表し，シュレーディンガー方程式に代入すると，簡単な計算から

$$\frac{\partial S}{\partial t} + \left[\frac{1}{2m}(\nabla S)^2 + V\right] - \frac{\hbar^2}{2m}\frac{\triangle R}{R} = 0, \tag{9.13}$$

$$\frac{\partial \rho}{\partial t} + \nabla \cdot (\rho \boldsymbol{v}) = 0, \ \left(\rho = R^2, \ \boldsymbol{v} = \frac{1}{m}\nabla S\right) \tag{9.14}$$

を導くことができる．(9.13) は，ポテンシャルが

$$U = V - \frac{\hbar^2}{2m}\frac{\triangle R}{R} \tag{9.15}$$

である場合の，古典力学のハミルトン–ヤコビ方程式 (2.20) に他ならない．また (9.14) は，密度 $\rho = R^2$，速度場 $\boldsymbol{v} = \frac{1}{m}\nabla S$ で与えられる流体の連続の方程式である．(9.15) の右辺第2項は"量子ポテンシャル"と呼ばれる．与えられた V の下でシュレーディンガー方程式が解ければ，$\boldsymbol{v} = \frac{1}{m}\nabla S$ は古典的ポテンシャル U の下でニュートンの運動方程式を解いて得られる粒子軌道の接線ベクトルとなり，逆に初期条件を変えて得られる軌道全体が波動関数と同等な情報をもつことになる．このとき，初期時刻の $\rho = R^2$ は，粒子の初期条件に関する不完全な情報を反映した古典的な確率密度である．従って，この場合の粒子は，古典的実在であると同時に，(9.13), (9.14) を満たす軌道の全体からシュレーディンガー波動関数を構成できるものである．また，粒子の初期条件に起因する足りない情報が，この場合の"隠れた変数"の意味をもち，軌道の全体に統計集団としての性格を付与することになる[*8]．

[*8] これと近い考え方に，ド・ブロイの"先導波"の理論 (1926〜1927) がある．ド・ブロ

ボームの考え方は，単に量子力学の"解釈"以上の何かを含んでいるが，理論の形式はシュレーディンガー方程式の q-表示の形式に強く依存しており，相対論的な拡張も自明ではない（高林，1952）．また，古典軌道と結びつくのは波動関数そのものであり，密度行列の考え方と整合しない部分もある．その後，この方向での飛躍的な発展はなく，個々の問題で議論の対象となることはあるものの，現在では教育的な話題に止まっている．

ノイマンの隠れた変数がもつ制約については，ベルによってより明確に分析されたが，すでに述べたように EPR パラドクスを隠れた変数の立場から説明することは，ベル自身が導いた不等式の検証により否定された．EPR のパラドクスは，確率解釈の不完全性を立証することはできなかったものの，これと共に浮かび上がった"非局所性"の問題により，$\hbar$ の世界と日常の世界の距離が遠いものであることを，改めて認識させることになった．

シュレーディンガーにより建設された波動力学は，その時点で量子力学のほとんどすべての技術的な本質を含んでおり，かつその当時の物理的な問題点は，現在もなお重要な研究課題として続いているといえる．

イは波と粒子の二重性を理解するために，波動方程式は，その振幅の 2 乗が粒子の確率密度となる連続解 $\psi = Re^{iS/\hbar}$ を許し，同時に位相が ψ と共通で，振幅が粒子の軌跡に沿って特異性を示す特異解 $\psi' = R'e^{iS/\hbar}$ を導くものであると考えた．このアイデアは，ボーアの**相補性**の思想が現れる以前のものであり，ド・ブロイ自身は目的に適った波動方程式を得ることができなかった．類似する考え方をさらに遡れば，光の粒子説を提唱したニュートンが，光の干渉を説明するために提案した，"光の粒子はエーテルの中に引き起こした波を随伴して進む"という妥協案などもある．ド・ブロイやボームの理論は，この意味で現代的なエーテル理論とも考えられる．

付録 A

A.1 基礎物理定数

名称	記号	数値	単位
真空中の光速度	c	2.99792	$10^8 \mathrm{m \cdot s^{-1}}$
万有引力定数	G	6.67259	$10^{-11} \mathrm{N \cdot m^2 \cdot kg^{-2}}$
プランク定数	h	6.62075	$10^{-34} \mathrm{J \cdot s}$
	$\hbar(=h/2\pi)$	1.05457	$10^{-34} \mathrm{J \cdot s}$
素電荷	e	1.60217	$10^{-19} \mathrm{C}$
ボーア磁子	$\mu_B = e\hbar/2m_\mathrm{e}$	9.27401	$10^{-24} \mathrm{J \cdot T^{-1}}$
電子の質量	m_e	9.10938	$10^{-31} \mathrm{kg}$
陽子の質量	m_p	1.67262	$10^{-27} \mathrm{kg}$
中性子の質量	m_n	1.67492	$10^{-27} \mathrm{kg}$
ボーア半径	$a_0 = \frac{4\pi\epsilon_0\hbar^2}{m_\mathrm{e}e^2}$	5.29177	$10^{-11} \mathrm{m}$
リドベリ定数	$R_\infty = \frac{e^2}{16\pi^2\epsilon_0 a_0 \hbar c}$	1.09737	$10^7 \mathrm{m^{-1}}$
古典電子半径	$r_\mathrm{e} = \frac{e^2}{4\pi\epsilon_0 m_\mathrm{e} c^2}$	2.81794	$10^{-15} \mathrm{m}$
アボガドロ数	N_A	6.02213	$10^{23} \mathrm{mol^{-1}}$
ボルツマン定数	k	1.38065	$10^{-23} \mathrm{J \cdot K^{-1}}$
1モルの気体定数	$R = N_A k$	8.31451	$\mathrm{J \cdot mol^{-1} \cdot K^{-1}}$

A.2 電磁気学の単位系

	Gaussian CGS	SI
電荷の単位 磁束密度の単位	2.99792×10^9 esu 10^4 gauss	1 C(Coulomb) 1 T(Tesla)
クーロン力 (真空中)	$F = \dfrac{qq'}{r^2}$	$F = \dfrac{1}{4\pi\epsilon_0}\dfrac{qq'}{r^2}$
電流間の力 (真空中)	$dF = \dfrac{1}{c}\dfrac{d\bm{I} \times (d\bm{I}' \times \bm{r})}{r^3}$ $d\bm{I} = \bm{j}dV$	$dF = \dfrac{\mu_0}{4\pi}\dfrac{d\bm{I} \times (d\bm{I}' \times \bm{r})}{r^3}$ $d\bm{I} = \bm{j}dV$
電磁場	$\bm{E} = -\nabla\phi - \dfrac{1}{c}\dfrac{\partial \bm{A}}{\partial t}$ $\bm{B} = \nabla \times \bm{A}$	$\bm{E} = -\nabla\phi - \dfrac{\partial \bm{A}}{\partial t}$ $\bm{B} = \nabla \times \bm{A}$
マクスウェル 方程式 (I)	$\nabla \cdot \bm{B} = 0$ $\nabla \times \bm{E} = -\dfrac{1}{c}\dfrac{\partial \bm{B}}{\partial t}$	$\nabla \cdot \bm{B} = 0$ $\nabla \times \bm{E} = -\dfrac{\partial \bm{B}}{\partial t}$
マクスウェル 方程式 (II)	$\nabla \cdot \bm{D} = 4\pi\rho$ $\nabla \times \bm{H} = \dfrac{4\pi\bm{j}}{c} + \dfrac{1}{c}\dfrac{\partial \bm{D}}{\partial t}$	$\nabla \cdot \bm{D} = \rho$ $\nabla \times \bm{H} = \bm{j} + \dfrac{\partial \bm{D}}{\partial t}$
誘電率 透磁率	$\bm{D} = \epsilon\bm{E}, \bm{B} = \mu\bm{H}$ 真空中 $\epsilon_0 = 1, \mu_0 = 1$	$\bm{D} = \epsilon\bm{E}, \bm{B} = \mu\bm{H}$ 真空中 ϵ_0, μ_0
ローレンツ力	$\bm{F} = q\left(\bm{E} + \dfrac{1}{c}\bm{v} \times \bm{B}\right)$	$\bm{F} = q(\bm{E} + \bm{v} \times \bm{B})$

SI 単位系での "形" はポテンシャル $\phi, \bm{A}$ の次元が異なるため，相対論的な記述には必ずしも便利ではない．だだし，記号の意味を

A.2 電磁気学の単位系

> 電荷：$q = \dfrac{q_{\mathrm{SI}}}{\sqrt{4\pi\epsilon_0}}$,
>
> 光速（真空中）：$c = \dfrac{1}{\sqrt{\epsilon_0\mu_0}}$, および
>
> $(\phi, \boldsymbol{A}) = \sqrt{4\pi\epsilon_0}(\phi_{\mathrm{SI}}, c\boldsymbol{A}_{\mathrm{SI}}) \Rightarrow (\boldsymbol{E}, \boldsymbol{B}) = \sqrt{4\pi\epsilon_0}(\boldsymbol{E}_{\mathrm{SI}}, c\boldsymbol{B}_{\mathrm{SI}})$

等と了解すれば[*1]，Gaussian CGS 単位系の方程式の"形"はそのまま SI 系の方程式の"形"になる．このとき，$\boldsymbol{F} = \boldsymbol{F}_{\mathrm{SI}}$ であり，荷電粒子の作用積分も

$$q\phi - \frac{q}{c}\dot{\boldsymbol{r}} \cdot \boldsymbol{A} = q_{\mathrm{SI}}\phi_{\mathrm{SI}} - q_{\mathrm{SI}}\dot{\boldsymbol{r}} \cdot \boldsymbol{A}_{\mathrm{SI}}$$

と書き換えられるので，実質的な変更を必要としない．本書では，このような便宜に従っている．

[*1] q は CGS 静電単位ではなく，SI 単位系の電荷の次元を変えたものである．

付録 B

B.1 相対論的粒子の力学

粒子が光速に近い速さで運動するとき，これを記述する慣性基準系に応じて，粒子の時間変数を座標変数と同等な力学変数と考えることが必要になる．いま，ある慣性基準系（Σ 系とする）での事象の時刻を t，位置ベクトルを $\boldsymbol{r} = (x^i), (i = 1, 2, 3)$ とする．これらの変数をすべて同等に扱うことを想定して，時刻 t を位置座標と同じ "長さの次元" をもつ変数 $x^0 = ct, (c = 光速)$ で置き換え，$(x^\mu) = (x^0, x^i), (\mu = 0, 1, 2, 3)$ を基本的な変数の組と考える．

マイケルソン–モーレー (Michelson–Morley, 1887) の実験によれば，光速度は慣性基準系の選び方によらない値をもつ．そこで，この事象を別の慣性基準系（Σ' 系とする）で観測したときの対応する変数の組も，同じ光速度を用いて $(x'^\mu), (x'^0 = ct')$ とする．

さて，Σ 系で，微小時間 Δt の間に微小距離 $\Delta \boldsymbol{r}$ だけ離れた時空の 2 点間の "世界間隔" Δs を

$$\begin{aligned}\Delta s^2 &= \eta_{\mu\nu}\Delta x^\mu \Delta x^\nu \\ &= (\Delta x^0)^2 - (\Delta \boldsymbol{r})^2\end{aligned} \tag{B.1}$$

で定義する．ここで，$\eta_{00} = -\eta_{ii} = 1, \eta_{\mu\nu} = 0, (\mu \neq \nu)$ であり，重複した添字に関する和の記号 $\sum_{\mu\nu}$ が省略されている．対応する量を Σ' 系で定義したものは，

$$\Delta s'^2 = (\Delta x'^0)^2 - (\Delta \boldsymbol{r}')^2 \tag{B.2}$$

である．定義により，$\Delta s^2 > 0$（時間的）であれば 2 点間は光速以下の信号で情報が伝達可能となり因果的に関係し合うが，$\Delta s^2 < 0$（空間的）なら 2 点間は超光速の信号でなくては情報が伝達できず，因果的に無縁となる．とくに，2 点間が光の信号で結ばれる $\Delta s^2 = 0$（光的）なら，光速度の不変性により $\Delta s'^2 = 0$ でもある．一般に，Δs^2 と $\Delta s'^2$ が同じ大きさの微小量であり，光的な世界間隔

B.1 相対論的粒子の力学

に対して同時に 0 になることから，両者は比例して $\Delta s^2 = a\Delta s'^2$ と書ける．a は Σ 系と Σ' 系の相対速度の絶対値の関数であるが，**特殊相対性原理**によりどの慣性基準系の間も同じ関数 a を使って (世界間隔)^2 が結ばれるから，Σ 系と Σ' 系の役割を入れ替えると，$\Delta s'^2 = a\Delta s^2 = a^2 \Delta s'^2$ となる．従って $a = \pm 1$ であるが，二つの座標系で時間的な間隔と空間的な間隔が入れ替わらないことから，$a = 1$ でなくてはならない．Σ' 系と第 3 の基準系 Σ'' 系の間でも，同様に $a = 1$ であるから，結局 Σ 系と Σ'' 系の間でも $a = 1$ となり，一般的に (無限小間隔の形で)

$$ds^2 = (慣性基準系によらず一定) \tag{B.3}$$

といってよい．

上の条件を満たす時空座標の変換を，**ローレンツ (Lorentz) 変換**と呼ぶ．Σ' 系が Σ 系に対して相対速度 V で 1 軸方向に移動している場合，二つの座標系で 2,3 軸方向の座標値は変化しないから，上の条件は $(dx^0)^2 + (idx^1)^2 = (dx^{0\prime})^2 + (idx^{1\prime})^2, (i = \sqrt{-1})$ と書ける．従って，(dx^0, idx^1) と $(dx^{0\prime}, idx^{1\prime})$ は回転で結ばれ，変換の形は

$$dx^{0\prime} = dx^0 \cos\theta + idx^1 \sin\theta \tag{B.4}$$

$$idx^{1\prime} = -dx^0 \sin\theta + idx^1 \cos\theta \tag{B.5}$$

となる．とくに，Σ' 系に固定された点の $x^{1\prime}$ 座標は $dx^{1\prime} = 0$ を満たし，この点の Σ 系での速度が両系の相対速度 V となる．従って (B.5) より $\tan\theta = i\left(\frac{dx^1}{dx^0}\right) = i\left(\frac{V}{c}\right)$ を得て，よく知られた形

$$\begin{aligned} dx^{0\prime} &= \frac{dx^0 + \left(\frac{V}{c}\right) dx^1}{\sqrt{1 - \left(\frac{V}{c}\right)^2}}, \\ dx^{1\prime} &= \frac{dx^0 \left(\frac{V}{c}\right) - dx^1}{\sqrt{1 - \left(\frac{V}{c}\right)^2}} \end{aligned} \tag{B.6}$$

が導かれる．

さて，質量 m の自由粒子の場合，粒子の速度が光速度を超えることはないから，$ds > 0$ である．従って，粒子の軌跡を慣性基準系によらぬ "最短距離" に

定める作用の形は，作用の次元を考慮して

$$S = -mc \int_{s_1}^{s_2} ds$$
$$= -mc \int_{\tau_1}^{\tau_2} d\tau \sqrt{\dot{x}^2} \tag{B.7}$$

と書ける．ここでτは，軌跡の各点$x^\mu(\tau)$を順序づける"時間"的なパラメーターであり，$\dot{x}^\mu = \frac{dx^\mu}{d\tau}, \dot{x}^2 = \dot{x}_\mu \dot{x}^\mu$等である[*1]．必要とあれば，(B.7)は補助的な力学変数$e(\tau)$を導入することにより，

$$S = -\frac{1}{2} \int_{\tau_1}^{\tau_2} d\tau \left[\frac{\dot{x}^2}{e} + (mc)^2 e \right] \tag{B.8}$$

と書くこともできる．実際，(B.8)をeで変分することにより，

$$\frac{\delta S}{\delta e} = \frac{1}{2} \left[\frac{\dot{x}^2}{e^2} - (mc)^2 \right] = 0 \tag{B.9}$$

が得られ，これを解いた$e = \sqrt{\dot{x}^2}/(mc)$を(B.8)に代入すると，(B.7)となる．二つの作用積分は$m \neq 0$の下で同等であるが，(B.8)は$m \to 0$の場合も記述できる．

さて，(B.8)のラグランジアンLから導かれるx^μに正準共役な運動量p_μは，

$$L = -\frac{1}{2}\left[\frac{\dot{x}^2}{e} + (mc)^2 e \right] \text{ より } p_\mu = \frac{\partial L}{\partial \dot{x}^\mu} = -\frac{\dot{x}_\mu}{e} \tag{B.10}$$

である．従って，(B.9)は正準運動量の間の拘束条件

$$p_\mu p^\mu - (mc)^2 = \left(\frac{E}{c}\right)^2 - \boldsymbol{p}^2 - (mc)^2 = 0 \tag{B.11}$$

の形に書ける．ここで，$E = cp^0 = \frac{\partial L}{\partial t}$は系のエネルギーに対応し，(B.11)はシュレーディンガーが波動方程式を作る際に最初に検討した関係である．この関係から，相対論的な粒子が正負のエネルギー$E = \pm c\sqrt{\boldsymbol{p}^2 + (mc)^2}$をもつこ

[*1] 4次元のベクトル$A^\mu, B^\mu, \cdots$に対し，慣性基準系の選び方によらない内積は

$$A \cdot B = \eta_{\mu\nu} A^\mu B^\nu = A^\mu B_\mu, \ (B_\mu = \eta_{\mu\nu} B^\nu)$$

と書ける．定義により，$(B_\mu) = (B^0, -B^i), (i = 1, 2, 3)$であり，$B^\mu$をベクトル$B$の**反変成分**，$B_\mu$を**共変成分**と呼ぶ．

B.1 相対論的粒子の力学

とがわかる．とくに，$c \gg |\boldsymbol{p}|/m$ の正エネルギー粒子の場合，

$$E = mc^2\sqrt{1 + \frac{\boldsymbol{p}^2}{(mc)^2}} = mc^2 + \frac{\boldsymbol{p}^2}{2m} + \cdots \tag{B.12}$$

を得て，右辺の第 1 項は粒子の静止エネルギー，第 2 項は非相対論的な自由粒子の運動エネルギー，以下相対論的補正と展開できる．

正エネルギーの粒子に対し，$E = c\sqrt{\boldsymbol{p}^2 + (mc)^2}$ を粒子のハミルトニアンと考えることができる．このハミルトニアンから導かれる粒子の速度は，

$$\begin{aligned}\boldsymbol{v} = \frac{\partial E}{\partial \boldsymbol{p}} &= c\frac{\boldsymbol{p}}{\sqrt{\boldsymbol{p} + (mc)^2}} \\ &= c^2 \frac{\boldsymbol{p}}{E}.\end{aligned} \tag{B.13}$$

これからとくに，$m = 0$ の粒子に対して $\boldsymbol{v} = c\frac{\boldsymbol{p}}{|\boldsymbol{p}|}$ が得られ，質量 0 の粒子は運動量方向に光速で運動することがわかる．従ってまた，質量 0 の粒子に対し $|\boldsymbol{p}| = \frac{E}{c}$ と書くことができる．

付録 C

C.1 ベルの不等式

図 9.1 の測定器 A, B において, $\hbar/2$ 単位で測定された a, a', b, b' 方向の粒子のスピン成分を, 隠れた変数 λ に依存して確定値をとると考えて, それぞれ $A(a,\lambda), A(a',\lambda), B(b,\lambda), B(b',\lambda)$ と書く. 定義により,

$$|A(a,\lambda)| = 1,$$
$$|B(b,\lambda)| = 1, \cdots \tag{C.1}$$

等である. 隠れた変数の立場では, 測定値の相関は λ に関する平均の結果導かれると考え, $d\mu(\lambda)$ を λ 分布の測度として

$$C(a,b) = \int d\mu(\lambda) A(a,\lambda) B(b,\lambda),$$
$$\left(\int d\mu(\lambda) = 1 \right) \tag{C.2}$$

と定義する. このとき,

$$|C(a,b) + C(a',b)| = \left| \int d\mu(\lambda) \{A(a,\lambda) + A(a',\lambda)\} B(b,\lambda) \right|$$
$$\leq \int d\mu(\lambda) |A(a,\lambda) + A(a',\lambda)|, \tag{C.3}$$

$$|C(a,b') - C(a',b')| = \left| \int d\mu(\lambda) \{A(a,\lambda) - A(a',\lambda)\} B(b',\lambda) \right|$$
$$\leq \int d\mu(\lambda) |A(a,\lambda) - A(a',\lambda)|. \tag{C.4}$$

従って,

$$|S| \leq |C(a,b) + C(a',b)| + |C(a,b') - C(a',b')|$$

$$\begin{aligned}
&\leq \int d\mu(\lambda) \Big(|(A(\boldsymbol{a},\lambda) + A(\boldsymbol{a}',\lambda)| + |(A(\boldsymbol{a},\lambda) - A(\boldsymbol{a}',\lambda)| \Big) \\
&= \int d\mu(\lambda) 2 \\
&= 2.
\end{aligned} \tag{C.5}$$

ここで，$A(\boldsymbol{a},\lambda), A(\boldsymbol{a}',\lambda)$ は同符号または異符号であり，何れの場合も $|(A(\boldsymbol{a},\lambda) + A(\boldsymbol{a}',\lambda)| + |(A(\boldsymbol{a},\lambda) - A(\boldsymbol{a}',\lambda)| = 2$ となることを使った．

付録 D

D.1　シュレーディンガー場の（第2）量子化

　本書では，粒子数の変化しない有限自由度の系に絞って，量子力学を説明した．しかし量子力学は，時空連続体である電磁場のような無限自由度の"場"にも適用でき，粒子数そのものが量子数となる多体系の量子論を構築することができる．とりわけ，シュレーディンガー波動関数自体を古典場と考えて，これを（第2）量子化することにより，量子力学に固有の波と粒子の二重性の考え方に興味深い視点を与えることができる（クライン–ヨルダン (Jordan), 1927, フォック (Fock), 1932）．

　簡単のため，1次元空間にある粒子のシュレーディンガー方程式を導く作用積分

$$S[\psi] = \int dt \int dx \mathcal{L}(\psi, \dot{\psi}) \tag{D.1}$$

を考える．ここで $\mathcal{L}$ は，波動関数 $\psi(t,x)$ を力学変数とするラグランジアン密度であり，対象としている（1粒子）系のハミルトニアン演算子 $\hat{H}$ を用いて

$$\mathcal{L}(\psi, \dot{\psi}) = \psi^*(t,x) \left(i\hbar \frac{\partial}{\partial t} - \hat{H} \right) \psi(t,x) \tag{D.2}$$

と定義される．ψ, ψ^* が独立した力学変数であることに注意し，(D.1) を ψ^* で変分すると

$$\begin{aligned}\delta_{\psi^*} S &= \int dt \int dx \delta \psi^* \left(i\hbar \frac{\partial}{\partial t} - \hat{H} \right) \psi = 0 \\ &\Rightarrow i\hbar \frac{\partial}{\partial t} \psi = \hat{H} \psi\end{aligned} \tag{D.3}$$

の意味で，ψ に対するシュレーディンガー方程式が導かれる．次に，$\hat{H}$ が離散的なエネルギー固有値をもち，その完全系が

D.1 シュレーディンガー場の（第2）量子化

$$\hat{H}u_n(x) = E_n u_n(x), \quad \langle u_n|u_m\rangle = \delta_{n,m}, \quad (n,m = 1,2,3,\cdots) \quad \text{(D.4)}$$

であるとする．この完全系を使って ψ を展開し，(D.1) に代入すると

$$\psi(t,x) = \sum_n \psi_n(t) u_n(x) \tag{D.5}$$

$$S = \int dt L(\psi_n, \dot{\psi}_n), \quad \left(L = \sum_n (i\hbar \psi_n^* \dot{\psi}_n - E_n \psi_n^* \psi_n)\right) \tag{D.6}$$

となる．ここで L は，場ではなく離散的な（無限個の）力学変数 $\{\psi_n\}$ に対するラグランジアンであり，通常の正準量子化の手法で量子系に移行することができる．まず，

$$\pi_n = \frac{\partial L}{\partial \dot{\psi}_n} = i\hbar \psi_n^* \tag{D.7}$$

から，ψ_n^* が ψ_n の正準共役な運動量であることがわかる．量子化により，$\psi^* \to \hat{\psi}, \psi^* \to \hat{\psi}^\dagger$ と演算子化されることに注意し，正準交換関係を書き下すと[*1)]

$$[\hat{\pi}_n, \hat{\psi}_m] = -i\delta_{n,m}$$
$$\Rightarrow [\hat{\psi}_n, \hat{\psi}_m^\dagger] = \delta_{n,m} \tag{D.8}$$

を得て，$\hat{\psi}_n, \hat{\psi}_n^*, (n=1,2,\cdots)$ が無限個の調和振動子の生成消滅演算子に等価であることがわかる．このとき，系のハミルトニアン演算子は

$$H = \sum_n \pi_m \phi_n - L = \sum_n E_n \psi^* \psi_n \psi_n$$
$$\Rightarrow \hat{H} = \sum_n E_n \hat{\psi}_n^* \hat{\psi}_n \tag{D.9}$$

となり，系の基底状態は $\hat{\psi}_n |0\rangle = 0, (\langle 0|0\rangle = 1)$ で定義できる．この場合の $|0\rangle$ は，空間に物質が無い状態に対応し，真空状態の意味をもつ．(D.8), (D.9) で，$\hat{\psi}_n, \hat{\psi}_n^\dagger$ は同時刻，あるいはシュレーディンガー表示の演算子であり，状態

[*1)] 必要とあれば，$\phi_n = \xi_n + i\eta_n, \pi_n = \frac{1}{2}(\pi_n^\xi - i\pi_n^\eta)$ と実変数の組に分解し，実変数の正準交換関係 $[\pi_n^\xi, \xi_m] = [\pi_n^\eta, \eta_m] = -i\hbar\delta_{n,m}$ に帰着させることもできる．

$$|n_1, n_2, \cdots \rangle = \frac{\hat{\psi}_1^{\dagger n_1}}{\sqrt{n_1!}} \frac{\hat{\psi}_2^{\dagger n_2}}{\sqrt{n_2!}} \cdots |0\rangle \qquad (D.10)$$

がエネルギーの固有値方程式

$$\hat{H}|n_1, n_2, \cdots \rangle = (n_1 E_1 + n_2 E_2 \cdots)|n_1, n_2, \cdots \rangle \qquad (D.11)$$

を満たすことは，明らかである．従って，場の演算子 $\hat{\psi}(t,x)$ の展開係数 $\{\hat{\psi}_n\}$ は，粒子数の確定した状態を生成する．一方，Φ を任意のハイゼンベルク表示の状態として

$$\Phi(t, x_1, x_2, \cdots) = \langle 0|\hat{\psi}(t, x_1)\hat{\psi}(t, x_2) \cdots |\Phi\rangle \qquad (D.12)$$

を定義し，ハイゼンベルク表示の運動方程式 $i\hbar \frac{\partial}{\partial t}\hat{\psi}(t, x_i) = \hat{H}_i \hat{\psi}(t, x_i)$ を用いると，多粒子系のシュレーディンガー方程式

$$i\hbar \frac{\partial}{\partial t}\Phi(t, x_1, x_2, \cdots) = (\hat{H}_1 + \hat{H}_2 + \cdots)\Phi(t, x_1, x_2, \cdots) \qquad (D.13)$$

が導かれる．従って，量子力学における1粒子状態の波動関数は，場の量子論における $\Phi(t,x) = \langle 0|\hat{\psi}(t,x)|\Phi\rangle$ に他ならず，量子場の状態空間の中では，波と粒子の差は状態の表示の違いということになる．ただしこの視点から，物理的な波と粒子の二重性をすべて理解できる訳ではない．

参考文献

歴史的な発展を含むものとしては，
[1] 朝永振一郎，量子力学 I，みすず書房，1989，
[2] 朝永振一郎，スピンはめぐる，中央公論社，1974，
[3] 高林武彦，量子論の発展史，中央公論社，1977，
[4] K. プルチブラム（江沢洋 訳・解説），波動力学形成史，みすず書房，1982，
[5] M. ボルン（鈴木良治・金関義則 訳），現代物理学，みすず書房，1964，その他
[6] F. フント（井上健・山崎和夫 訳），思想としての物理学の歩み（下），吉岡書店，1983．

一般的な解説としては，
[7] ディラック（朝永振一郎 他訳），量子力学（第 4 版），岩波書店，1968，
[8] A. メシア（小出昭一郎・田村次郎 訳），メシア量子力学 (I~III)，東京図書，1995，
[9] ランダウ・リフシッツ（佐々木健・好村滋洋 訳），量子力学 1, 2，東京図書，1983，
[10] J.J. Sakurai（桜井明夫 訳），現代の量子力学（上，下），吉岡書店，1989，
[11] W. グライナー（伊藤仲泰・早野龍五 監訳），グライナー量子力学，シュプリンガー・フェアラーク東京，1991．

その他として，
[12] P. J. E Peebles, *Quantum Mechanics* (Princeton University Press, 1992),
[13] S. Gasiorowicz, *Quantum Physics, 3rd Edition* (Wiley International Edition, 2003),
[14] W. Dittrich, M. Reuter, *Classical and Quantum Dynamics* (Springer-Verlag, 1993).

経路積分に関しては，

[15] R.P. ファインマン・A.R. ヒッブス（北原和夫 訳），量子力学と経路積分，みすず書房，1995，
[16] M.S. スワンソン（青山秀明 他訳），経路積分法，吉岡書店，1996，
[17] L.S. シュルマン（高塚和夫 訳），ファインマン経路積分，講談社，1995．

AB–効果に関しては，
[18] 大貫義郎 他著，アハラノフ–ボーム効果，物理学最前線9，共立出版，1985，
[19] M. Peskin and A.Tonomura, *The Aharanov–Bohm Effect*, Lecture Note in Physics 340 (Springer-Verlag, 1989).

本書では扱えなかった散乱の理論に関しては，
[20] 砂川重信，散乱の量子論，岩波全書，岩波書店，1977．

観測の理論に関しては，次の三書だけを挙げておく．
[21] B. デスパーニア（町田茂 訳），観測の理論，岩波書店，1980，
[22] M. ヤンマー（井上健 訳），量子力学の哲学（上，下），紀伊国屋書店，(上) 1983, (下) 1984,
[23] 並木美喜雄 他著，マクロ系の量子力学と観測問題，物理学最前線10，共立出版，1985．

量子力学の本質に関わる様々な考え方と共に，その現代的な実験的検証については，次の文献が詳しい．
[24] P. Ghose, *Testing Quantum Mechanics on New Ground* (Cambridge Univ. Press, 2006).

国内で最近出版された量子力学のテキストとして，それぞれ狙いの異なる以下の三書を挙げておく．
[25] 高林武彦，量子力学とは何か –Quantum-mechanical Minimum–, 臨時別冊・数理科学1999年1月 SGCライブラリ–2, サイエンス社，
[26] 河原林研，量子力学，岩波講座 現代の物理学3，岩波書店，1993，
[27] 猪木慶治・川合光，量子力学 I, II, 講談社，1994．
[28] 次の講演録の第2講（P.A.M. ディラック，理論物理学の方法）参照：
ハイゼンベルク他（清水韶光 訳），地上と星の中のエネルギー，海鳴社，1975．
なお，本書での訳は，上の講演の元原稿からの抜粋を含む．
J. Mehra, 'The Golden Age of Theoretical Physics' in *Aspects in Quan-*

tum Theory, edited by A. Salam and E.P. Wigner (Cambrideg Univ. Press, 1972)

を参照にした.

[29] R. クーラン・D. ヒルベルト(斎藤利弥・銀林浩 訳),数理物理学の方法 2,東京図書,1976.

第9章で述べたエヴェレットの理論に関しては,下記の文献にエヴェレット自身の解説,原論文と共に,ドウィットの論文も掲載されている.

[30] H. Everett, *The Many-Worlds Interpretation of Quantum Mechanics* (Princeton Univ. Press, 1973).

ベルの量子力学に対する考え方は,原論文も含めて,ベル自身の著作による下記の著書から知ることができる.

[31] J.S. Bell, *Speakable and Unspeakable in Quantum Mechanics* (Cambridge Univ. Press, Revised edition first published 2004).

索　引

ア

アイコナール　19
アイソスピン　124
アインシュタインの A 係数と B 係数　10
位相　102
位相速度　18, 26
位置エネルギー　5
一般座標　11
井戸型ポテンシャル　88
運動エネルギー　5
エルミート (Hermite) 演算子　41
エルミート共役　41
エルミート多項式　101
オイラー–ラグランジュ (Eular–Lagrange) の運動方程式　12

カ

角運動量　65
隠れた変数　180
角変数　17
確率解釈　31
確率の流れの密度　32
重ね合わせ　39, 176
完全系　101
幾何学的な位相　159
幾何光学　17, 25
基底状態　103
規約表現　112
既約分解　104
共変成分　188
共変微分　123
行列　39
行列力学　62, 101
極座標　21
空間反転　67
屈折率　18

クライン–ゴルドン (Klein–Gordon)　27
グリーン関数　70
群　66
群速度　26, 35
経路積分　71
ゲージ場　123
ゲージ場の強さ　163
ゲージ変換　23
ケット・ベクトル　39
交換関係　42
構造定数　66
コーシー (Cauchy) の積分公式　56
コヒーレント (choerent) 状態　101
固有角運動量　110
固有状態　47
固有値　47

サ

最小作用の原理　5, 11
散乱状態　88
作用　3, 5
散乱の断面積　38
時間演算子　49
時間反転　68
磁気量子数　107
次元　3
縮退　47, 68
シュタルク効果　132
シュテルン–ゲールラッハ (Stern–Gerlach)　134
シュレーディンガー形式　61
主量子数　107
準位交差　164
準古典近似　31
準束縛状態　88
状態　28, 39, 60

状態の収縮　51
消滅演算子　99
水素型原子　104
水素原子　104
スカラー　113
スカラーポテンシャル　23
ストークス (Stokes) の定理　163
スピノール　112
スピン　110
スピン 1/2　134
正準共役な運動量　13
正準交換関係　42
正準変数　13
正準方程式　15
正準量子化　61
正常ゼーマン (Zeeman) 効果　133
生成演算子　99
生成子　64
接続　123
遷移確率　155
漸近形　37
選択則　133
相補性　182
束縛状態　88

タ

第 1 種のゲージ変換　124
対応原理　17
断熱因子　62
断熱近似　159
中性 K 中間子　58
超対称　141
直交　47
定常状態　35
ディラック　61
ディラック形式　62
デコヒーレンス　177
透過係数　92

索引

特殊相対性原理　187
ド・ブロイ　25
ド・ブロイ (de Broglie) 波長　3
トレース　73
トンネル効果　95

ナ

内積　39
ネーター (Noether) の定理　64
猫のパラドクス　177
ノルム　40

ハ

ハイゼンベルク形式　61
排他律　137
パウリ　104, 136
パウリ行列　110
波数ベクトル　19, 27
波束　26
波動関数　28
波動光学　25
ハミルトニアン　13
ハミルトニアン演算子　28
ハミルトン–ヤコビの方程式　16
ハミルトン (Hamilton) の主関数　16
パリティ　67
バルマー系列　132
汎関数　12
反交換関係　42
反射係数　92
反変成分　188
反ユニタリ演算子　69
反粒子　69

非局所性　182
微分断面積　38, 129
表現　68
ファインマン (Feynman)　69
ボーアの振動数条件　9
フーリエ変換　46
フェルマー (Fermat) の原理　19
フェルミの黄金則 (golden rule)　156
フェルミ (Fermi) 粒子　136
ブラ・ベクトル　39
分散　30
分配則　39
平面波　18
ベクトル空間　39
ベクトルポテンシャル　23, 97
ベリー (Berry) の位相　159
ベルの不等式　180
変換関数　50
変換理論　69
ポアソン (Poisson) 括弧　15
方位量子数　107
ボーアの振動数条件　9
ボーア (Bohr) 半径　4
ボーアの量子化条件　26
ボース (Bose) 粒子　136
保存系　16
保存量　16
ボルン (Born)　31

マ

モーペルテュイ (Maupertuis) の最小作用の原理　19

ヤ

ヤング (Young) 図　114
ユニタリ演算子　64
ユニタリ変換　64

ラ

ラグランジアン　11
ラゲール (Laguerre) の陪微分方程式　106
ラーマー回転　145
離散群　66
リッツ (Rits) の直接変分法　53
粒子数　102
量子ポテンシャル　181
ルジャンドル (Legendre) 変換　13
励起状態　103
連続群　66
連続の方程式　29
ローレンツ (Lorentz) 変換　187

欧字

δ–関数　48
n 重に縮退　68
p–表示　46
q–表示　46
SI 単位系　4
SU(2)　124
$SU(2)$ 非可換ゲージ場　124
$U(1)$　124
$U(1)$ 対称性　124
WKB 近似　166

著者略歴

仲　　滋文
　なか　　しげ　ふみ

1946年　三重県に生まれる
1969年　日本大学理工学部物理学科卒業
1974年　日本大学理学博士，同年（旧）東京大学原子核研究所研究員
1978年　日本大学理工学部助手（原子力研究所所属）
現　在　日本大学理工学部教授（物理学科所属）

SGC Books–P3
新版 シュレーディンガー方程式
－量子力学のよりよい理解のために－

1999年11月10日 ©	初版発行
2002年3月10日	初版第2刷発行
2007年9月25日 ©	新版第1刷発行

著　者　仲　滋文　　　　　発行者　森平勇三
　　　　　　　　　　　　　印刷者　山岡景仁
　　　　　　　　　　　　　製本者　小高祥弘

発行所　株式会社　サイエンス社
〒151–0051　東京都渋谷区千駄ヶ谷1丁目3番25号
営業 ☎ (03) 5474–8500（代）　　振替 00170–7–2387
編集 ☎ (03) 5474–8600（代）
FAX ☎ (03) 5474–8900

印刷　三美印刷（株）　　　製本　小高製本工業（株）

《検印省略》

本書の内容を無断で複写複製することは，著作者および
出版者の権利を侵害することがありますので，その場合
にはあらかじめ小社あて許諾をお求め下さい．

ISBN978-4-7819-1175-5
PRINTED IN JAPAN

サイエンス社のホームページのご案内
http://www.saiensu.co.jp
ご意見・ご要望は
rikei@saiensu.co.jp まで．